施工现场十大员技术管理手册

材 料 员

（第二版）

潘全祥 主编

中国建筑工业出版社

图书在版编目(CIP)数据

材料员/潘全祥主编. —2版. —北京:中国建筑工业出版社,2005
(施工现场十大员技术管理手册)
ISBN 978-7-112-06841-8

Ⅰ.材... Ⅱ.潘... Ⅲ.建筑材料—技术手册 Ⅳ.TU5-62

中国版本图书馆CIP数据核字(2005)第032191号

施工现场十大员技术管理手册

材 料 员

(第二版)

潘全祥 主编

*

中国建筑工业出版社出版、发行(北京西郊百万庄)
各地新华书店、建筑书店经销
北京市书林印刷有限公司印刷

*

开本:787×1092毫米 1/32 印张:$14^1/_4$ 字数:320千字
2005年6月第二版 2012年8月第十九次印刷
印数:57501—59500册 定价:**22.00**元
ISBN 978-7-112-06841-8
(12795)

本书为施工现场十大员技术管理手册之一，依据《建筑工程施工质量验收统一标准》GB 50300—2001及专业质量验收规范，对第一版的内容进行了全面修订。主要介绍施工现场材料员的职责范围，常用材料的分类、品种、规格、技术指标、运输、贮存、保管等最基本最实用的知识，是一看就懂、拿来就能用的工具书。

本书可作为施工现场材料员培训考核的参考教材及指导用书。

* * *

责任编辑：郦锁林
责任设计：董建平
责任校对：刘 梅 赵明霞

《材料员》(第二版)编写人员名单

主　　编：潘全祥
参编人员：郭朝峰　张久平　李　鹏
　　　　　刘建民　郭彦华　冯劭霞
　　　　　王丹霞　郭华如

第二版说明

我社1998年出版了一套《施工现场十大员技术管理手册》(共10册)。该套丛书是供施工现场最基层的技术管理人员阅读的,他们的特点是工作忙、热情高、文化和专业水平有待提高,但求知欲强。“丛书”发行6~7年来不断重印,总印数达40~50万册,受到读者好评。

当前,建筑业已进入一个新的发展时期。当建筑业监督管理体制改革鸣锣开道的《中华人民共和国建筑法》、《中华人民共和国招标投标法》、《建设工程质量管理条例》、《建设工程安全生产管理条例》等一系列国家法律、法规已相继出台;2000年以来,由建设部负责编制的《建筑工程施工质量验收统一标准》GB 50300—2001和相关的14个专业施工质量验收规范也已全部颁布,全面调整了建筑工程质量管理和验收方面的要求。

为了适应建筑业发展的这一新形势,我社邀请该套丛书的原作者,根据6~7年来国家新颁布的建筑法律、法规和标准、规范,以及施工管理技术的新动向,对原丛书进行认真的修改和补充,以更好地满足广大读者、特别是基层技术管理人员的需要。

中国建筑工业出版社

2004年8月

第一版说明

目前,我国建筑业发展迅速,全国城乡到处都在搞基本建设,建筑工地(施工现场)比比皆是,出现了前所未有的好形势。

活跃在施工现场最基层的技术管理人员(十大员),其业务水平和管理工作的好坏,已经成为我国千千万万个建设项目能否有序、高效、高质量完成的关键。这些基层管理人员,工作忙、有热情,但目前的文化业务水平普遍还不高,其中有不少还是近期从工人中提上来的,他们十分需要培训、学习,也迫切需要有一些可供工作参考的知识性、资料性读物。

为了满足施工现场十大员对技术业务知识的需求,满足各地对这些基层管理干部的培训与考核,我们在深入调查研究的基础上,组织上海、北京有关施工、管理部门编写了这套《施工现场十大员技术管理手册》。它们是:《施工员》、《质量员》、《材料员》、《定额员》、《安全员》、《测量员》、《试验员》、《机械员》、《资料员》和《现场电工》,书中主要介绍各种技术管理人员的工作职责、专业技术知识、业务管理和质量管理实施细则,以及有关专业的法规、标准和规范等,是一套拿来就能教、能学、能用的小型工具书。

中国建筑工业出版社

1998年2月

第二版前言

鉴于近年来建筑行业发展迅速，采用了大量的新技术、新工艺、新材料、新设备，为此，国家也修订或新制订了许多标准规范。为适应形势发展的需要，根据国家新颁布的标准、规范（如水泥、钢筋、防水材料、砖、砌块等），对《材料员》一书作了系统的修改，作为第二版奉献给广大读者。

第一版前言

由于建筑业快速发展、施工水平的提高,新工艺、新材料、新标准规范的推广执行,原有的各类管理人员数量,已不能满足施工的需要,急需补充人员。这些管理人员很多是从工人中提拔的、未经过专业培训,特别需要通俗易懂、实用性强、可操作性好、开门见山、短小精悍的书籍。为此中国建筑工业出版社组织编写了《施工现场十大员技术管理手册》。《材料员》就是其中的一册。

本书主要讲述施工现场材料员的职责范围,常用材料的分类、品种、规格、技术指标、运输、贮存、保管等最基本、最实用的知识,是一看就懂、拿来就能用的手册。本书可作为施工现场材料员培训考核的参考教材。

由于编者水平有限,不妥之处敬请各位同仁给予指正。

目　录

1 土建工程材料

1.1 胶凝材料

1.1.1 水泥

1. 常用水泥

(1)常用水泥名称、代号、强度等级、特性、技术指标,见表1-1和表1-2。

常用水泥的名称、代号、强度等级及特性　　表1-1

名称	代号	强度等级	特性	
			优点	缺点
硅酸盐水泥	P.Ⅰ P.Ⅱ	42.5 42.5R 52.5 52.5R 62.5 62.5R	1. 强度高 2. 快硬、早强 3. 抗冻性好、耐磨性和不透水性强	1. 水化热高 2. 抗水性差 3. 耐蚀性差
普通硅酸盐水泥(普通水泥)	P.O	32.5 32.5R 42.5 42.5R 52.5 52.5R	与硅酸盐水泥相比,性能基本相同,仅有如下改变: 1. 抗冻、耐磨性稍有下降 2. 早期强度增进率略有减少 3. 抗硫酸盐侵蚀能力有所增强	
矿渣硅酸盐水泥(矿渣水泥)	P.S	32.5 32.5R 42.5 42.5R 52.5 52.5R	1. 水化热低 2. 抗硫酸盐侵蚀性好 3. 蒸汽养护有较好效果 4. 耐热性较好	1. 早期强度低,后期强度增进率大 2. 保水性差 3. 抗冻性差

续表

名称	代号	强度等级	特性	
			优点	缺点
火山灰质硅酸盐水泥（火山灰水泥）	P.P	32.5 32.5R 42.5 42.5R 52.5 52.5R	1. 保水性好 2. 水化热低 3. 抗硫酸盐侵蚀性好	1. 需水性、干缩性大 2. 早期强度低，后期强度增进率大 3. 抗冻性差
粉煤灰硅酸盐水泥（粉煤灰水泥）	P.F	32.5 32.5R 42.5 42.5R 52.5 52.5R	1. 水化热低 2. 抗硫酸盐侵蚀性好 3. 能改善砂浆和混凝土的和易性	1. 早期强度低，而后期强度增进率大 2. 抗冻性差

常用水泥强度指标　　表 1-2

名称	强度等级	抗压强度(MPa)		抗折强度(MPa)	
		3d	28d	3d	28d
硅酸盐水泥	42.5	17.0	42.5	3.5	6.5
	42.5R	22.0	42.5	4.0	6.5
	52.5	23.0	52.5	4.0	7.0
	52.5R	27.0	52.5	5.0	7.0
	52.5	28.0	62.5	5.0	8.0
	52.5R	32.0	62.5	5.5	8.0
普通水泥	32.5	11.0	32.5	2.5	5.5
	32.5R	16.0	32.5	3.5	5.5
	42.5	16.0	42.5	3.5	6.5
	42.5R	21.0	42.5	4.0	6.5
	52.5	22.0	52.5	4.0	7.0
	52.5R	26.0	52.5	5.0	7.0
矿渣水泥 火山灰水泥 粉煤灰水泥	32.5	10.0	32.5	2.3	5.5
	32.5R	15.0	32.5	3.5	5.5
	42.5	15.0	42.5	3.5	6.5
	42.5R	19.0	42.5	4.0	6.5
	52.5	21.0	52.5	4.0	7.0
	52.5R	23.0	52.5	4.5	7.0

(2)建筑施工中对通用水泥的选用规定,见表1-3。

建筑施工中对通用水泥的选用规定　　表1-3

混凝土工程特点或所处环境条件		优先选用	可以使用	不得使用
环境条件	在普通气候环境中的混凝土	普通水泥	矿渣水泥、火山灰水泥、粉煤灰水泥	
	在干燥环境中的混凝土	普通水泥	矿渣水泥	火山灰水泥、粉煤灰水泥
	在高湿度环境中或永远处在水下的混凝土	矿渣水泥	普通水泥、火山灰水泥、粉煤灰水泥	
	严寒地区的露天混凝土、寒冷地区处在水位升降范围内的混凝土	普通水泥(强度等级≥32.5)	矿渣水泥(强度等级≥32.5)	火山灰水泥、粉煤灰水泥
	严寒地区处在水位升降范围内的混凝土	普通水泥(强度等级≥32.5)		火山灰水泥、粉煤灰水泥、矿渣水泥
	受侵蚀性环境水或侵蚀性气体作用的混凝土	根据侵蚀性介质的种类、浓度等具体条件按专门(或设计)规定选用		
工程特点	厚大体积的混凝土	粉煤灰水泥、矿渣水泥	普通水泥、火山灰水泥	硅酸盐水泥、快硬硅酸盐水泥
	要求快硬的混凝土	快硬硅酸盐水泥、硅酸盐水泥	普通水泥	矿渣水泥、火山灰水泥、粉煤灰水泥
	高强(大于C40)混凝土	硅酸盐水泥	普通水泥、矿渣水泥	火山灰水泥、粉煤灰水泥
	有抗渗性要求的混凝土	普通水泥、火山灰水泥		不宜使用矿渣水泥
	有耐磨性要求的混凝土	硅酸盐水泥、普通水泥(强度等级≥32.5)	矿渣水泥(强度等级≥32.5)	火山灰水泥、粉煤灰水泥

2. 其他品种水泥

其他品种水泥的名称、强度等级(标号)、组成与适用范围,见表1-4。

其他品种水泥的名称、强度等级(标号)、组成与适用范围　　表1-4

名　称	强度等级(标号)	组　成	适用范围	注意事项
快硬硅酸盐水泥	325 375 425	凡以硅酸盐水泥熟料、适量石膏磨细制成的以3d抗压强度表示标号的水硬性胶凝材料	用于要求早期强度高的工程、紧急抢修工程及冬期施工工程	
抗硫酸盐硅酸盐水泥	325 425 525	凡以适当成分的生料,烧至部分熔融,所得的以硅酸钙为主的特定矿物组成的熟料,加入适量石膏,磨细制成的具有一定抗硫酸盐侵蚀性能的水硬性胶凝材料	用于受硫酸盐侵蚀的海港、水利、地下、隧涵、引水、道路和桥梁基础等工程	
白色硅酸盐水泥	325 425 525 625	由白色硅酸盐水泥熟料加入适量石膏,磨细制成的水硬性胶凝材料	适用于建筑物内外表面的装饰工程;配制彩色人造大理石、水磨石等	使用时严禁混入其他物质,搅拌、运输等工具必须清洗干净,以免影响白度
铝酸盐水泥	CA-50 CA-60 CA-70 CA-80	凡以铝酸钙为主,氧化铝含量约为68%的熟料,磨制的水硬性胶凝材料	适用于抢修及需早强的工程;冬期施工及防水耐硫酸盐腐蚀的工程	不宜高温施工,蒸汽养护温度不高于50℃施工时不得与石灰和硅酸盐类水泥混合
低热微膨胀水泥	325 425	凡以粒化高炉矿渣为主要组分,加入适量硅酸盐水泥熟料和石膏,磨细制成的具有低水化热和微膨胀性能的水硬性胶凝材料	适用配制防水砂浆、混凝土,可用于结构加固、接缝修补及机械底座、地脚螺栓等	

续表

名称	强度等级(标号)	组成	适用范围	注意事项
砌筑水泥	12.5 22.5	凡以活性混合材料或具有水硬性的工业废料为主要原材料，加入少量硅酸盐水泥熟料和石膏，经过磨细制成的水硬性胶凝材料	适用于建筑工程中的砌筑砂浆和内墙抹面砂浆	不得用于钢筋混凝土结构和构件
复合硅酸盐水泥	32.5 32.5R 42.5 42.5R 52.5 52.5R	凡由硅酸盐水泥熟料、两种或两种以上规定的混合材料、适量石膏磨细制成的水硬性胶凝材料	适用于配制一般混凝土和砌筑、粉刷用的砂浆	不宜用于耐腐蚀工程
快硬硫铝酸盐水泥	425 525 625 725	凡以适当成分的生料，经煅烧所得以无水硫铝酸钙和硅酸二钙为主要矿物成分的熟料，加入适量石膏磨细制成的早期强度高的水硬性胶凝材料	适于配制早强、抗冻、抗渗和抗硫酸盐侵蚀混凝土，并适用于冬期(负温)施工及浆锚、抢修、堵漏等工程	施工时(夏季)应及时保湿养护；不得用于温度经常处于100℃以上的混凝土工程；使用时不得与石灰及其他品种水泥混合
无收缩快硬硅酸盐水泥	525 625 725	凡以硅酸盐水泥熟料与适量二水石膏和膨胀剂共同粉磨制成的具有快硬、无收缩性能的水硬性胶凝材料，又称“建筑水泥”	适用于抢修，修补及结构加固工程；预制梁、板接头和预制构件拼装接头；大型机械底座及地脚螺栓的固定	除一般硅酸盐水泥外，不得与其他品种水泥混合使用、运输。贮存中须严防受潮
Ⅰ型低碱度硫铝酸盐水泥	325 425 525	是以无水硫铝酸钙为主要成分的硫铝酸盐水泥熟料，配以一定量的硬石膏磨细而成，具有碱度较低特性的水硬性胶凝材料	适用于碱度要求低的工程	

3. 水泥的验收、贮运及受潮处理

(1)验收

1)水泥到货后应核对包装袋上生产厂名称和地址,水泥名称和代号,强度等级(标号),包装年、月、日,生产许可证编号和执行标准号等,然后点数。

2)水泥的 28d 强度值在水泥发出日起 32d 内由发出单位补报。收货仓库接到此试验报告单后,应与到货通知书等核对品种、强度等级(标号)和质量,然后保存此报告单,以备查考。

3)袋装水泥一般每袋净重 50 ± 1kg。但快凝快硬硅酸盐水泥每袋净重为 45 ± 1kg,砌筑水泥为 40 ± 1kg,硫铝酸盐早强水泥为 46 ± 1kg,验收时应特别注意。

(2)运输、保管

1)水泥在运输与保管时不得受潮和混入杂物,不同品种和强度等级(标号)的水泥应分别贮运。

2)贮存水泥的库房应注意防潮、防漏。存放袋装水泥时,地面垫板要离地 30cm,四周离墙 30cm;袋装水泥堆垛不宜太高,以免下部水泥受压结硬,一般以 10 袋为宜,如存放期短、库房紧张,亦不宜超过 15 袋。

3)水泥的贮存应按照水泥到货先后,依次堆放,尽量做到先存先用。

4)水泥贮存期不宜过长,以免受潮而降低水泥强度。贮存期一般水泥为 3 个月,高铝水泥为 2 个月,快硬水泥为 1 个月。

一般水泥存放 3 个月以上为过期水泥,强度将降低 10% ~ 20%,存放期愈长,强度降低值也愈大。过期水泥使用前必须重新检验强度等级,否则不得使用。

(3)受潮水泥的处理

受潮水泥的处理和使用可参照表1-5办理。

受潮水泥的处理和使用方法　　表1-5

受潮程度	处理方法	使用办法
有松块、小球,可以捏成粉末,但无硬块	将松块、小球等压成粉末,用时加强搅拌	经试验后根据实际强度等级使用
部分结成硬块	筛去硬块,并将松块压碎	1)经试验后根据实际强度等级使用 2)用于不重要、受力小的部位 3)用于砌筑砂浆
硬块	将硬块压成粉末,掺入25%硬块重量的新鲜水泥做强度试验	经试验后根据实际强度等级使用

1.1.2 石灰

1. 石灰及消石灰粉

以碳酸钙($CaCO_3$)为主要成分的石灰石,经800~1000℃高温煅烧而成的块灰状气硬性胶凝材料叫石灰,它的主要成分是氧化钙(CaO)。

将块灰(生石灰)加以不同量的水,可配制成熟石灰、石灰膏或石灰乳,它们的主要成分是氢氧化钙[$Ca(OH)_2$]——消石灰。消石灰吸收空气中的二氧化碳(CO_2),便还原成碳酸钙($CaCO_3$),并在干燥环境中析出水分,蒸发后可具有一定强度。砌筑和粉刷用的灰浆之所以能在大气中硬化,就是这个作用。石灰的品种、特性、用途和技术指标等,列于表1-6至表1-10。

石灰的品种、组成、特性和用途　　表1-6

品种	块　灰 （生石灰）	磨细生石灰 （生石灰粉）	熟石灰 （消石灰）	石灰膏	石灰乳 （石灰水）
组成	以含碳酸钙（$CaCO_3$）为主的石灰石，经800～1000℃高温煅烧而成，其主要成分为氧化钙（CaO）	由火候适宜的块灰经磨细而成粉末状的物料	将生石灰（块灰）淋以适当的水（约为石灰重量的60%～80%），经熟化作用所得的粉末材料[$Ca(OH)_2$]	将块灰加入足量的水，经过淋制熟化而成的厚膏状物质[$Ca(OH)_2$]	将石灰膏用水冲淡所成的浆液状物质
特性和细度要求	块灰中的灰分含量愈少，质量愈高；通常所说的三七灰，即指三成灰粉七成块灰	与熟石灰相比，具快干、高强等特点，便于施工。成品需经4900孔/cm^2的筛子过筛	需经3～6mm的筛子过筛	淋浆时应用6mm的网格过滤；应在沉淀池内贮存两周后使用；保水性能好	
用途	用于配制磨细生石灰、熟石灰、石灰膏等	用作硅酸盐建筑制品（砖、瓦、砌块）的原料，并可制作碳化石灰板、砖等制品（碳化制品），还可配制熟石灰、石灰膏等	用于拌制灰土（石灰、黏土）和三合土（石灰、黏土、砂或炉渣）	用于配制石灰砌筑砂浆和抹灰砂浆	用于简易房屋的室内粉刷

生石灰的主要技术指标　　表1-7

项　　目	钙质生石灰			镁质生石灰		
	优等品	一等品	合格品	优等品	一等品	合格品
（CaO+MgO）含量（%），不小于	90	85	80	85	80	75
未消化残渣含量（5mm圆孔筛余）（%），不大于	5	10	15	5	10	15
CO_2（%），不大于	5	7	9	6	8	10
产浆量（L/kg），不小于	2.8	2.3	2.0	2.8	2.3	2.0

注：本表引自JC/T 479—92《建筑生石灰》。

生石灰粉的技术指标 表 1-8

项目		钙质生石灰粉			镁质生石灰粉		
		优等品	一等品	合格品	优等品	一等品	合格品
(CaO + MgO)含量(%),不小于		85	80	75	80	75	70
CO_2 含量(%),不大于		7	9	11	8	10	12
细度	0.90mm 筛的筛余(%),不大于	0.2	0.5	1.5	0.2	0.5	1.5
	0.125mm 筛的筛余(%),不大于	7.0	12.0	18.0	7.0	12.0	18.0

注:本表引自 JC/T 480—92《建筑生石灰粉》。

消石灰粉的技术指标 表 1-9

项目		钙质消石灰粉			镁质消石灰粉			白云石消石灰粉		
		优等品	一等品	合格品	优等品	一等品	合格品	优等品	一等品	合格品
(CaO + MgO)含量(%),不小于		70	65	60	65	60	55	65	60	55
游离水(%)		0.4~2	0.4~2	0.4~2	0.4~2	0.4~2	0.4~2	0.4~2	0.4~2	0.4~2
体积安定性		合格	合格	—	合格	合格	—	合格	合格	—
细度	0.90mm 筛筛余(%),不大于	0	0	0.5	0	0	0.5	0	0	0.5
	0.125mm 筛筛余(%),不大于	3	10	15	3	10	15	3	10	15

注:本表引自 JC/T 481—92《建筑消石灰粉》。

石灰体积和用量的换算　　表 1-10

石灰组成(块:灰)	在密实状态下每 $1m^3$ 石灰重量(kg)	每 $1m^3$ 熟石灰用生石灰数量(kg)	每 1000kg 生石灰消解后的体积(m^3)	每 $1m^3$ 石灰膏用生石灰数量(kg)
10:0	1470	355.4	2.184	—
9:1	1453	369.6	2.706	—
8:2	1439	382.7	2.613	571
7:3	1426	399.2	2.505	602
6:4	1412	417.3	2.396	636
5:5	1395	434.0	2.304	674
4:6	1379	455.6	2.195	716
3:7	1367	475.5	2.103	736
2:8	1354	501.5	1.994	820
1:9	1335	526.0	1.902	—
0:10	1320	557.7	1.793	—

2. 石灰包装、标志、贮运、保管、质量证明书

(1)包装、标志

生石灰粉、消石灰粉用牛皮纸、复合纸、编织袋包装。袋上应标明：厂名、产品名称、商标、净重、等级和批量编号。

(2)包装重量及偏差

生石灰粉：每袋净重分 40±1kg 和 50±1kg 两种。

消石灰粉：每袋净重分 20±0.5kg 和 40±1kg 两种。

(3)贮存及运输

1)贮存：应分类、分等贮存在干燥的仓库内。不宜长期存放。生石灰应与可燃物及有机物隔离保管，以免腐蚀，或引起火灾。

2)运输：在运输中不准与易燃、易爆及液态物品同时装运，运输时要采取防水措施。

(4)质量证明书

每批产品出厂时应向用户提供质量证明书，注明：厂名、

商标、产品名称、等级、试验结果、批量编号、出厂日期、本标准编号及使用说明。

1.1.3 石膏

1. 石膏的分类

石膏的分类组成见表1-11。

2. 石膏的质量标准

石膏的质量标准，见表1-12。

3. 石膏的贮运、保存

应分类分等级贮存在干燥的仓库内，运输时要采取防水措施。

石膏的分类、组成、特性及用途　　表1-11

分类	天然石膏（生石膏）	熟石膏			
		建筑石膏	地板石膏	模型石膏	高强度石膏
组成	即二水石膏，分子式为 $CaSO_4 \cdot 2H_2O$	生石膏经150~170℃煅烧而成，分子式为 $CaSO_4 \cdot \frac{1}{2}H_2O$	生石膏在400~500℃或高于800℃下煅烧而成，分子式为 $CaSO_4$	生石膏在190℃下煅烧而成	生石膏在750~800℃下煅烧并与硫酸钾或明矾共同磨细而成
特性	质软，略溶于水，呈白或灰、红青等色	与水调合后凝固很快，并在空气中硬化，硬化时体积不收缩	磨细及用水调和后，凝固及硬化缓慢，7d的抗压强度为10MPa，28d为15MPa	凝结较快，调制成浆后于数分钟至10余分钟内即可凝固	凝固很慢，但硬化后强度高（25~30MPa），色白，能磨光，质地坚硬且不透水
用途	通常白色者用于制作熟石膏，青色者制作水泥、农肥等	制配石膏抹面灰浆，制作石膏板、建筑装饰及吸声、防火制品	制作石膏地面；配制石膏灰浆，用于抹灰及砌墙；配制石膏混凝土	供模型塑像、美术雕塑、室内装饰及粉刷用	制作人造大理石、石膏板、人造石，用于湿度较高的室内抹灰及地面等

建筑石膏的质量标准　　表 1-12

指　　标	一　级	二　级	三　级
细度(孔径为 0.2mm 的 900 孔/cm^2 筛筛余量),不大于(%)	15	25	35
抗压强度(MPa) 1.5h,不小于 干燥至恒重,不小于	 4.0 10.0	 3.0 7.5	 2.5 7.0
抗拉强度(MPa) 1.5h,不小于 干燥至恒重,不小于	 0.9 1.7	 0.7 1.3	 0.6 1.1

注:建筑石膏的凝结时间规定如下:初凝不得早于 4min;终凝不得早于 6min,不迟于 30min。

1.2 骨　　料

骨料,是建筑砂浆及混凝土主要组成材料之一。起骨架及减小由于胶凝材料在凝结硬化过程中干缩湿涨所引起体积变化等作用,同时还可作为胶凝材料的廉价填充料。在建筑工程中骨料有砂、卵石、碎石、煤渣(灰)等。

1.2.1 砂子

1. 砂子的定义及分类

粒径在 5mm 以下的岩石颗粒,称为天然砂,其粒径一般规定 0.15~0.5mm,按产地不同,天然砂可分为河砂、海砂、山砂。河砂比较洁净、分布较广,一般工程上大部分采用河砂。

根据砂的细度模数不同,可分为粗砂(3.7~3.1);中砂(3.0~2.3);细砂(2.2~1.6);特细砂(1.5~0.7)。

2. 砂的含泥量、泥块含量

(1)含泥量:砂的含泥量(即粒径小于 0.080mm 的尘屑、淤泥和黏土的总含量)应符合表 1-13 的规定。

砂中的含泥量　　表 1-13

混凝土强度等级	高于或等于 C30	低于 C30
含泥量,按重量计,不大于(%)	3.0	5.0

注:①对有抗冻、抗渗或其他特殊要求的混凝土用砂,其含泥量不应大于 3.0%。
②对 C10 和 C10 以下的混凝土用砂,其含泥量可酌情放宽。

(2)泥块含量:砂中粒径大于 1.25mm,经水洗后,用手掐变成小于 0.63mm 的颗粒含量。见表 1-14。

砂中的泥块含量　　表 1-14

混凝土强度等级	高于或等于 C30	低于 C30
泥块含量,按重量计,不大于(%)	1.0	2.0

注:对有抗冻、抗渗或其他特殊要求的混凝土用砂,其泥块含量不应大于 1.0%。

3. 砂子贮存

砂子在装卸、运输和堆放过程中,应防止离析和混入杂质,并应按产地、种类和规格分别堆放。

1.2.2　石子

1. 石子定义、分类

岩石由自然条件而形成的,粒径大于 5mm 的颗粒称卵石。

岩石由机械加工破碎而成的,粒径大于 5mm 的颗粒称碎石。

按使用类型,碎石或卵石的粒径有 10mm、16mm、20mm、25mm、31.5mm、40mm。

2. 碎石及卵石的技术指标

(1)颗粒级配:碎石或卵石的颗粒级配,一般应符合表1-15 的要求。

(2)针、片状颗粒含量：碎石或卵石中针、片状颗粒含量，应符合表 1-16 的要求。

碎石或卵石的颗粒级配范围　　　　表 1-15

级配情况	公称粒级（mm）	累计筛余　按重量计（%）											
		筛孔尺寸（圆孔筛）（mm）											
		2.50	5.00	10.0	16.0	20.0	25.0	31.5	40.0	50.0	63.0	80.0	100
连续粒级	5～10	95～100	80～100	0～15	0	—	—	—	—	—	—	—	—
	5～16	95～100	90～100	30～60	0～10	0	—	—	—	—	—	—	—
	5～20	95～100	90～100	40～70	—	0～10	—	—	—	—	—	—	—
	5～25	95～100	90～100	—	30～70	—	0～5	0	—	—	—	—	—
	5～31.5	95～100	90～100	70～90	—	15～45	—	0～5	0	—	—	—	—
	5～40	—	95～100	75～90	—	30～65	—	—	0～5	0	—	—	—
单粒级	10～20	—	95～100	85～100	—	0～15	0	—	—	—	—	—	—
	16～31.5	—	95～100	—	85～100	—	—	0～10	0	—	—	—	—
	20～40	—	—	95～100	—	80～100	—	—	0～10	0	—	—	—
	31.5～63	—	—	—	95～100	—	—	75～100	45～75	—	0～10	0	—
	40～80	—	—	—	—	95～100	—	—	75～100	—	30～60	0～10	0

注：公称粒级的上限为该粒级的最大粒径。

针、片状颗粒的含量　　表 1-16

混凝土强度等级	高于或等于 C30	低于 C30
针、片状颗粒含量，按重量计不大于(%)	15	25

注：①针、片状颗粒的定义是：凡颗粒的长度大于该颗粒所属粒级的平均粒径 2.4 倍者称为针状颗粒；厚度小于平均粒径 0.4 倍者称为片状颗粒；平均粒径是指该粒级上下限粒径的平均值。

②对 C10 及 C10 以下的混凝土，其针、片状颗粒含量可放宽到 40%。

(3)含泥量：碎石或卵石中的含泥量(即颗粒小于 0.080mm 的尘屑、淤泥和黏土的总含量，下同)应符合表 1-17 的规定，但不宜含有块状黏土。

碎石或卵石中的含泥量　　表 1-17

混凝土强度	高于或等于 C30	低于 C30
含泥量，按重量计不大于(%)	1.0	2.0

注：①对有抗冻、抗渗或其他特殊要求的混凝土，其所用碎石或卵石的含泥量不应大于 1.0%。

②如含泥基本上是非黏土质的石粉时，其总含量可由 1.0% 及 2.0% 分别提高到 1.5% 和 3.0%。

③对 C10 和低于 C10 的混凝土用碎石或卵石，其含泥量可酌情放宽。

(4)泥块含量：石子中粒径大于 5mm，经水洗后，用手掐变成小于 2.5mm 的颗粒含量，见表 1-18。

碎石或卵石中的泥块含量　　表 1-18

混凝土强度等级	大于或等于 C30	小于 C30
泥块含量，按重量计(%)	≤0.5	≤0.7

有抗冻、抗渗和其他特殊要求的混凝土，其所用碎石或卵石的泥块含量应不大于 0.5%；对等于或小于 C10 级的混凝土

用碎石或卵石其泥块含量可放宽到1.0%。

(5)碎石的强度可用岩石的抗压强度和压碎指标值表示。岩石强度首先应由生产单位提供,工程中可采用压碎指标值进行质量控制,碎石的压碎指标值宜符合表1-19的规定。混凝土强度等级为C60及以上时应进行岩石抗压强度检验,其他情况下如有怀疑或认为有必要时也可进行岩石的抗压强度检验。岩石的抗压强度与混凝土强度等级之比不应小于1.5,且火成岩强度不宜低于80MPa,变质岩不宜低于60MPa,水成岩不宜低于30MPa。

碎石的压碎指标值 **表1-19**

岩石品种	混凝土强度等级	碎石压碎指标值(%)
水成岩	C55~C40 ≤C35	≤10 ≤16
变质岩或深成的火成岩	C55~C40 ≤C35	≤12 ≤20
火成岩	C55~C40 ≤C35	≤13 ≤30

注:水成岩包括石灰岩、砂岩等。变质岩包括片麻岩、石英岩等。深成的火成岩包括花岗岩、正长岩、闪长岩和橄榄岩等。喷出的火成岩包括玄武岩和辉绿岩等。

卵石的强度用压碎指标值表示。其压碎指标值见表1-20。

卵石的压碎指标值 **表1-20**

混凝土强度等级	C55~C40	≤C35
压碎指标值(%)	≤12	≤16

(6)石子的堆积密度约1400~1700kg/m^3。

3.石子的贮存

碎石或卵石在运输、装卸和堆放过程中应防止颗粒离析和混入杂质，并应按产地、种类和规格分别堆放。堆料高度不宜超过 5m。但对单粒级或最大粒径不超过 20mm 的连续粒级，堆料高度可增加到 10m。

1.2.3 轻骨料

轻骨料一般用于结构或结构保温用混凝土，表观密度轻，保温性能好的轻骨料也可用于保温轻混凝土。

1. 轻骨料的定义、分类

凡骨料的粒径在 5mm 以上、松散密度小于 1000kg/m^3 者，称为轻粗骨料。粒径小于 5mm、松散密度小于 1200kg/m^3 者，称为轻细骨料（又称轻砂）。

轻骨料按原材料来源分为三大类：

（1）工业废料轻骨料：以工业废料为原材料，经加工而成的轻骨料，如粉煤灰陶粒、煤矸石陶粒、膨胀矿渣珠、天然煤矸石、煤渣等。

（2）天然轻骨料：以天然形成的多孔岩石经加工而成的轻骨料，如浮石、火山渣、多孔凝灰岩等。

（3）人工轻骨料：以地方材料（如页岩、黏土等）为原料，经加工而成的轻骨料，如页岩陶粒、黏土陶粒、膨胀珍珠岩等。

2. 轻骨料的粒径、松散密度及密度等级

（1）天然轻骨料

1）天然轻骨料粒径大小。

天然轻骨料分为以下四个粒级：

5～10mm；

10～20mm；

20～30mm；

30～40mm。

天然轻骨料（轻砂）分为：

粗砂(细度模数为 4.0~3.1);
中砂(细度模数为 3.0~2.3);
细砂(细度模数为 2.2~1.5)。
2)天然轻骨料的松散密度、密度等级见表 1-21。

天然轻骨料的松散密度与密度等级　　表 1-21

密度等级		松散密度范围 (kg/m³)
轻粗骨料	轻细骨料(轻砂)	
300	—	<300
400	—	310~400
500	500	410~500
600	600	510~600
700	700	610~700
800	800	710~800
900	900	810~900
1000	1000	910~1000
—	1100	1010~1100
—	1200	1110~1200

(2)粉煤灰陶粒和陶砂
1)粉煤灰陶粒:
①粉煤灰陶粒的粒径大小分为以下三个粒级:
5~100mm;10~15mm;15~20mm。
②粉煤灰陶粒松散密度、密度等级见表 1-22。
2)粉煤灰陶砂:
①粉煤灰陶砂的细度模数不应大于 3.7。
②粉煤灰陶砂的松散密度、密度等级,见表 1-23。
(3)页岩陶粒和陶砂
1)页岩陶粒:
①页岩陶粒的粒径:
5~100mm;10~20mm;20~30mm;

粉煤灰陶粒的松散密度与密度等级　表1-22

密度等级	松散密度范围（kg/m^3）
700	610～700
800	710～800
900	810～900

粉煤灰陶砂的松散密度与密度等级　表1-23

密度等级	松散密度范围（kg/m^3）
700	610～700
800	710～800
900	810～900

②页岩陶粒的松散密度、密度等级见表1-24。

2)页岩陶砂：

①页岩陶砂的细度模数不应大于4.0。

②页岩陶砂的松散密度、密度等级见表1-25。

页岩陶粒的松散密度与密度等级　表1-24

密度等级	松散密度范围（kg/m^3）
400	310～400
500	410～500
600	510～600
700	610～700
800	710～800
900	810～900

页岩陶砂的松散密度与窑度等级　表1-25

密度等级	松散密度范围（kg/m^3）
600	510～600
700	610～700
800	710～800
900	810～900
1000	910～1000

3. 轻骨料的贮运、保存

轻骨料在运输与保管时不得受潮和混入杂物，不同种类和密度等级的轻骨料应分别贮运。

1.3 粉 煤 灰

1.3.1 粉煤灰的定义

从煤粉炉烟道气体中收集的粉末称为粉煤灰。

1.3.2 粉煤灰的级别和品质指标

见表 1-26。

粉煤灰的级别和品质指标　　表 1-26

序号	指　　标	粉　煤　灰　级　别		
		Ⅰ	Ⅱ	Ⅲ
1	细度(0.045mm 方孔筛筛余,%)不大于	12	20	45
2	烧失量(%)不大于	5	8	15
3	需水量比(%)不大于	95	105	115
4	三氧化硫(%)不大于	3	3	3
5	含水量(%)不大于	1	1	不规定

注:代替细骨料或用以改善和易性的粉煤灰不受此规定限制。

1.3.3 粉煤灰的贮运

1. 袋装粉煤灰的包装袋上应清楚地标明厂名、级别、质量、批号和包装日期。

2. 粉煤灰运输和贮存时,不得与其他材料混杂,并注意防止受潮和污染环境。

1.4 外　加　剂

混凝土外加剂是在拌制混凝土过程中掺入的用以改善混凝土各种性能的化学物质。

1.4.1 外加剂的品种和适用范围

1. 普通减水剂及高效减水剂

减水剂可用于现浇或预制的混凝土、钢筋混凝土及预应力混凝土。普通减水剂宜用于日最低气温 5℃以上施工的混凝土,不宜单独用于蒸养混凝土。高效减水剂可用于日最低气温 0℃以上施工的混凝土,并适用于制备大流动性混凝土、高强混凝土以及蒸养混凝土。

2. 引气剂及引气减水剂

引气剂及引气减水剂,可用于抗冻混凝土、防渗混凝土、抗硫酸盐混凝土、泌水严重的混凝土、贫混凝土、轻骨料混凝土以及对饰面有要求的混凝土。

引气剂不宜用于蒸养混凝土及预应力混凝土。

3. 缓凝剂及缓凝减水剂

缓凝剂及缓凝减水剂,可用于大体积混凝土、炎热气候条件下施工的混凝土以及需长时间停放或长距离运输的混凝土。缓凝剂及缓凝减水剂不宜用于日最低气温 5℃以下施工的混凝土,也不宜单独用于有早强要求的混凝土及蒸养混凝土。

4. 早强剂及早强减水剂

早强剂及早强减水剂,可用于蒸养混凝土及常温、低温和负温(最低气温不低于 -5℃)条件下施工的有早强或防冻要求的混凝土工程。

5. 防冻剂

(1)分类:

1)氯盐类:用氯盐(氯化钙、氯化钠)或以氯盐为主的与其他早强剂、引气剂、减水剂复合的外加剂。

2)氯盐阻锈类:氯盐与阻锈剂(亚硝酸钠)为主复合的外加剂。

3)无氯盐类:以亚硝酸盐、硝酸盐、碳酸盐、乙酸钠或尿素为主复合的外加剂。

(2)适用范围:

防冻剂可用于负温条件下施工的混凝土。

6. 膨胀剂

(1)分类。

1)硫铝酸钙类:如明矾石膨胀剂、CSA 膨胀剂等;

2)氧化钙类:如石灰膨胀剂;

3)氧化钙—硫铝酸钙类:如复合膨胀剂;

4)氧化镁类:如氧化镁膨胀剂;

5)金属类:如铁屑膨胀剂。

(2)膨胀剂的使用目的和适用范围见表 1-27。

膨胀剂的使用目的和适用范围　　表 1-27

膨胀剂种类	膨胀混凝土(砂浆)		
	种类	使用目的	适用范围
硫铝酸钙类,氧化钙类,氧化钙—硫铝酸钙类,氧化镁类	补偿收缩混凝土(砂浆)	减少混凝土(砂浆)干缩裂缝,提高抗裂性和抗渗性	屋面防水,地下防水,贮罐水池,基础后浇缝,混凝土构件补强,防水堵漏,预填骨料混凝土以及钢筋混凝土,预应力钢筋混凝土等
	填充用膨胀混凝土(砂浆)	提高机械设备和构件的安装质量,加快安装速度	机械设备的底座灌浆,地脚螺栓的固定,梁柱接头的浇筑,管道接头的填充和防水堵漏等
	自应力混凝土(砂浆)	提高抗裂及抗渗性	仅用于常温下使用的自应力钢筋混凝土压力管

1.4.2 外加剂的有关规定

1. 凡在北京地区施工的各建设工程必须使用持有“北京市建筑工程材料备案号”的外加剂,严禁使用未经备案的外加剂产品。

2. 外加剂必须有生产厂家的质量证明书。内容包括:厂名、品名、包装、质量(重量)、出厂日期、性能和使用说明。使用前应进行现场复试,合格者方可使用。

1.4.3 国内混凝土外加剂产品介绍

国内部分外加剂生产厂家及其产品见表1-28。

国内部分外加剂生产厂家及其产品　　表1-28

厂家编号	企业名称	产品牌号
0001	北京七星岩建材厂	TX-UEA膨胀剂
0002	北京七星岩建材厂	TX-4泵送剂
0003	北京七星岩建材厂	TX-S混凝土防水剂
WJJ-01-001	北京市方兴外加剂厂	JF-5混凝土普通减水剂
WJJ-01-002	北京辛庄汇强外加剂有限责任公司	861-A混凝土普通减水剂
WJJ-01-003	北京市丰台京新建材厂	FE-HS2混凝土普通减水剂
WJJ-01-004	献县高效混凝土有限公司北京分公司	LEI-M混凝土普通减水剂
WJJ-01-005	北京城北混凝土添加剂厂	JSP-3混凝土普通减水剂
WJJ-01-006	北京市朝阳高碑店外加剂厂	RH-1混凝土普通减水剂
WJJ-01-007	北京市慕湖外加剂厂	混凝土普通减水剂
WJJ-01-008	首钢建筑研究所	SJ-4混凝土普通减水剂
WJJ-01-009	北京市六建混凝土外加剂厂	BD-1混凝土普通减水剂
WJJ-01-010	格雷斯中国有限公司天津分公司	WRDA/HYCOL普通减水剂
WJJ-01-011	格雷斯中国有限公司天津分公司	WRDA混凝土普通减水剂
WJJ-01-012	石岘造纸厂三环企业总公司	混凝土普通减水剂
WJJ-01-013	牡丹江市红旗化工厂	混凝土普通减水剂
WJJ-02-001	北京城龙工贸有限责任公司	YGU混凝土高效减水剂
WJJ-02-002	北京城龙工贸有限责任公司	YGU(液)混凝土高效减水剂
WJJ-02-003	北京城龙工贸有限责任公司	YGU-P3t混凝土高效减水剂
WJJ-02-004	北京城龙工贸有限责任公司	YGU-F3高效减水剂
WJJ-02-005	北京市朝瑞混凝土外加剂厂	ZR混凝土高效减水剂
WJJ-02-006	北京市邦伟混凝土外加剂公司	BW混凝土高效减水剂

续表

厂家编号	企业名称	产品牌号
WJJ-02-007	北京市方兴外加剂厂	JF-1 混凝土高效减水剂
WJJ-02-008	北京市方兴外加剂厂	JF-2 混凝土高效减水剂
WJJ-02-009	北京市宏基合成材料厂	HJ-1 混凝土高效减水剂
WJJ-02-010	北京市华孚建筑材料厂	AFT-1 混凝土高效减水剂
WJJ-02-011	北京市华孚建筑材料厂	KHJ-204 混凝土高效减水剂
WJJ-02-012	北京辛庄汇强外加剂有限责任公司	TZ1 混凝土高效减水剂
WJJ-02-013	北京市建工新兴建材厂	SN-2 混凝土高效减水剂
WJJ-02-014	北京市丰盛混凝土外加剂厂	JH-UNF 混凝土高效减水剂
WJJ-02-015	北京市海宏星建材厂	HH-6 混凝土高效减水剂
WJJ-02-016	北京科峰建材厂	QJ-4 混凝土高效减水剂
WJJ-02-017	北京星飒建材厂	XS-5 混凝土高效减水剂
WJJ-02-018	北京市华润通建材厂	大字 201 混凝土高效减水剂
WJJ-02-019	北京市丰台新丰建材厂	FX-128 混凝土高效减水剂
WJJ-02-020	北京市丰台区建新建材厂	HT-3 混凝土高效减水剂
WJJ-02-021	北京市丰台区建新建材厂	HFT3-3 混凝土高效减水剂
WJJ-02-022	北京远东星建材厂	RJ-3 混凝土高效减水剂
WJJ-02-023	北京市鑫源旺建材厂	CON-3 混凝土高效减水剂
WJJ-02-024	北京市兴宏光建材厂	WDN-7 混凝土高效减水剂
WJJ-02-025	北京市朝阳高碑店外加剂厂	RH-2 混凝土高效减水剂
WJJ-02-026	北京市朝阳高碑店外加剂厂	RH-5 混凝土高效减水剂
WJJ-02-027	北京市朝阳长城新型建材厂	AS-5 混凝土高效减水剂
WJJ-02-028	北京三联混凝土联营公司	SL-A 混凝土高效减水剂
WJJ-02-029	北京金千叶电子新材料开发有限公司	QY-5 混凝土高效减水剂
WJJ-02-030	北京宏伟建工建材厂	HZ-2 混凝土高效减水剂

续表

厂家编号	企业名称	产品牌号
WJJ-02-031	北京市慕湖外加剂厂	混凝土高效减水剂
WJJ-02-032	首钢建筑研究所	SJ-5 混凝土高效减水剂
WJJ-02-033	北京市双盛建材厂	NF 混凝土高效减水剂
WJJ-02-034	北京敦煌混凝土外加剂厂	ZY-A 混凝土高效减水剂
WJJ-02-035	北京中岩特种工程材料公司	N 混凝土高效减水剂
WJJ-02-036	北京中建建筑科学技术研究院	SRH 混凝土高效减水剂
WJJ-02-037	北京市化工建材厂	FDN-2 混凝土高效减水剂
WJJ-02-038	北京市冶建特种材料公司	JG 2 混凝土高效减水剂
WJJ-02-039	中建一局构件厂外加剂厂	NF 混凝土高效减水剂
WJJ-02-040	北京恒宽化工建材有限责任公司	HK-01 混凝土高效减水剂
WJJ-02-041	北京恒宽化工建材有限责任公司	HK-02 混凝土高效减水剂
WJJ-02-042	北京市六建公司外加剂厂	BD-2 混凝土高效减水剂
WJJ-02-043	中国建筑院建筑工程材料及制品研究所	CABR-SF 混凝土高效减水剂
WJJ-02-044	北京市建筑工程研究院	AN1000 混凝土高效减水剂
WJJ-02-045	北京市建筑工程研究院	AN3000 混凝土高效减水剂
WJJ-02-046	北京市城建混凝土外加剂厂	DFS 2 混凝土高效减水剂
WJJ-02-047	北京市城建混凝土外加剂厂	AS 混凝土高效减水剂
WJJ-02-048	北京市城建混凝土外加剂厂	AS 混凝土高效减水剂
WJJ-02-049	北京市第二城市建设工程公司混凝土搅拌站	CJ-1 混凝土高效减水剂
WJJ-02-050	北京金之鼎化学建材科技有限责任公司	JDF-1 混凝土高效减水剂
WJJ-02-051	北京利力新技术开发公司	FS-G 混凝土高效减水剂
WJJ-02-052	北京市赛迪四洋有机化工厂	建-1 混凝土高效减水剂
WJJ-02-053	北京市赛迪四洋有机化工厂	AF 混凝土高效减水剂

续表

厂家编号	企 业 名 称	产 品 牌 号
WJJ-02-054	北京市赛迪四洋有机化工厂	FE 混凝土高效减水剂
WJJ-02-055	北京市赛迪四洋有机化工厂	FE-100 混凝土高效减水剂
WJJ-02-056	北京汇豪建材集团	JK-1 混凝土高效减水剂
WJJ-02-057	北京汇豪建材集团	JK 混凝土高效减水剂
WJJ-02-058	北京市龙江低温建筑中间试验厂	UNF-5 混凝土高效减水剂
WJJ-02-059	正定县华龙水下工程开发有限责任公司	SPA 混凝土高效减水剂
WJJ-02-060	正定县华龙水下工程开发有限责任公司	SPA-100 混凝土高效减水剂
WJJ-02-061	上海麦斯特建材有限公司	RHEO-BUILD1000
WJJ-02-062	格雷斯中国有限公司天津分公司	SUPER20 混凝土高效减水剂
WJJ-02-063	天津市豹鸣集团有限公司	UBM-1 混凝土高效减水剂
WJJ-02-064	湛江外加剂厂	FDN 混凝土高效减水剂
WJJ-02-065	湛江外加剂厂	FDN-800 混凝土高效减水剂
WJJ-02-066	包钢焦化厂	AF 混凝土高效减水剂
WJJ-02-067	包钢焦化厂	NF 混凝土高效减水剂
WJJ-02-068	山西黄河外加剂厂	UNF-1 混凝土高效减水剂
WJJ-02-069	天津市雍阳减水剂厂	UNF-5 混凝土高效减水剂
WJJ-02-070	天津市雍阳减水剂厂	UNF 5A 混凝土高效减水剂
WJJ-02-071	天津市北辰区飞龙化工建材厂	JFL-1 混凝土高效减水剂
WJJ-02-072	天津市北辰区飞龙化工建材厂	JFL-5 混凝土高效减水剂

1.4.4 外加剂的贮运与保管

外加剂在运输与保管时不得受潮和混入杂物，不同厂家、不同品种的外加剂应分别贮运。有毒性的产品必须存放在专用仓库，以防止人、畜误食，有强氧化性的产品应避免和有机物混放。外加剂要在有效期内使用。

1.5 建 筑 钢 材

1.5.1 钢筋

1. 钢筋的分类、级别、代号、尺寸、外形及允许偏差、公称截面积、公称重量

(1)钢筋的分类：

1)按化学成分分：热轧碳素钢和普通低合金钢。

热轧碳素钢：
- 低碳钢 $C < 0.25\%$
- 中碳钢 $0.25\% < C < 0.6\%$
- 高碳钢 $C > 0.6\%$

低碳钢和中碳钢中具有明显的屈服点，强度低，质韧而软，称为软钢。高碳钢无明显的屈服点，强度高，质韧而硬，称之为硬钢。碳素钢即低碳钢和中碳钢。

2)按加工工艺分：

①热轧钢筋；

②热处理钢筋；

③冷拉钢筋；

④钢丝。

(2)钢筋的牌号：

钢筋的牌分为 HPB235、HRB335、HRB400、HRB500级，HPB235级钢筋为光圆钢筋，热轧直条光圆钢筋强度等级代号为 R235。低碳热轧圆盘条按其屈服强度代号为 Q195、Q215、Q235，供建筑用钢筋为 Q235。HRB335、HRB400、HRB500 级为热轧带肋钢筋，其中 Q 为“屈服”的汉语拼音字头，H.R.B 分别为热轧(Hot rolled)、带肋

(Ribbed)、钢筋(Bars)三个词的英文首位字母。

(3)钢筋的尺寸、外形及允许偏差、公称截面积、公称重量:

1)热轧圆盘条

①盘条的公称直径为:5.5、6.0、6.5、7.0、8.0、9.0、10.0、11.0、12.0、13.0、14.0mm。根据供需双方的协议也可生产其他尺寸的盘条。

②盘条的直径允许偏差不大于±0.45mm,不圆度(同一横截面上最大直径与最小直径的差值)不大于0.45mm。

③标记示例:用Q235A·F轧制的供拉丝用直径为6.5mm的盘条标记为:

盘条Q235A·F—L6.5—GB 701。

2)热轧直条光圆钢筋

①公称直径范围及推荐直径:

钢筋的公称直径范围为8~20mm,推荐的钢筋直径为8、10、12、16、20mm。

②公称截面积与公称重量见表1-29。

热轧直条光圆钢筋公称截面积与公称重量　　表1-29

公称直径(mm)	公称截面面积(mm^2)	公称重量(kg/m)
8	50.27	0.395
10	78.54	0.617
12	113.1	0.888
14	153.9	1.21
16	201.1	1.58
18	254.5	2.00
20	314.2	2.47

注:表中公称重量密度按7.85g/cm^3计算。

③光圆钢筋的尺寸允许偏差:

a.光圆钢筋的直径允许偏差和不圆度应符合表1-30的

规定。

光圆钢筋的直径允许偏差和不圆度　　表 1-30

公称直径(mm)	直径允许偏差(mm)	不圆度不大于(mm)
≤20	±0.40	0.40

b. 长度及允许偏差：

通常长度：钢筋按直条交货时，其通常长度为 3.5~12m，其中长度为 3.5m 至小于 6m 之间的钢筋不得超过每批重量的 3%。

定尺、倍尺长度：钢筋按定尺或倍尺长度交货时，应在合同中注明。其长度允许偏差不得大于 +50mm。

弯曲度：钢筋每米弯曲度应不大于 4mm，总弯曲度不大于钢筋总长度的 0.4%。

④重量及允许偏差：

a. 交货重量：

钢筋可按公称重量或实际重量交货。

b. 重量允许偏差：

根据需方要求，钢筋按重量偏差交货时，其实际重量与公称重量的允许偏差应符合表 1-31 的规定。

光圆钢筋的实际重量与公称重量的允许偏差　表 1-31

公称直径(mm)	实际重量与公称重量的偏差(%)
8~12	±7
14~20	±5

3)热轧带肋钢筋

①公称直径范围及推荐直径：

钢筋的公称直径范围为 6~50mm，推荐的钢筋公称直径为 6、8、10、12、16、20、25、32 和 40、50mm。

②公称横截面积与理论重量：

钢筋的公称横截面积与公称重量列于表1-32。

热轧带肋钢筋的公称横截面积与理论重量　表1-32

公称直径（mm）	公称横截面面积（mm^2）	理论重量（kg/m）	公称直径（mm）	公称横截面面积（mm^2）	理论重量（kg/m）
6	28.27	0.222			
8	50.27	0.395	22	380.1	2.98
10	78.54	0.617	25	490.9	3.85
12	113.1	0.888	28	615.8	4.83
14	153.9	1.21	32	804.2	6.31
16	201.1	1.58	36	1018	7.99
18	254.5	2.00	40	1257	9.87
20	314.2	2.47	50	1964	15.42

注：表中理论重量按密度为7.85g/cm^3计算。

③长度及允许偏差：

a. 通常长度：钢筋按直条交货时，其通常长度为3.5～12m，其中长度为3.5m至小于6m之间的钢筋不得超过每批重量的3%。

带肋钢筋以盘卷钢筋交货时每盘应是一整条钢筋，其盘重及直径应由供需双方协商。

b. 定尺、倍尺长度：

钢筋按定尺或倍尺长度交货时，应在合同中注明。其长度允许偏差不应大于+50mm。

c. 弯曲度：

钢筋每米弯曲度不应大于4mm，总弯曲度不大于钢筋总长度的0.4%。

④重量及允许偏差：

a. 交货重量:

钢筋可按实际重量或理论重量交货。

b. 重量允许偏差:

根据需方要求,钢筋按重量偏差交货时,其实际重量与理论重量的允许偏差应符合表 1-33 的规定。

热轧钢筋的实际重量与理论重量的允许偏差　表 1-33

公 称 直 径 (mm)	实际重量与理论重量的偏差(%)
6 ~ 12	± 7
14 ~ 20	± 5
22 ~ 50	± 4

2. 钢筋的技术要求

(1)热轧圆盘条

1)牌号、化学成分、力学性能、工艺性能,见表 1-34。

2)表面质量:

盘条表面不得有裂纹、折叠、结疤、耳子、分层及夹杂,允许有压痕及局部的凸块、凹坑、划痕、麻面,但其深度或高度(从实际尺寸算起)不得大于 0.20mm。

盘条表面氧化铁皮重量不大于 16kg/t,如工艺有保证,可不做检查。

(2)热轧直条光圆钢筋

1)牌号、化学成分、力学性能、工艺性能,见表 1-35。

2)表面质量:

钢筋表面不得有裂纹、结疤和折叠。

钢筋表面凸块和其他缺陷的深度和高度不得大于所在部位尺寸的允许偏差。

(3)热轧带肋钢筋

1)牌号、化学成分、力学性能、工艺性能,见表 1-36。

热轧圆盘条的技术性能要求 表 1-34

牌号		化学成分（%） C	Mn	Si	S	P	脱氧方法	力学性能 屈服点 σ_s(MPa) 不小于	抗拉强度 σ_b(MPa) 不小于	伸长率 δ_{10}(%) 不小于	冷弯试验，180° d = 弯芯直径 a = 试样直径	用途
				不大于								
Q235	A	0.14～0.22	0.30～0.65	0.30	0.050	0.045	F.b.Z	235	410	23	$d = 0.5a$	供建筑用
	B	0.12～0.20	0.30～0.70		0.045							

热轧直条光圆钢筋的技术性能要求 表 1-35

表面形状	钢筋级别	强度代号	牌号	化学成分（%） C	Si	Mn	P	S	强度等级代号	公称直径 (mm)	屈服点 σ_s(MPa)	抗拉强度 σ_b(MPa)	伸长率 δ_5(%)	冷弯 d—弯芯直径 a—钢筋公称直径
							不大于				不小于			
光圆	Ⅰ	R235	Q235	0.14～0.22	0.12～0.30	0.30～0.65	0.045	0.050	R235	8～20	235	370	25	180° $d = a$

热轧带肋钢筋的技术性能指标

表 1-36

表面形状	牌号	化学成分（%）						公称直径（mm）	屈服点 σ_s（MPa）	抗拉强度 σ_b（MPa）	伸长率 δ_5（%）	冷弯 d—弯芯直径 a—钢筋公称直径
		C	Si	Mn	Ceq	P	S					
		不大于							不小于			
月牙肋	HRB 335	0.25	0.80	1.60	0.52	0.045	0.045	6～25	335	490	16	180° $d=3a$
								28～50				180° $d=4a$
	HRB 400	0.25	0.80	1.60	0.54	0.045	0.045	6～25	400	570	14	180° $d=4a$
								28～50				180° $d=5a$
	HRB 500	0.25	0.80	1.60	0.55	0.045	0.045	10～25	500	630	12	180° $d=6a$
								28～50				180° $d=7a$

2)表面质量：

钢筋表面不得有裂纹、结疤和折叠。

钢筋表面允许有凸块，但不得超过横肋的高度，钢筋表面上其他缺陷的深度和高度不得大于所在部位尺寸的允许偏差。

1.5.2 型钢

1. 热轧扁钢

热轧扁钢在建筑工程中多用作一般结构构件，如连接板、栅栏、楼梯扶手等。

(1)扁钢的截面图及标注符号如图 1-1 所示。

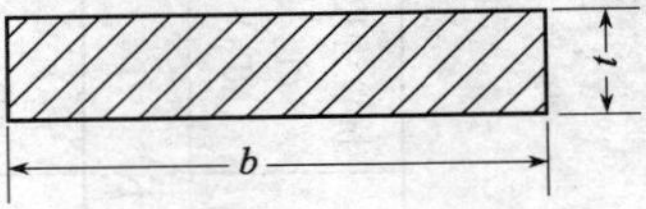

图 1-1

t—扁钢厚度；b—扁钢宽度

(2)扁钢的截面尺寸及理论重量，见表 1-37。

(3)扁钢的截面尺寸、允许偏差见表 1-38。

(4)长度及允许偏差

1)通常长度：

①普通钢：

第 1 组(理论重量≤19kg/m)扁钢　3～9m

第 2 组(理论重量＞19kg/m)扁钢　3～7m

②优质钢：

全部规格尺寸扁钢　2～6m

2)定尺长度或倍尺长度的扁钢，其长度允许偏差应符合下列规定：

长度≤4m　$^{+30}_{0}$mm

长度＞4～6m　$^{+50}_{0}$mm

长度＞6m　$^{+70}_{0}$mm

热轧扁钢的截面尺寸及理论重量 表 1-37

宽度 (mm)	厚度 (mm)											
	3	4	5	6	7	8	9	10	11	12	14	16
	理论重量 (kg/m)											
10	0.24	0.31	0.39	0.47	0.55	0.63						
12	0.28	0.38	0.47	0.57	0.66	0.75						
14	0.33	0.44	0.55	0.66	0.77	0.88						
16	0.38	0.50	0.63	0.75	0.88	1.00	1.15	1.26				
18	0.42	0.57	0.71	0.85	0.99	1.13	1.27	1.41				
20	0.47	0.63	0.78	0.94	1.10	1.26	1.41	1.57	1.73	1.88		
22	0.52	0.69	0.86	1.04	1.21	1.38	1.55	1.73	1.90	2.07		
25	0.59	0.78	0.98	1.18	1.37	1.57	1.77	1.96	2.16	2.36	2.75	3.14
28	0.66	0.88	1.10	1.32	1.54	1.76	1.98	2.20	2.42	2.64	3.08	3.53
30	0.71	0.94	1.18	1.41	1.65	1.88	2.12	2.36	2.59	2.83	3.30	3.77
32	0.75	1.00	1.26	1.51	1.76	2.01	2.26	2.55	2.76	3.01	3.52	4.02

续表

宽度（mm）	厚度（mm）												
	18	20	22	25	28	30	32	36	40	45	50	56	60
	理论重量（kg/m）												
10													
12													
14													
16													
18													
20													
22													
25													
28													
30	4.24	4.71											
32	4.52	5.02											

续表

宽度 (mm)	厚度 (mm)											
	3	4	5	6	7	8	9	10	11	12	14	16
	理论重量 (kg/m)											
35	0.82	1.10	1.37	1.65	1.92	2.20	2.47	2.75	3.02	3.30	3.85	4.40
40	0.94	1.26	1.57	1.88	2.20	2.51	2.83	3.14	3.45	3.77	4.40	5.02
45	1.06	1.41	1.77	2.12	2.47	2.83	3.18	3.53	3.89	4.24	4.95	5.65
50	1.18	1.57	1.96	2.36	2.75	3.14	3.53	3.93	4.32	4.71	5.50	6.28
55		1.73	2.16	2.59	3.02	3.45	3.89	4.32	4.75	5.18	6.04	6.91
60		1.88	2.36	2.83	3.30	3.77	4.24	4.71	5.18	5.65	6.59	7.54
65		2.04	2.55	3.06	3.57	4.08	4.59	5.10	5.61	6.12	7.14	8.16
70		2.20	2.75	3.30	3.85	4.40	4.95	5.50	6.04	6.59	7.69	8.79
75		2.36	2.94	3.53	4.12	4.71	5.30	5.89	6.48	7.07	8.24	9.42
80		2.51	3.14	3.77	4.40	5.02	5.65	6.28	6.91	7.54	8.79	10.05
85			3.34	4.00	4.67	5.34	6.01	6.67	7.34	8.01	9.34	10.68

续表

宽度 (mm)	厚度 (mm)												
	18	20	22	25	28	30	32	36	40	45	50	56	60
	理论重量 (kg/m)												
35	4.95	5.50	6.04	6.87	7.69								
40	5.65	6.28	6.91	7.85	8.79								
45	6.36	7.07	7.77	8.83	9.89	10.60	11.30	12.72					
50	7.06	7.85	8.64	9.81	10.99	11.78	12.56	14.13					
55	7.77	8.64	9.50	10.79	12.09	12.95	13.82	15.54					
60	8.48	9.42	10.36	11.78	13.19	14.13	15.07	16.96	18.84	21.20			
65	9.18	10.20	11.23	12.76	14.29	15.31	16.33	18.37	20.41	22.96			
70	9.89	10.99	12.09	13.74	15.39	16.49	17.58	19.78	21.98	24.73			
75	10.60	11.78	12.95	14.72	16.48	17.66	18.84	21.20	23.55	26.49			
80	11.30	12.56	13.82	15.70	17.58	18.84	20.10	22.61	25.12	28.26	31.40	35.17	
85	12.01	13.34	14.68	16.68	18.68	20.02	21.35	24.02	26.69	30.03	33.36	37.37	40.04

续表

宽度（mm）	厚度（mm）											
	3	4	5	6	7	8	9	10	11	12	14	16
	理论重量（kg/m）											
90			3.53	4.24	4.95	5.65	6.36	7.07	7.77	8.48	9.89	11.30
95			3.73	4.47	5.22	5.97	6.71	7.46	8.20	8.95	10.44	11.93
100			3.92	4.71	5.50	6.28	7.06	7.85	8.64	9.42	10.99	12.56
105			4.12	4.95	5.77	6.59	7.42	8.24	9.07	9.89	11.54	13.19
110			4.32	5.18	6.04	6.91	7.77	8.64	9.50	10.36	12.09	13.82
120			4.71	5.65	6.59	7.54	8.48	9.42	10.36	11.30	13.19	15.07
125				5.89	6.87	7.85	8.83	9.81	10.79	11.78	13.74	15.70
130				6.12	7.14	8.16	9.18	10.20	11.23	12.25	14.29	16.33
140					7.69	8.79	9.89	10.99	12.09	13.19	15.39	17.58
150					8.24	9.42	10.60	11.78	12.95	14.13	16.48	18.84

续表

宽度 (mm)	厚度 (mm)												
	18	20	22	25	28	30	32	36	40	45	50	56	60
	理论重量 (kg/m)												
90	12.72	14.13	15.54	17.66	19.78	21.20	22.61	25.43	28.26	31.79	35.32	39.56	42.39
95	13.42	14.92	16.41	18.64	20.88	22.37	23.86	26.85	29.83	33.56	37.29	41.76	44.74
100	14.13	15.70	17.27	19.62	21.98	23.55	25.12	28.26	31.40	35.32	39.25	43.96	47.10
105	14.84	16.48	18.13	20.61	23.08	24.73	26.38	29.67	32.97	37.09	41.21	46.16	49.46
110	15.54	17.27	19.00	21.59	24.18	25.90	27.63	31.09	34.54	38.86	43.18	48.36	51.81
120	16.96	18.84	20.72	23.55	26.38	28.26	30.14	33.91	37.68	42.39	47.10	52.75	56.52
125	17.66	19.62	21.58	24.53	27.48	29.44	31.40	35.32	39.25	44.16	49.06	54.95	58.88
130	18.37	20.41	22.45	25.51	28.57	30.62	32.66	36.74	40.82	45.92	51.02	57.15	61.23
140	19.78	21.98	24.18	27.48	30.77	32.97	35.17	39.56	43.96	49.46	54.95	61.54	65.94
150	21.20	23.55	25.90	29.44	32.97	35.32	37.68	42.39	47.10	52.99	58.88	65.94	70.65

注:①表中的粗线用以划分扁钢的组别,第1组——理论重量≤19kg/m;第2组——理论重量>19kg/m。

②表中的理论重量按密度为7.85g/cm³计算。

扁钢的截面尺寸允许偏差(mm) 表 1-38

<table>
<tr><th colspan="3">宽 度</th><th colspan="3">厚 度</th></tr>
<tr><th rowspan="2">尺 寸</th><th colspan="2">允 许 偏 差</th><th rowspan="2">尺 寸</th><th colspan="2">允 许 偏 差</th></tr>
<tr><th>普通级</th><th>较高级</th><th>普通级</th><th>较高级</th></tr>
<tr><td>10～50</td><td>+0.5
-1.0</td><td>+0.3
-0.9</td><td rowspan="2">3～16</td><td rowspan="2">+0.3
-0.5</td><td rowspan="2">+0.2
-0.4</td></tr>
<tr><td>>50～75</td><td>+0.6
-1.3</td><td>+0.4
-1.2</td></tr>
<tr><td>>75～100</td><td>+0.9
-1.8</td><td>+0.7
-1.7</td><td rowspan="2">>16～60</td><td rowspan="2">+1.5%
-3.0%</td><td rowspan="2">+1.0%
-2.5%</td></tr>
<tr><td>>100～150</td><td>+1.0%
-2.0%</td><td>+0.8%
-1.8%</td></tr>
</table>

(5)重量

1)通常长度扁钢按实际重量交货。经供需双方协议并在合同中注明可按理论重量交货。

2)定尺长度和倍尺长度扁钢按理论重量交货。经供需双方协议并在合同中注明可按实际重量交货。

(6)标记示例

用 45 号钢轧制成的 10mm×30mm 扁钢的标记为:

$$扁钢\ \frac{10\times30-\text{GB 704—88}}{45-\text{GB/T 699—1999}}$$

2. 热轧工字钢

工字钢也称钢梁,广泛用于建筑构件和其他工业结构构件中。

(1)工字钢的截面图示及标注符号如图 1-2。

(2)型号和允许偏差见表 1-39。

(3)常用热轧工字钢的规格及截面特性见表 1-40。

(4)长度及允许偏差

1)工字钢的通常长度应符合表 1-41 的规定。

2)定尺、倍尺长度:

工字钢按定尺或倍尺长度交货时,应在合同中注明。其长度允许偏差应符合表 1-42 的规定。

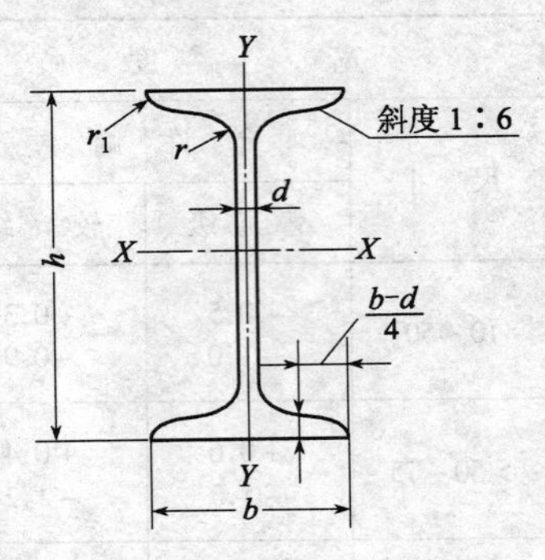

图 1-2

h—高度;b—腿宽度;d—腰厚度;r—内圆弧半径;r_1—腿端圆弧半径

(5)重量及允许偏差

1)工字钢按理论重量或实际重量交货。

热轧工字钢的型号和允许偏差(mm)　　表 1-39

型　号	允　许　偏　差		
	高　度 h	腿　宽　度 b	腰　厚　度 d
≤14	±2.0	±2.0	±0.5
>14~18		±2.5	
>18~30	±3.0	±3.0	±0.7
>30~40		±3.5	±0.8
>40~63	±4.0	±4.0	±0.9

热轧工字钢的规格及截面特性 表 1-40

型号	尺寸 (mm)						截面面积 (cm^2)	理论重量 (kg/m)	参考数值						
									X－X				Y－Y		
	h	b	d	t	r	r_1			$I_X(cm^4)$	$W_X(cm^3)$	$i_X(cm)$	I_X, S_X	$I_Y(cm^4)$	$W_Y(cm^3)$	$i_Y(cm)$
10	100	68	4.5	7.6	6.5	3.3	14.345	11.261	245	49.0	4.14	8.59	33.0	9.72	1.52
12.6	126	74	5.0	8.4	7.0	3.5	18.118	14.223	188	77.5	5.20	10.8	46.9	12.7	1.61
14	140	80	5.5	9.1	7.5	3.8	21.516	16.890	712	102	5.76	12.0	64.4	16.1	1.73
16	160	88	6.0	9.9	8.0	4.0	26.131	20.513	1130	141	6.58	13.8	93.1	21.2	1.89
18	180	94	6.5	10.7	8.5	4.3	30.756	24.143	1660	185	7.36	15.4	122	26.0	2.00
20a	200	100	7.0	11.4	9.0	4.5	35.578	27.929	2370	237	8.15	17.2	158	31.5	2.12
20b	200	102	9.0	11.4	9.0	4.5	39.578	31.069	2500	250	7.96	16.9	169	33.1	2.06
22a	220	110	7.5	12.3	9.5	4.8	42.128	33.070	3400	309	8.99	18.9	225	40.9	2.31
22b	220	112	9.5	12.3	9.5	4.8	46.528	36.524	3570	325	8.78	18.7	239	42.7	2.27
25a	250	116	8.0	13.0	10.0	5.0	48.541	38.105	5020	402	10.2	21.6	280	48.3	2.40
25b	250	118	10.0	13.0	10.0	5.0	53.541	42.030	5280	423	9.94	21.3	309	52.4	2.40
28a	280	122	8.5	13.7	10.5	5.3	55.404	43.492	7110	508	11.3	24.6	345	56.6	2.50
28b	280	124	10.5	13.7	10.5	5.3	61.004	47.888	7480	534	11.1	24.2	379	61.2	2.49
32a	320	130	9.5	15.0	11.5	5.8	67.156	52.747	11100	692	12.8	27.5	460	70.8	2.62
32b	320	132	11.5	15.0	11.5	5.8	73.556	57.741	11600	726	12.6	27.1	502	76.0	2.61

续表

型号	尺寸（mm）						截面面积（cm^2）	理论重量（kg/m）	参考数值						
									$X-X$				$Y-Y$		
	h	b	d	t	r	r_1			$I_X(cm^4)$	$W_X(cm^3)$	$i_X(cm)$	I_X, S_X	$I_Y(cm^4)$	$W_Y(cm^3)$	$i_Y(cm)$
32*c*	320	134	13.5	15.0	11.5	5.8	79.956	62.765	12200	760	12.3	26.8	544	81.2	2.61
36*a*	360	136	10.0	15.8	12.0	6.0	76.480	60.037	15800	875	14.4	30.7	552	81.2	2.69
36*b*	360	138	12.0	15.8	12.0	6.0	83.680	65.689	16500	919	14.1	30.3	582	84.3	2.64
36*c*	360	140	14.0	15.8	12.0	6.0	90.880	71.341	17300	962	13.8	29.9	612	87.4	2.60
40*a*	400	142	10.5	16.5	12.5	6.3	86.112	67.598	21700	1090	15.9	34.1	660	93.2	2.77
40*b*	400	144	12.5	16.5	12.5	6.3	94.112	73.878	22800	1140	15.6	33.6	692	96.2	2.71
40*c*	400	146	14.5	16.5	12.5	6.3	102.112	80.158	23900	1190	15.2	33.2	727	99.6	2.65
45*a*	450	150	11.5	18.0	13.5	6.8	102.446	80.420	32200	1430	17.7	38.6	855	114	2.89
45*b*	450	152	13.5	18.0	13.5	6.8	111.446	87.485	33800	1500	17.4	38.0	894	118	2.84
45*c*	450	154	15.5	18.0	13.5	6.8	120.446	94.550	35300	1570	17.1	37.6	938	122	2.79
50*a*	500	158	12.0	20.0	14.0	7.0	119.304	93.654	46500	1860	19.7	42.8	1120	142	3.07
50*b*	500	160	14.0	20.0	14.0	7.0	129.304	104.504	48600	1940	19.4	42.4	1170	146	3.01
50*c*	500	162	16.0	20.0	14.0	7.0	139.304	109.354	50600	2080	19.0	41.8	1220	151	2.96
56*a*	560	166	12.5	21.0	14.5	7.3	135.435	106.316	65600	2340	22.0	47.7	1370	165	3.18
56*b*	560	168	14.5	21.0	14.5	7.3	146.635	115.108	68500	2450	21.6	47.2	1490	174	3.16

续表

型号	尺寸 (mm)						截面面积 (cm^2)	理论重量 (kg/m)	参考数值						
									X－X				Y－Y		
	h	b	d	t	r	r_1			$I_X(cm^4)$	$W_X(cm^3)$	$i_X(cm)$	I_X, S_X	$I_Y(cm^4)$	$W_Y(cm^3)$	$i_Y(cm)$
56c	560	170	16.5	21.0	14.5	7.3	157.835	123.900	71400	2550	21.3	46.7	1560	183	3.16
63a	630	176	13.0	22.0	15.0	7.5	154.658	121.407	93900	2980	24.5	54.2	1700	193	3.31
63b	630	178	15.0	22.0	15.0	7.5	167.258	131.298	98100	3000	24.2	53.5	1810	204	3.29
63c	630	180	17.0	22.0	15.0	7.5	179.858	141.189	102000	3300	23.3	52.9	1920	214	3.27
12	120	74	5.0	8.4	7.0	3.5	17.818	13.987	436	72.7	4.95	10.3	46.9	12.7	1.62
24a	240	116	8.0	13.0	10.0	5.0	47.741	37.477	4570	381	9.77	20.7	280	48.4	2.42
24b	240	118	10.0	13.0	10.0	5.0	52.541	41.245	4800	400	9.57	20.4	297	50.4	2.38
27a	270	122	8.5	13.7	10.5	5.3	54.554	42.825	6550	485	10.9	23.8	345	56.6	2.51
27b	270	124	10.5	13.7	10.5	5.3	59.954	47.064	6870	509	10.7	22.9	366	58.9	2.47
30a	300	126	9.0	14.4	11.0	5.5	61.254	48.084	8950	597	12.1	25.7	400	63.5	2.55
30b	300	128	11.0	14.4	11.0	5.5	67.254	52.794	9400	627	11.8	25.4	422	65.9	2.50
30c	300	130	13.0	14.4	11.0	5.5	73.254	57.504	9850	657	11.6	26.0	445	68.5	2.46
55a	550	166	12.5	21.0	14.5	7.3	134.185	105.335	62900	2290	21.6	46.9	1370	164	3.19
55b	550	168	14.5	21.0	14.5	7.3	145.185	113.970	65600	2390	21.2	46.4	1420	170	3.14
55c	550	170	16.5	21.0	14.5	7.3	156.185	122.605	68400	2490	20.9	45.8	1480	175	3.08

注:表中标注的圆弧半径 r、r_1 的数据用于孔型设计,不作交货条件。

热轧工字钢的通常长度 **表 1-41**

型　　号	长　　度　　(m)
10～18	5～19
20～63	6～19

热轧工字钢的长度允许偏差 **表 1-42**

定尺、倍尺长度(m)	允　许　偏　差　(mm)
8	+40 0
8	+80 0

2)工字钢计算理论重量时，钢的密度为 7.85g/cm^3。

3)工字钢截面面积的计算公式为：

$$hd + 2t(b - d) + 0.815(r^2 - r_1^2)$$

4)根据双方协议，工字钢每米重量允许偏差不得超过 $^{+3}_{-5}$%。

(6)标记示例

普通碳素钢 Q235，尺寸为 100mm×144mm×12.5mm 的热轧工字钢标记如下：

热轧工字钢 $\dfrac{100\times144\times12.5\text{—GB 706—88}}{\text{Q235—GB 700—88}}$

3. 热轧槽钢

(1)槽钢的截面图示及标注符号如图 1-3 所示。

(2)槽钢的规格及截面特性

见表 1-43。

热轧槽钢的规格及截面特性 表 1-43

型号	尺寸 (mm)						截面面积 (cm^2)	理论重量 (kg/m)	参考数值							
									X－X			Y－Y			Y_1-Y_1	
	h	b	d	t	r	r_1			W_X(cm^3)	I_X(cm^4)	i_X(cm)	W_Y(cm^3)	I_Y(cm^4)	i_Y(cm)	I_{Y1}(cm^4)	Z_0(cm)
5	50	37	4.5	7.0	7.0	3.5	6.928	5.438	10.4	26.0	1.94	3.55	8.30	1.10	20.9	1.35
6.3	63	40	4.8	7.5	7.5	3.8	8.451	6.634	16.1	50.8	2.45	4.50	11.9	1.19	28.4	1.36
8	80	43	5.0	8.0	8.0	4.0	10.248	8.045	25.3	101	3.15	5.79	16.6	1.27	37.4	1.43
10	100	48	5.3	8.5	8.5	4.2	12.748	10.007	39.7	198	3.95	7.80	25.6	1.41	54.9	1.52
12.6	126	53	5.5	9.0	9.0	4.5	15.692	12.318	62.1	391	4.95	10.2	38.0	1.57	77.1	1.59
14*a*	140	58	6.0	9.5	9.5	4.8	18.516	14.535	80.5	564	5.52	13.0	53.2	1.70	107	1.71
14*b*	140	60	8.0	9.5	9.5	4.8	21.316	16.733	87.1	609	5.35	14.1	61.1	1.69	121	1.67
16*a*	160	63	6.5	10.0	10.0	5.0	21.962	17.240	108	866	6.28	16.3	73.3	1.83	144	1.80
16	160	65	8.5	10.0	10.0	5.0	25.162	19.752	117	935	6.10	17.6	83.4	1.82	161	1.75
18*a*	180	68	7.0	10.5	10.5	5.2	25.699	20.174	141	1270	7.04	20.0	98.6	1.96	190	1.88
18	180	70	9.0	10.5	10.5	5.2	29.299	23.000	152	1370	6.84	21.5	111	1.95	210	1.84
20*a*	200	73	7.0	11.0	11.0	5.5	28.837	22.637	178	1780	7.86	24.2	128	2.11	244	2.01
20	200	75	9.0	11.0	11.0	5.5	32.837	25.777	191	1910	7.64	25.9	144	2.09	268	1.95
22*a*	220	77	7.0	11.5	11.5	5.8	31.846	24.999	218	2390	8.67	28.2	158	2.23	298	2.10
22	220	79	9.0	11.5	11.5	5.8	36.246	28.453	234	2570	8.42	30.1	176	2.21	326	2.03

续表

型号	尺寸 (mm)						截面面积 (cm^2)	理论重量 (kg/m)	参考数值							
									$X-X$			$Y-Y$			Y_1-Y_1	Z_0(cm)
	h	b	d	t	r	r_1			$W_X(cm^3)$	$I_X(cm^4)$	i_X(cm)	$W_Y(cm^3)$	$I_Y(cm^4)$	i_Y(cm)	$I_{Y1}(cm^4)$	
25*a*	250	78	7.0	12.0	12.0	6.0	34.917	27.410	270	3370	9.82	30.6	176	2.24	322	2.07
25*b*	250	80	9.0	12.0	12.0	6.0	39.917	31.335	282	3530	9.41	32.7	196	2.22	353	1.98
25*c*	250	82	11.0	12.0	12.0	6.0	44.917	35.260	295	3690	9.07	35.9	218	2.21	384	1.92
28*a*	280	82	7.5	12.5	12.5	6.2	40.034	31.427	340	4760	10.9	35.7	218	2.33	388	2.10
28*b*	280	84	9.5	12.5	12.5	6.2	45.634	35.823	366	5130	10.6	37.9	242	2.30	428	2.02
28*c*	280	86	11.5	12.5	12.5	6.2	51.234	40.219	393	5500	10.4	40.3	268	2.29	463	1.95
32*a*	320	88	8.0	14.0	14.0	7.0	48.513	38.083	475	7600	12.5	46.5	305	2.50	552	2.24
32*b*	320	90	10.0	14.0	14.0	7.0	54.913	43.107	509	8140	12.2	49.2	336	2.47	593	2.16
32*c*	320	92	12.0	14.0	14.0	7.0	61.313	48.131	543	8690	11.9	52.6	374	2.47	643	2.09
36*a*	360	96	9.0	16.0	16.0	8.0	60.910	47.814	660	11900	14.0	63.5	455	2.73	818	2.44
36*b*	360	98	11.0	16.0	16.0	8.0	68.110	53.466	703	12700	13.6	66.9	497	2.70	880	2.37
36*c*	360	100	13.0	16.0	16.0	8.0	75.310	59.118	746	13400	13.4	70.0	536	2.67	948	2.34
40*a*	400	100	10.5	18.0	18.0	9.0	75.068	58.928	879	17600	15.3	78.8	592	2.81	1070	2.49
40*b*	400	102	12.5	18.0	18.0	9.0	83.068	65.208	932	18600	15.0	82.5	640	2.78	1140	2.44
40*c*	400	104	14.5	18.0	18.0	9.0	81.068	71.488	986	19700	14.7	86.2	688	2.75	1220	2.42

续表

型号	尺寸 (mm)						截面面积 (cm^2)	理论重量 (kg/m)	参考数值							
									X - X			Y - Y			$Y_1 - Y_1$	
	h	b	d	t	r	r_1			$W_X(cm^3)$	$I_X(cm^4)$	$i_X(cm)$	$W_Y(cm^3)$	$I_Y(cm^4)$	$i_Y(cm)$	$I_{Y1}(cm^4)$	$Z_0(cm)$
6.5	65	40	4.3	7.5	7.5	3.8	8.547	6.709	17.0	55.2	2.54	4.59	12.0	1.19	28.3	1.38
12	120	53	5.5	9.0	9.0	4.5	15.362	12.059	57.7	346	4.75	10.2	37.4	1.56	77.7	1.62
24*a*	240	78	7.0	12.0	12.0	6.0	34.217	26.860	254	3050	9.45	30.5	174	2.25	325	2.10
24*b*	240	80	9.0	12.0	12.0	6.0	39.017	30.628	274	3280	9.17	32.5	194	2.23	355	2.03
24*c*	240	82	11.0	12.0	12.0	6.0	43.817	34.396	293	3510	8.96	34.4	213	2.21	388	2.00
27*a*	270	82	7.5	12.5	12.5	6.2	39.284	30.838	323	4360	10.5	35.5	216	2.34	393	2.13
27*b*	270	84	9.5	12.5	12.5	6.2	44.684	35.077	347	4690	10.3	37.7	239	2.31	428	2.06
27*c*	270	86	11.5	12.5	12.5	6.2	50.084	39.316	372	5020	10.1	39.8	261	2.28	467	2.03
30*a*	300	85	7.5	13.5	13.5	6.8	43.902	34.463	403	6050	11.7	41.1	260	2.43	467	2.17
30*b*	300	87	9.5	13.5	13.5	6.8	49.902	39.173	433	6500	11.4	44.0	289	2.41	515	2.13
30*c*	300	89	11.5	13.5	13.5	6.8	55.902	43.883	463	6950	11.2	46.4	316	2.38	560	2.09

注:表中标注的圆弧半径 r、r_1 的数据用于孔型设计,不作交货条件。

(3)型号和允许偏差

见表 1-44。

(4)通常长度及允许偏差

见表 1-45、表 1-46。

(5)重量及允许偏差

1)槽钢按理论重量或实际重量交货。

2)槽钢计算理论重量时,钢的密度为 7.85g/cm³。

3)槽钢截面面积的计算公式为:

$$hd + 2t(b - d) + 0.349(r^2 - r_1^2)$$

4)根据双方协议,槽钢每米重量允许偏差不得超过 $^{+5}_{-3}\%$。

(6)标记示例:

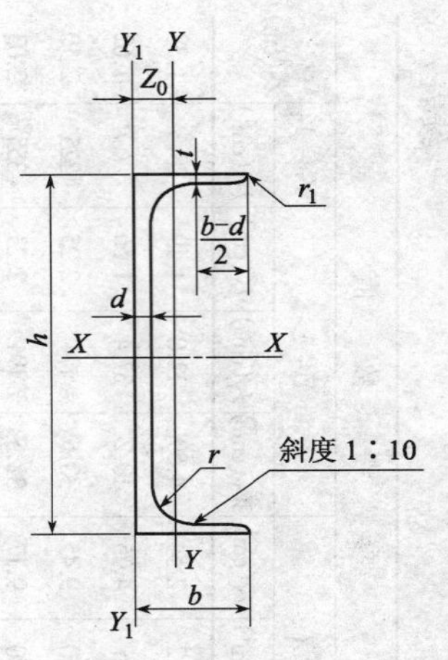

图 1-3

h—高度;b—腿宽度;
d—腰厚度;t—平均腿厚度;
r—内圆弧半径;
r_1—腿端圆弧半径;
Z_0—YY 轴与 Y_1Y_1 轴间距

普通碳素钢 Q235 尺寸为 180mm × 68mm × 7mm 的热轧槽钢标记如下:

热轧槽钢的型号和允许偏差　　表 1-44

型号	允许偏差 (mm)		
	高度 h	腿宽度 b	腰厚度 d
5 ~ 8	±1.5	±1.5	±0.4
>8 ~ 14	±2.0	±2.0	±0.5
>14 ~ 18		±2.5	±0.6
>18 ~ 30	±3.0	±3.0	±0.7
>30 ~ 40		±3.5	±0.8

热轧槽钢的通常长度 表 1-45

型号	长度 (m)
5～8 >8～18 >18～40	5～12 5～19 6～19

热轧槽钢的长度允许偏差 表 1-46

定尺、倍尺长度(m)	允许偏差 (mm)
≤8	+40 0
>8	+80 0

热轧槽钢 $\frac{180 \times 68 \times 7—GB\ 707—88}{Q235—GB\ 700—88}$

4. 热轧等边角钢

(1)等边角钢的截面图示及标注符号如图 1-4。

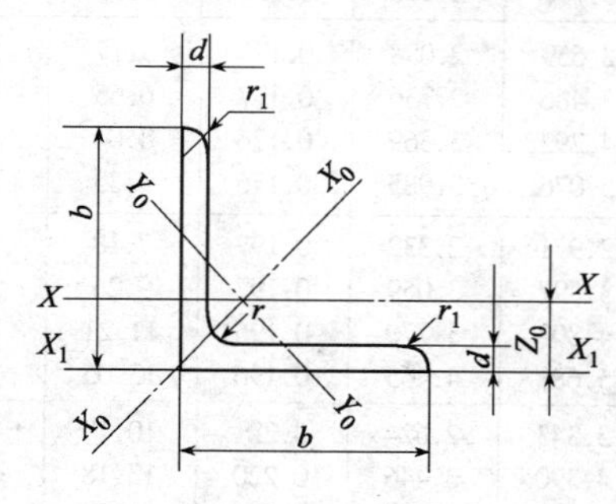

图 1-4

b—边宽度；d—边厚度；r—内圆弧半径；

r_1—边端内圆弧半径；Z_0—重心距离

(2)等边角钢的尺寸、截面面积、理论重量及截面特性参数应符合表 1-47 的规定。

热轧等边角钢的

型号	尺寸(mm)			截面面积 (cm^2)	理论重量 (kg/m)	外表面积 (m^2/m)	参		
							$X-X$		
	b	d	r				I_X (cm^4)	i_X (cm)	W_X (cm^3)
2	20	3	3.5	1.132	0.889	0.078	0.04	0.59	0.29
		4		1.459	1.145	0.077	0.50	0.58	0.36
2.5	25	3		1.432	1.124	0.098	0.82	0.76	0.46
		4		1.859	1.459	0.097	1.03	0.74	0.59
3.0	30	3	4.5	1.749	1.373	0.117	1.46	0.91	0.68
		4		2.276	1.786	0.117	1.84	0.90	0.87
3.6	36	3		2.109	1.656	0.141	2.58	1.11	0.99
		4		2.756	2.163	0.141	3.29	1.09	1.28
		5		3.382	2.654	0.141	3.95	1.08	1.56
4	40	3	5	2.359	1.852	0.157	3.59	1.23	1.23
		4		3.086	2.422	0.157	4.60	1.22	1.60
		5		3.791	2.976	0.156	5.53	1.21	1.96
4.5	45	3		2.659	2.088	0.177	5.17	1.40	1.58
		4		3.486	2.736	0.177	6.65	1.38	2.05
		5		4.292	3.369	0.176	8.04	1.37	2.51
		6		5.076	3.985	0.176	9.33	1.36	2.95
5	50	3	5.5	2.971	2.332	0.197	7.18	1.55	1.96
		4		3.897	3.059	0.197	9.26	1.54	2.56
		5		4.803	3.770	0.196	11.21	1.53	3.13
		6		5.688	4.465	0.196	13.05	1.52	3.68
5.6	56	3	6	3.343	2.624	0.221	10.19	1.75	2.48
		4		4.390	3.446	0.220	13.18	1.73	3.24
		5		5.415	4.251	0.220	16.02	1.72	3.97
		8		8.367	6.568	0.219	23.63	1.68	6.03
6.3	63	4	7	4.978	3.907	0.248	19.03	1.96	4.13
		5		6.143	4.822	0.248	23.17	1.94	5.08
		6		7.288	5.721	0.247	27.12	1.93	6.00
		8		0.515	7.469	0.247	34.46	1.90	7.75
		10		11.657	9.151	0.246	41.09	1.88	9.39

考 数 值

X_0-X_0			Y_0-Y_0			X_1-X_1	Z_0 (cm)
I_{X0} (cm^4)	i_{X0} (cm)	W_{X0} (cm^3)	I_{Y0} (cm^4)	i_{Y0} (cm)	W_{Y0} (cm^3)	I_{X1} (cm^4)	
0.63	0.75	0.45	0.17	0.39	0.20	0.81	0.60
0.78	0.73	0.55	0.22	0.38	0.24	1.09	0.64
1.29	0.95	0.73	0.34	0.49	0.33	1.57	0.73
1.62	0.93	0.92	0.43	0.48	0.40	2.11	0.76
2.31	1.15	1.09	0.61	0.59	0.51	2.71	0.85
2.92	1.13	1.37	0.77	0.58	0.62	3.63	0.89
4.09	1.39	1.61	1.07	0.71	0.76	4.68	1.00
5.22	1.38	2.05	1.37	0.70	0.93	6.25	1.04
6.24	1.36	2.45	1.65	0.70	1.09	7.84	1.07
5.69	1.55	2.01	1.49	0.79	0.96	6.41	1.09
7.29	1.54	2.58	1.91	0.79	1.19	8.56	1.13
8.76	1.52	3.10	2.30	0.78	1.39	10.74	1.17
8.20	1.76	2.58	2.14	0.89	1.24	9.12	1.22
10.56	1.74	3.32	2.75	0.89	1.54	12.18	1.26
12.74	1.72	4.00	3.33	0.88	1.81	15.2	1.30
14.76	1.70	4.64	3.89	0.88	2.06	18.36	1.33
11.37	1.96	3.22	2.98	1.00	1.57	12.50	1.34
14.70	1.94	4.16	3.82	0.99	1.96	16.69	1.38
17.79	1.92	5.03	4.64	0.98	2.31	20.90	1.42
20.68	1.91	5.85	5.42	0.98	2.63	25.14	1.46
16.14	2.20	4.08	4.24	1.13	2.02	17.56	1.48
20.92	2.18	5.28	5.46	1.11	2.52	23.43	1.53
25.42	2.17	6.42	6.61	1.10	2.98	29.33	1.57
37.37	2.11	9.44	9.89	1.09	4.16	47.24	1.68
30.17	2.46	6.78	7.89	1.26	3.29	33.35	1.70
36.77	2.45	8.25	9.57	1.25	3.90	41.73	1.74
43.03	2.43	9.66	11.20	1.24	4.46	50.14	1.78
54.56	2.40	12.25	14.33	1.23	5.47	67.11	1.85
64.85	2.36	14.56	17.33	1.22	6.36	84.31	1.93

型号	尺寸(mm)			截面面积 (cm^2)	理论重量 (kg/m)	外表面积 (m^2/m)	参		
							X - X		
	b	d	r				I_X (cm^4)	i_X (cm)	W_X (cm^3)
7	70	4	8	5.570	4.372	0.275	26.39	2.18	5.14
		5		6.875	5.397	0.275	32.21	2.16	6.32
		6		8.160	6.406	0.275	37.77	2.15	7.48
		7		9.424	7.398	0.275	43.09	2.14	8.59
		8		10.667	8.373	0.274	48.17	2.12	9.68
7.5	75	5	9	7.412	5.818	0.295	39.97	2.33	7.32
		6		8.797	6.905	0.294	46.95	2.31	8.64
		7		10.160	7.976	0.294	53.57	2.30	9.93
		8		11.503	9.030	0.294	59.96	2.28	11.20
		10		14.126	11.089	0.293	71.98	2.26	13.64
8	80	5		7.912	6.211	0.315	48.79	2.48	8.34
		6		9.397	7.376	0.314	57.35	2.47	9.87
		7		10.860	8.525	0.314	65.58	2.46	11.37
		8		12.303	9.658	0.314	73.49	2.44	12.83
		10		15.126	11.874	0.313	88.43	2.42	15.64
9	90	6	10	10.637	8.350	0.354	82.77	2.79	12.61
		7		12.301	9.656	0.354	94.83	2.78	14.54
		8		13.944	10.946	0.353	106.47	2.76	16.42
		10		17.167	13.476	0.353	128.58	2.74	20.07
		12		20.306	15.940	0.352	149.22	2.71	23.57
10	100	6	12	11.932	9.366	0.393	114.95	3.10	15.68
		7		13.796	10.830	0.393	131.86	3.09	18.10
		8		15.638	12.276	0.393	148.24	3.08	20.47
		10		19.261	15.120	0.392	179.51	3.05	25.06
		12		22.800	17.898	0.391	208.90	3.03	29.48
		14		26.256	20.611	0.391	236.53	3.00	33.73
		16		29.627	23.257	0.390	262.53	2.98	37.82

续表

参考数值							
X_0-X_0			Y_0-Y_0			X_1-X_1	Z_0 (cm)
I_{X0} (cm^4)	i_{X0} (cm)	W_{X0} (cm^3)	I_{Y0} (cm^4)	i_{Y0} (cm)	W_{Y0} (cm^3)	I_{X1} (cm^4)	
41.80	2.74	8.44	10.99	1.40	4.17	45.74	1.86
51.08	2.73	10.32	13.34	1.39	4.95	57.21	1.91
59.93	2.71	12.11	15.61	1.38	5.67	68.73	1.95
68.35	2.69	13.81	17.82	1.38	6.34	80.29	1.99
76.37	2.68	15.43	19.98	1.37	6.98	91.92	2.03
63.30	2.92	11.94	16.63	1.50	5.77	70.56	2.04
74.38	2.90	14.02	19.51	1.47	6.67	84.55	2.07
84.96	2.89	16.02	22.18	1.48	7.44	98.71	2.11
95.07	2.88	17.93	24.86	1.47	8.19	112.97	2.15
113.92	2.84	21.48	30.05	1.46	9.56	141.71	2.22
77.33	3.13	13.67	20.25	1.60	6.66	85.36	2.15
90.98	3.11	16.08	23.72	1.59	7.65	102.50	2.19
104.07	3.10	18.40	27.09	1.58	8.58	119.70	2.23
116.60	3.08	20.61	30.39	1.57	9.46	136.97	2.27
140.09	3.04	24.76	36.77	1.56	11.08	171.74	2.35
131.26	3.51	20.63	34.28	1.80	9.95	145.87	2.44
150.47	3.50	23.64	39.18	1.78	11.19	170.30	2.48
168.97	3.48	26.55	43.97	1.78	12.35	194.80	2.52
203.90	3.45	32.04	53.26	1.76	14.52	244.07	2.59
236.21	3.41	37.12	62.22	1.75	16.49	293.76	2.67
181.98	3.90	25.74	47.92	2.00	12.69	200.07	2.67
208.97	3.89	29.55	54.74	1.99	14.26	233.54	2.71
235.07	3.88	33.24	61.41	1.98	15.75	267.09	2.76
284.68	3.84	40.26	74.35	1.96	18.54	334.48	2.84
330.95	3.81	46.80	86.84	1.95	21.08	402.34	2.91
374.06	3.77	52.90	99.00	1.94	23.44	470.75	2.99
414.16	3.74	58.57	110.89	1.94	25.63	539.80	3.06

型号	尺寸(mm)			截面面积(cm^2)	理论重量(kg/m)	外表面积(m^2/m)	参		
							X - X		
	b	d	r				I_X(cm^4)	i_X(cm)	W_X(cm^3)
11	110	7	14	15.196	11.928	0.433	177.16	3.41	22.05
		8		17.238	13.532	0.433	199.46	3.40	24.95
		10		21.261	16.690	0.432	242.19	3.38	30.60
		12		25.200	19.782	0.431	282.55	3.35	36.05
		14		29.056	22.809	0.431	320.71	3.32	41.31
12.5	125	8		19.750	15.504	0.492	297.03	3.88	32.52
		10		24.373	19.133	0.491	361.67	3.85	39.97
		12		28.912	22.696	0.491	423.16	3.83	41.17
		14		38.367	26.193	0.490	481.65	3.80	54.16
14	140	10		27.373	21.488	0.551	514.65	4.34	50.58
		12		32.512	25.522	0.551	603.68	4.31	59.80
		14		37.567	29.490	0.550	688.81	4.28	68.75
		16		42.539	33.393	0.549	770.24	4.26	77.46
16	160	10	16	31.502	24.729	0.630	779.53	4.98	66.70
		12		37.441	29.391	0.630	916.58	4.95	78.98
		14		43.296	33.987	0.629	1048.36	4.92	90.95
		16		49.067	38.518	0.629	1175.08	4.89	102.63
18	180	12	16	42.241	33.159	0.710	1321.35	5.59	100.82
		14		48.896	38.383	0.709	1514.48	5.56	116.25
		16		55.467	43.542	0.709	1700.99	5.54	131.13
		18		61.955	48.634	0.708	1875.12	5.50	145.64
20	200	14	18	54.642	42.894	0.788	2103.55	6.20	144.70
		16		62.013	48.680	0.788	2366.15	6.18	163.65
		18		69.301	54.401	0.787	2620.64	6.15	182.22
		20		76.505	60.056	0.787	2867.30	6.12	200.42
		24		90.661	71.168	0.785	3338.25	6.07	236.17

注:截面图中的 $r_1 = 1/3d$ 及表中 r 值的数据用于孔型设计,不作交货条件。

考　数　值

X_0-X_0			Y_0-Y_0			X_1-X_1	Z_0 (cm)
I_{X0} (cm^4)	i_{X0} (cm)	W_{X0} (cm^3)	I_{Y0} (cm^4)	i_{Y0} (cm)	W_{Y0} (cm^3)	I_{X1} (cm^4)	
280.94	4.30	36.12	73.38	2.20	17.51	310.64	2.96
316.49	4.28	40.69	82.42	2.19	19.39	355.20	3.01
384.39	4.25	49.42	99.98	2.17	22.91	444.65	3.09
448.17	4.22	57.62	116.93	2.15	26.15	534.60	3.16
508.01	4.18	65.31	133.40	2.14	29.14	625.16	3.24
470.89	4.88	53.28	123.16	2.50	25.86	521.01	3.37
573.89	4.85	64.93	149.46	2.48	30.62	651.93	3.45
671.44	4.82	75.96	174.88	2.46	35.03	783.42	3.53
763.73	4.78	86.41	199.57	2.45	39.13	915.61	3.61
817.27	5.46	82.56	212.04	2.78	39.20	915.11	3.82
958.79	5.43	96.85	248.57	2.76	45.02	1099.28	3.90
1093.56	5.40	110.47	284.06	2.75	50.45	1284.22	3.98
1221.81	5.36	123.42	318.67	2.74	55.55	1470.07	4.06
1237.30	6.27	109.36	321.76	3.20	52.76	1365.33	4.31
1455.68	6.24	128.67	377.49	3.18	60.74	1639.57	4.39
1665.02	6.20	147.17	431.70	3.16	68.24	1914.68	4.47
1865.57	6.17	164.89	484.59	3.14	75.31	2190.82	4.55
2100.10	7.05	165.00	542.61	3.58	78.41	2332.80	4.89
2407.42	7.02	189.14	621.53	3.56	88.38	2723.48	4.97
2703.37	6.98	212.40	698.60	3.55	97.83	3115.29	5.05
2988.24	6.94	234.78	762.01	3.51	105.14	3502.43	5.13
3343.26	7.82	236.40	863.83	3.98	111.82	3734.10	5.46
3760.89	7.79	265.93	971.41	3.96	123.96	4270.39	5.54
4164.54	7.75	294.48	1076.74	3.94	135.52	4808.13	5.62
4554.55	7.72	322.06	1180.04	3.93	146.55	5347.51	5.69
5294.97	7.64	374.41	1381.53	3.90	166.65	6457.16	5.87

(3)型号和允许偏差,见表1-48

热轧等边角钢的型号和允许偏差　　　　表1-48

型　　号	允　许　偏　差　(mm)	
	边宽度 b	边厚度 d
2~5.6	±0.8	±0.4
6.3~9	±1.2	±0.6
10~14	±1.8	±0.7
16~20	±2.5	±1.0

(4)长度及允许偏差

1)通常长度

等边角钢的通常长度应符合表1-49的规定。

热轧等边角钢的通常长度　　　　表1-49

型　　号	长　　度　　(m)
2~9	4~12
10~14	4~19
16~20	6~19

2)定尺、倍尺长度

等边角钢按定尺或倍尺长度交货时,应在合同中注明。其长度允许偏差:$^{+50}_{0}$mm。

(5)重量及允许偏差

1)等边角钢按理论重量或实际重量交货。

2)等边角钢计算理论重量时,钢的密度为7.85g/cm^3。

3)根据双方协议,等边角钢每米重量允许偏差不得超过$^{+3}_{-5}$%。

(6)标记示例：

普通碳素钢 Q235，尺寸为 160mm × 160mm × 16mm 的热轧等边角钢标记如下：

$$\text{热轧等边角钢}\ \frac{160 \times 160 \times 16\text{—GB 9797—88}}{\text{Q235—GB 700—88}}$$

5．热轧不等边角钢

(1)不等边角钢的截面图示及标注符号如图 1-5。

(2)不等边角钢的尺寸、截面面积、理论重量及截面特性参数应符合表 1-50 的规定。

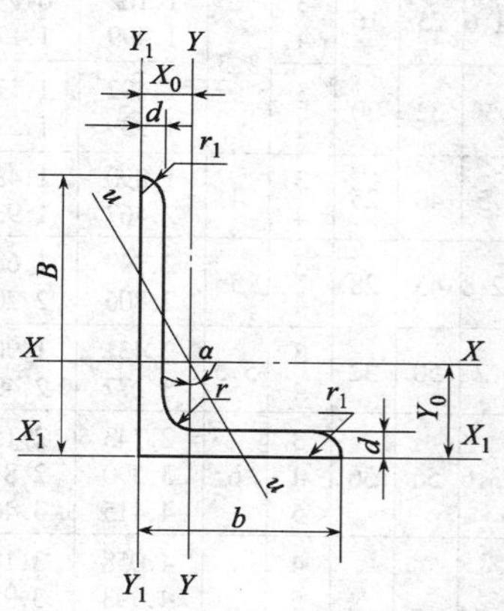

图 1-5

B—长边宽度；b—短边宽度；d—边厚度；r—内圆弧半径；X_0—重心距离；r_1—边端内圆弧半径；Y_0—重心距离

(3)型号和允许偏差

见表 1-51。

(4)长度及允许偏差

1)通常长度：

不等边角钢的通常长度应符合表 1-52 的规定。

2)定尺、倍尺长度：

不等边角钢按定尺或倍尺长度交货时，应在合同中注明。其长度允许偏差为 $^{+50}_{\ 0}$mm。

(5)重量及允许偏差

1)不等边角钢按理论重量或实际重量交货。

2)不等边角钢计算理论重量时，钢的密度为 7.85g/cm^3。

3)根据双方协议，不等边角钢每米重量允许偏差不得超过 $^{+3}_{-5}$%。

热轧不等边角钢的

型号	尺寸(mm)				截面面积 (cm^2)	理论重量 (kg/m)	外表面积 (m^2/m)	参		
								X - X		
	B	b	d	r				I_X (cm^4)	i_X (cm)	W_X (cm^3)
2.5/1.6	25	16	3	3.5	1.162	0.912	0.080	0.70	0.78	0.43
			4		1.499	1.176	0.079	0.88	0.77	0.55
3.2/2	32	20	3		1.492	1.171	0.102	1.53	1.01	0.72
			4		1.939	1.522	0.101	1.93	1.00	0.93
4/2.5	40	25	3	4	1.890	1.484	0.127	3.08	1.28	1.15
			4		2.467	1.936	0.127	3.93	1.36	1.49
4.5/2.8	45	28	3	5	2.149	1.687	0.143	4.45	1.44	1.47
			4		2.806	2.203	0.143	5.69	1.42	1.91
5/3.2	50	32	3	5.5	2.431	1.908	0.161	6.24	1.60	1.84
			4		3.177	2.494	0.160	8.02	1.59	2.39
5.6/3.6	56	36	3	6	2.743	2.153	0.181	8.88	1.80	2.32
			4		3.590	2.818	0.180	11.45	1.79	3.03
			5		4.415	3.466	0.180	13.86	1.77	3.71
6.3/4	63	40	4	7	4.058	3.185	0.202	16.49	2.02	3.87
			5		4.993	3.920	0.202	20.02	2.00	4.74
			6		5.908	4.638	0.201	23.36	1.96	5.59
			7		6.802	5.339	0.201	26.53	1.98	6.40
7/4.5	70	45	4	7.5	4.547	3.570	0.226	23.17	2.26	4.86
			5		5.609	4.403	0.225	27.95	2.23	5.92
			6		6.647	5.218	0.225	32.54	2.21	6.95
			7		7.657	6.011	0.225	37.22	2.20	8.03
(7.5/5)	75	50	5	8	6.125	4.808	0.245	34.86	2.39	6.83
			6		7.260	5.699	0.245	41.12	2.38	8.12
			8		9.467	7.431	0.244	52.39	2.35	10.52
			10		11.590	9.098	0.244	62.71	2.33	12.79
8/5	80	50	5	8	6.375	5.005	0.255	41.96	2.56	7.78
			6		7.560	5.935	0.255	49.49	2.56	9.25
			7		8.724	6.848	0.255	56.16	2.54	10.58
			8		9.867	7.745	0.254	62.83	2.52	11.92
9/5.6	90	56	5	9	7.212	5.661	0.287	60.45	2.90	9.92
			6		8.557	6.717	0.286	71.03	2.88	11.74
			7		9.880	7.756	0.286	81.01	2.86	13.49
			8		11.183	8.779	0.286	91.03	2.85	15.27

考 数 值

$Y-Y$			X_1-X_1		Y_1-Y_1		$u-u$			
I_Y (cm^4)	i_Y (cm)	W_Y (cm^3)	I_{X1} (cm^4)	Y_0 (cm)	I_{Y1} (cm^4)	X_0 (cm)	I_u (cm^4)	i_u (cm)	W_u (cm^3)	tgα
0.22	0.44	0.19	1.56	0.86	0.43	0.42	0.14	0.34	0.16	0.392
0.27	0.43	0.24	2.09	0.90	0.59	0.46	0.17	0.34	0.20	0.381
0.46	0.55	0.30	3.27	1.08	0.82	0.49	0.28	0.43	0.25	0.382
0.57	0.54	0.39	4.37	1.12	1.12	0.53	0.35	0.42	0.32	0.374
0.93	0.70	0.49	5.39	1.32	1.59	0.59	0.56	0.54	0.40	0.385
1.18	0.69	0.63	8.53	1.37	2.14	0.63	0.71	0.54	0.52	0.381
1.34	0.79	0.62	9.10	1.47	2.23	0.64	0.80	0.61	0.51	0.383
1.70	0.78	0.80	12.13	1.51	3.00	0.68	1.02	0.60	0.66	0.380
2.02	0.91	0.82	12.49	1.60	3.31	0.73	1.20	0.70	0.68	0.404
2.58	0.90	1.06	16.65	1.65	4.45	0.77	1.53	0.69	0.87	0.402
2.92	1.03	1.05	17.54	1.78	4.70	0.80	1.73	0.79	0.87	0.408
3.76	1.02	1.37	23.39	1.82	6.33	0.85	2.23	0.79	1.13	0.408
4.49	1.01	1.65	29.25	1.87	7.94	0.88	2.67	0.78	1.36	0.404
5.23	1.14	1.70	33.30	2.04	8.63	0.92	3.12	0.88	1.40	0.398
6.31	1.12	2.71	41.63	2.08	10.86	0.95	3.76	0.87	1.71	0.396
7.29	1.11	2.43	49.98	2.12	13.12	0.99	4.34	0.86	1.99	0.393
8.24	1.10	2.78	58.07	2.15	15.47	1.03	4.97	0.86	2.29	0.389
7.55	1.29	2.17	45.92	2.24	12.26	1.02	4.40	0.98	1.77	0.410
9.13	1.28	2.65	57.10	2.28	15.39	1.06	5.40	0.98	2.19	0.407
10.62	1.26	3.12	68.35	2.32	18.58	1.09	6.35	0.98	2.59	0.404
12.01	1.25	3.57	79.99	2.36	21.84	1.13	7.16	0.97	2.94	0.402
12.61	1.44	3.30	70.00	2.40	21.04	1.17	7.41	1.10	2.74	0.435
14.70	1.42	3.88	84.30	2.44	25.37	1.21	8.54	1.08	3.19	0.435
18.53	1.40	4.99	112.50	2.52	34.23	1.29	10.87	1.07	4.10	0.429
21.96	1.38	6.04	140.80	2.60	43.43	1.36	13.10	1.06	4.99	0.423
12.82	1.42	3.32	85.21	2.60	21.06	1.14	7.66	1.10	2.74	0.388
14.95	1.41	3.91	102.53	2.65	25.41	1.18	8.85	1.08	3.20	0.387
16.96	1.39	4.48	119.33	2.69	29.82	1.21	10.18	1.08	3.70	0.384
18.85	1.38	5.03	136.41	2.73	34.32	1.25	11.38	1.07	4.16	0.381
18.32	1.59	4.21	121.32	2.91	29.53	1.25	10.98	1.23	3.49	0.385
21.42	1.58	4.96	145.59	2.95	35.58	1.29	12.90	1.23	4.13	0.384
24.36	1.57	5.70	169.60	3.00	41.71	1.33	14.67	1.22	4.72	0.382
27.15	1.56	6.41	194.17	3.04	47.93	1.36	16.34	1.21	5.29	0.380

型号	尺寸(mm)				截面面积 (cm²)	理论重量 (kg/m)	外表面积 (m²/m)	参		
								X－X		
	B	b	d	r				I_X (cm⁴)	i_X (cm)	W_X (cm³)
10/6.3	100	63	6	10	9.617	7.550	0.320	99.06	3.21	14.64
			7		11.111	8.722	0.320	113.45	3.20	16.88
			8		12.584	9.878	0.319	127.37	3.18	19.08
			10		15.467	12.142	0.319	153.81	3.15	23.32
10/8	100	80	6		10.637	8.350	0.354	107.04	3.17	15.19
			7		12.301	9.656	0.354	122.73	3.16	17.52
			8		13.944	10.946	0.353	137.92	3.14	19.81
			10		17.167	13.476	0.353	166.87	3.12	24.24
11/7	110	70	6		10.637	8.350	0.354	133.37	3.54	17.85
			7		12.301	9.656	0.354	153.00	3.53	20.60
			8		13.944	10.946	0.353	172.04	3.51	23.30
			10		17.167	13.476	0.353	208.39	3.48	28.54
12.5/8	125	80	7	11	14.096	11.066	0.403	227.98	4.02	26.86
			8		15.989	12.551	0.403	256.77	4.01	30.41
			10		19.712	15.474	0.402	312.04	3.98	37.33
			12		23.351	18.330	0.402	364.41	3.95	44.01
14/9	140	90	8	12	18.038	14.160	0.453	365.64	4.50	38.48
			10		22.261	17.475	0.452	445.50	4.47	47.31
			12		26.400	20.724	0.451	521.59	4.44	55.87
			14		30.456	23.908	0.451	594.10	4.42	64.18
16/10	160	100	10	13	25.315	19.872	0.512	668.69	5.14	62.13
			12		30.054	23.592	0.511	784.91	5.11	73.49
			14		34.709	27.247	0.510	896.30	5.08	84.56
			16		39.281	30.835	0.510	1003.04	5.05	95.33
18/11	180	110	10	14	28.373	22.273	0.571	956.25	5.80	78.96
			12		33.712	26.464	0.571	1124.72	5.78	93.53
			14		38.967	30.589	0.570	1286.91	5.75	107.76
			16		44.139	34.649	0.569	1443.06	5.72	121.64
20/12.5	200	125	12		37.912	29.761	0.641	1570.90	6.44	116.73
			14		43.867	34.436	0.640	1800.97	6.41	134.65
			16		49.739	39.045	0.639	2023.35	6.38	152.18
			18		55.526	43.588	0.639	2238.30	6.35	169.33

注:①括号内型号不推荐使用。

②截面图中 $r_1 = 1/3d$ 及表中 r 值的数据用于孔型设计,不作交货条件。

续表

考数值										
$Y-Y$			X_1-X_1		Y_1-Y_1		$u-u$			
I_Y (cm^4)	i_Y (cm)	W_Y (cm^3)	I_{X1} (cm^4)	Y_0 (cm)	I_{Y1} (cm^4)	X_0 (cm)	I_u (cm^4)	i_u (cm)	W_u (cm^3)	tgα
30.94	1.79	6.35	199.71	3.24	50.50	1.43	18.42	1.38	5.25	0.394
35.26	1.78	7.29	233.00	3.28	59.14	1.47	21.00	1.38	6.02	0.394
39.39	1.77	8.21	266.32	3.32	67.88	1.50	23.50	1.37	6.78	0.391
47.12	1.74	9.98	333.06	3.40	85.73	1.58	28.33	1.35	8.24	0.387
61.24	2.40	10.16	199.83	2.95	102.68	1.97	31.65	1.72	8.37	0.627
70.08	2.39	11.71	233.20	3.00	119.98	2.01	36.17	1.72	9.60	0.626
78.58	2.37	13.21	266.61	3.04	137.37	2.05	40.58	1.71	10.80	0.625
94.65	2.35	16.12	333.63	3.12	172.48	2.13	49.10	1.69	13.12	0.622
42.92	2.01	7.90	265.78	3.53	69.08	1.57	25.36	1.54	6.53	0.403
49.01	2.00	9.09	310.07	3.57	80.82	1.61	28.95	1.53	7.50	0.402
54.87	1.98	10.25	354.39	3.62	92.70	1.65	32.45	1.53	8.45	0.401
65.88	1.96	12.48	443.13	3.70	116.83	1.72	39.20	1.51	10.29	0.397
74.42	2.30	12.01	454.99	4.01	120.32	1.80	43.81	1.76	9.92	0.408
83.49	2.28	13.56	519.99	4.06	137.85	1.84	49.15	1.75	11.18	0.407
100.67	2.26	16.56	650.09	4.14	173.40	1.92	59.45	1.74	13.64	0.404
116.67	2.24	19.43	780.39	4.22	209.67	2.00	69.35	1.72	16.01	0.400
120.69	2.59	17.34	730.53	4.50	195.79	2.04	70.83	1.98	14.31	0.411
140.03	2.56	21.22	913.20	4.58	245.92	2.12	85.82	1.96	17.48	0.409
169.79	2.54	24.95	1096.09	4.66	296.89	2.19	100.21	1.95	20.54	0.406
192.10	2.51	28.54	1279.26	4.74	348.82	2.27	114.13	1.94	23.52	0.403
205.03	2.85	26.56	1362.89	5.24	336.59	2.28	121.74	2.19	21.92	0.390
239.06	2.82	31.28	1635.56	5.32	405.94	2.36	142.33	2.17	25.79	0.388
271.20	2.80	35.83	1908.50	5.40	476.42	2.43	162.23	2.16	29.56	0.385
301.60	2.77	40.24	2181.79	5.48	548.22	2.51	182.57	2.16	33.44	0.382
278.11	3.13	32.49	1940.40	5.89	447.22	2.44	166.50	2.42	26.88	0.376
325.03	3.10	38.32	2328.38	5.98	538.94	2.52	194.87	2.40	31.66	0.374
369.55	3.08	43.97	2716.60	6.06	631.95	2.59	222.30	2.39	36.32	0.372
411.85	3.06	49.44	3105.15	6.14	726.46	2.67	248.94	2.38	40.87	0.369
483.16	3.57	49.99	3193.85	6.54	787.74	2.83	285.79	2.74	41.23	0.392
550.83	3.54	57.44	3726.17	6.62	922.47	2.91	326.58	2.73	47.34	0.390
615.44	3.52	64.69	4258.86	6.70	1058.86	2.99	366.21	2.71	53.32	0.388
677.19	3.49	71.74	4792.00	6.78	1197.13	3.06	404.83	2.70	59.18	0.385

热轧不等边角钢的型号和允许偏差　　　表 1-51

型号	允许偏差(mm)	
	边宽度 B、b	边厚度 d
2.5/1.6～5.6/3.6	±0.8	±0.4
6.3/4～9/5.6	±1.5	±0.6
10/6.3～14/9	±2.0	±0.7
16/10～20/12.5	±2.5	±1.0

热轧不等边角钢的通常长度　　　表 1-52

型号	长度(m)
2.5/1.6～9/5.6	4～12
10/6.3～14/9	4～19
16/10～20/12.5	6～19

(6)标记示例

普通碳素钢 Q235,尺寸为 160mm×100mm×10mm 热轧不等边角钢的标记如下:

$$\text{热轧不等边角钢}\ \frac{160\times100\times10\text{—GB 9788—88}}{\text{Q235—GB 700—88}}$$

1.5.3 建筑钢材的验收

1. 钢材进场时必须有钢材生产厂质量检验部门提供的产品合格证。产品合格证的内容包括:钢种、规格、数量、机械性能(屈服点、抗拉强度、冷弯、延伸率)、化学成分(碳、磷、硅、锰、硫、钒等)的数据及结论、出厂日期、检验部门的印章、合格证的编号。合格证要求填写齐全,不得漏填或错填。同时须填明批量。合格证必须与所进钢材种类、规格相对应。

2. 钢材的经销单位必须是经建材主管部门认证的单位。

1.5.4 建筑钢材的运输、保管

1. 钢材由于重量大,长度很长,运输前必须了解所运钢材

的长度和单捆重量，以便安排运输车辆和吊车。

2. 钢材要按品种、规格分类存放，放置时，要垫高以防受潮锈蚀。雨、雪季节要覆盖。

1.6 建筑木材

1.6.1 常用木材的分类及主要特性

1. 木材的分类

见表1-53。

木材的分类　　表1-53

分类标准	分类名称	说明
按树种分类	针叶树	树叶细长如针，多为常绿树。材质一般较软，有的含树脂，故又称软材。如：红松、落叶松、云杉、冷杉、杉木、柏木等，都属此类
	阔叶树	树叶宽大，叶脉成网状，大都为落叶树，材质较坚硬，故称硬材。如：樟木、榉木，水曲柳、青冈、柚木、山毛榉、色木等，都属此类。也有少数质地较软的，如桦木、椴木、山杨、青杨等，也属于此类
按材种分类	原　条	系指已经除去皮、根、树梢的木料，但尚未按一定尺寸加工成规定的木材
	原　木	系指已经除去皮、根、树梢的木料，并已按一定尺寸加工成规定直径和长度的材料
	普通锯材	系指已经加工锯解成材的木料
	枕　木	系指按枕木断面和长度加工而成的成材

2. 常用木材的主要特性

见表1-54。

常用木材的主要特性 **表 1-54**

树种	主要特性
落叶松	干燥较慢,易开裂,早晚材硬度及收缩差异均大,在干燥过程中容易轮裂,耐腐性强
陆均松（泪松）	干燥较慢,若干燥不当,可能翘曲,耐腐性较强,心材耐白蚁
云杉类木材	干燥易,干后不易变形,收缩较大,耐腐性中等
软木松	系五针松类,如红松、华北松、广东松、台湾五针松、新疆红松等。一般干燥易,不易开裂或变形,收缩小,耐腐性中等,边材易呈蓝变色
硬木松	系二针或三针松类,如马尾松、云南松、赤松、高山松、黄山松、樟子松、油松等。干燥时可能翘裂,不耐腐,最易受白蚁危害,边材蓝变色最常见
铁 杉	干燥较易,耐腐性中等
青 冈（槠木）	干燥困难,较易开裂,可能劈裂,收缩颇大,质重且硬,耐腐性强
栎 木（柞木）（桐木）	干燥困难,易开裂,收缩甚大,强度高,质重且硬,耐腐性强
水曲柳	干燥困难,易翘裂,耐腐性较强
桦 木	干燥较易,不翘裂,但不耐腐

1.6.2 木材识别常识

识别木材,首先根据有无导管分出针、阔叶树两大类,再按以下构造特征判别属于何种树种,见表 1-55、表 1-56。

1.6.3 常用木材的选用

1. 常用木材树种的选用和对材质的要求

见表 1-57。

常用针叶树材的宏观构造特征 表 1-55

树种	树脂道	心边材区分	材色		年轮界线	早晚材过渡情况	纹理	结构	重量及硬度	气味	备注
			心材	边材							
银杏	无	略明显	褐黄色	淡黄褐色	略明显	渐变	直	细	轻,软		
杉木	无	明显	淡褐色	淡黄白色	明显	渐变	直	中	轻,软	杉木味	
柳杉	无	明显	淡红微褐色	淡黄褐色	明显	渐变	直	中	轻,软		
柏木	无	明显	橘黄色	黄白色	明显	渐变	直或斜	细	重,硬	芳香味	
冷杉	无	不明显	黄白色	黄白色	明显	急变	直	中	轻,软		无光泽
云杉	有	不明显	黄白微红色	黄白微红色	明显	急变	直	中	轻,软		具有明亮光泽,树脂道少而小
马尾松	有	略明显	窄,黄褐色	宽,黄白色	明显	急变	直	粗	较轻,软	松脂味	树脂道多而大
红松	有	明显	宽,黄红色	窄,黄白色	明显	渐变	直	中	轻,软	松脂味	树脂道多而大
樟子松	有	略明显	淡红黄褐色	淡黄褐白色	明显	急变	直	中	轻,软	松脂味	树脂道多而大
落叶松	有	甚明显	宽,红褐色	窄,黄白微褐色	甚明显	急变	直或斜	粗	重,硬	松脂味	具有明亮光泽,树脂道少而小

常用阔叶树环孔材的宏观构造特征 表 1-56

树种	心边材区分	材色		年轮特征	管孔大小		纹理	结构	重量及硬度	备注
		心材	边材		早材	晚材				
麻栎		红褐色	淡黄褐色	波浪形	中	小	直	粗	重,硬	注1
柞木		暗褐色微黄	黄白色带褐	波浪形	大	小	直斜	粗	重,硬	
板栗	显	甚宽,栗褐色	窄,灰褐色	波浪形	中	小	直	粗	重,硬	
檫木		红褐色	窄,淡黄褐色	较均匀	大	小	直	粗	中	注2
香椿		宽,红褐色	淡红色	不均匀	大	小	直	粗	中	髓心大
柚木		黄褐色	窄,淡褐色	均匀	中	甚小	直	中	中	注3
黄连木	心	黄褐色带灰	宽,淡黄灰色	不均匀	中	小	直斜	中	重,硬	
桑木		宽,橘黄褐色	黄白色	不均匀	中	甚小	直	中	重,硬	注4
水曲柳		灰褐色	窄,灰白色	均匀	中	小	直	中	中	
榆木		黄褐色	窄,淡黄色	不均匀	中	小	直	中	中	
榔榆	材	甚宽,淡红色	淡黄褐色	不均匀	中	甚小	直	较细	重,硬	
臭椿		淡黄褐色	黄白色	宽大	中	小	直	粗	中	注5
苦楝		宽,淡红褐色	灰白带黄色	宽大	中	甚小	直	中	中	注6
泡桐	隐心材	淡灰褐色		特宽	中	小	直	粗	轻,软	注7
构木		淡黄褐色		不均匀	中	甚小	斜	中	轻,软	

注:1—髓心呈芒星形;2—髓心大,常呈空洞,有光泽;3—髓心灰白光,近似方形;4—有光泽;5—髓心大,灰白色;6—髓心大而柔软;7—髓心特别大,易中空。

常用木材树种的选用和对材质的要求　　表 1-57

使用部位	材质要求	建议选用的树种
屋架(包括:木梁、搁栅、桁条、柱)	要求纹理直、有适当的强度、耐久性好、钉着力强、干缩小的木材	黄杉、铁杉、云南铁杉、云杉、红皮云杉、细叶云杉、鱼鳞云杉、紫果云杉、冷杉、杉松冷杉、臭冷杉、油杉、云南油杉、兴安落叶松、四川红杉、红杉、长白落叶松、金钱松、华山松、白皮松、红松、广东松、黄山松、马尾松、樟子松、油松、云南松、水杉、柳杉、杉木、福建柏、侧柏、柏木、桧木、响叶杨、青杨、辽杨、小叶杨、毛白杨、山杨、樟木、红楠、楠木、木荷、西南木荷、大叶桉等
墙板、镶板、天花板	要求具有一定强度、质较轻和有装饰价值花纹的木材	除以上树种外,还有异叶罗汉松、红豆杉、野核桃、核桃楸、胡桃、山核桃、长柄山毛榉、栗、珍珠栗、木槠、红椎、栲树、苦槠、包栎树、铁槠、面槠、槲栎、白栎、柞栎、麻栎、小叶栎、白克木、悬铃木、皂角、香椿、刺楸、蚬木、金丝李、水曲柳、桤楸树、红楠、楠木等
门　窗	要求木材容易干燥、干燥后不变形、材质较轻、易加工、油漆及胶粘性质良好并具有一定花纹和材色的木材	异叶罗汉松、黄杉、铁杉、云南铁杉、云杉、红边云杉、细叶云杉、鱼鳞云杉、紫果云杉、冷杉、杉松冷杉、臭冷杉、油杉、云南油杉、杉木、柏木、华山松、白皮松、红松、广东松、七裂槭、色木槭、青榨槭、满州槭、紫椴、椴木、大叶桉、水曲柳、野核桃、核桃楸、胡桃、山核桃、枫杨、枫桦、红桦、黑桦、亮叶桦、香桦、白桦、长柄山毛榉、栗、珍珠栗、红楠、楠木等
地　板	要求耐腐、耐磨、质硬和具有装饰花纹的木材	黄杉、铁杉、云南铁杉、油杉、云南油杉、兴安落叶松、四川红杉、长白落叶松、红杉、黄山松、马尾松、樟子松、油松、云南松、柏木、山核桃、枫桦、红桦、黑桦、亮叶桦、香桦、白桦、长柄山毛榉、栗、珍珠栗、米槠、红椎、栲树、苦槠、包栎树、铁槠、槲栎、白栎、柞栎、麻栎、小叶栎、蚬木、花榈木、红豆木、榉、水曲柳、大叶桉、七裂槭、色木槭、青榨槭、满州槭、金丝李、红松、杉木、红楠、楠木等

续表

使用部位	材质要求	建议选用的树种
椽子、挂瓦条、平顶筋、灰板条、墙筋等	要求纹理直、无翘曲、钉钉时不劈裂的木材	通常利用制材中的废材，以松、杉树种为主
桩木、坑木	要求抗剪、抗劈、抗压、抗冲击力好，耐久、纹理直，并具有高度天然抗害性能的木材	红豆杉、云杉、红皮云杉、细叶云杉、鱼鳞云杉、紫果云杉、冷杉、杉松、臭冷杉、铁杉、云南铁杉、黄杉、油杉、云南油杉、兴安落叶松、四川红杉、长白落叶松、红杉、华山松、白皮松、红松、广东松、黄山松、马尾松、樟子松、油松、云南松、杉木、桧木、柏木、包栎树、铁槠、面槠、槲栎、白栎、柞栎、麻栎、小叶栎、栓皮栎、栗、珍珠栗、春榆、大叶榆、大果榆、榔榆、白榆、光叶榉、金丝李、樟木、檫木、山合欢、大叶合欢、皂角、槐、刺槐、大叶桉等

2. 建筑工程承重木结构对木材材质的要求

(1)承重木结构对方木的材质要求

见表1-58。

承重木结构方木材质标准　　表1-58

项次	缺陷名称	木材等级		
		I_a	II_a	III_a
		受拉构件或拉弯构件	受弯构件或压弯构件	受压构件
1	腐朽	不允许	不允许	不允许
2	木节： 在构件任一面任何150mm长度上所有木节尺寸的总和，不得大于所在面宽的	1/3 （连接部位为1/4）	2/5	1/2
3	斜纹：斜率不大于（%）	5	8	12

续表

项次	缺陷名称	木材等级		
		I_a	II_a	III_a
		受拉构件或拉弯构件	受弯构件或压弯构件	受压构件
4	裂缝： 1)在连接的受剪面上 2)在连接部位的受剪面附近，其裂缝深度(有对面裂缝时用两者之和)不得大于材宽的	不允许 1/4	不允许 1/3	不允许 不限
5	髓心	应避开受剪面	不限	不限

注：①I_a等材不允许有死节，II_a、III_a等材允许有死节(不包括发展中的腐朽节)，对于II_a等材直径不应大于20mm，且每延米中不得多于1个，对于III_a等材直径不应大于50mm，每延米中不得多于2个。

②I_a等材不允许有虫眼，II_a、III_a等材允许有表层的虫眼。

③木节尺寸按垂直于构件长度方向测量。木节表现为条状时，在条状的一面不量；直径小于10mm的木节不计。

(2)承重木结构对原木的材质要求

见表1-59。

承重木结构原木材质标准　　表1-59

项次	缺陷名称	木材等级		
		I_a	II_a	III_a
		受拉构件或拉弯构件	受弯构件或压弯构件	受压构件
1	腐朽	不允许	不允许	不允许
2	木节： 1)在构件任何150mm长度上沿圆周所有木节尺寸的总和，不得大于所测部位原木周长的 2)每个木节的最大尺寸，不得大于所测部位原木周长的	1/4 1/10(连接部位为1/12)	1/3 1/6	不限 1/6

续表

项次	缺陷名称	木材等级		
		I_a	II_a	III_a
		受拉构件或拉弯构件	受弯构件或压弯构件	受压构件
3	扭纹:斜率不大于(%)	8	12	15
4	裂缝: 1)在连接的受剪面上 2)在连接部位的受剪面附近,其裂缝深度(有对面裂缝时用两者之和)不得大于原木直径的	不允许 1/4	不允许 1/3	不允许 不限
5	髓心	应避开受剪面	不限	不限

注:①I_a、II_a等材不允许有死节,III_a等材允许有死节(不包括发展中的腐朽节),直径不应大于原木直径的1/5,且每2m长度内不得多于1个。

②I_a等材不允许有虫眼,II_a、III_a等材允许有表层的虫眼。

③木节尺寸按垂直于构件长度方向测量。直径小于10mm的木节不量。

1.6.4 常用木材的尺寸及质量要求

1. 普通锯材的分类规格和质量要求

(1)普通锯材的分类规格

见表1-60。

普通锯材的分类规格 **表1-60**

分类	厚度(mm)	宽度(mm)															
薄板	12	50	60	70	80	90	100	120	140	160	180	200	—	—	—	—	—
薄板	15	50	60	70	80	90	100	120	140	160	180	200	—	—	—	—	—
中板	25	50	60	70	80	90	100	120	140	160	180	200	220	240	—	—	—
中板	30	50	60	70	80	90	100	120	140	160	180	200	220	240	—	—	—
厚板	40	50	60	70	80	90	100	120	140	160	180	200	220	240	260	280	300
厚板	50	—	60	70	80	90	100	120	140	160	180	200	220	240	260	280	300

注:如需上列以外的锯材,经供需双方协商后,按特殊订货处理。

(2)普通锯材的质量要求

见表 1-61。

普通锯材的质量要求　　表 1-61

木材缺陷名称	计算方法	允许限度	
		一等	二等
活节死节	宽材面积最大的节子尺寸不得超过检尺宽的(圆形节不分贯通程度,以量得的实际尺寸计算;条状节、掌状节以其最宽处的尺寸计算。窄材面的节子不计,阔叶树活节不计)	40%	不限
腐　朽	面积不得超过所在材面的	5%	25%
裂　纹	长度不得超过检尺长的(除贯通裂纹处,宽度不足 3mm 的不计)	20%	不限
虫　害	宽材面虫眼个数最多的 1m 长范围中不得超过(窄材面虫眼不计,宽材面虫眼最小直径不足 3mm 的不计)	10 个	不限
钝　棱	宽材面最严重的缺角尺寸,不得超过检尺宽的(窄材面以着锯为限)	40%	80%
弯　曲	横弯不得超过(顺弯、翘弯均不计)	2%	4%
斜　纹	宽材面斜纹的倾斜度不超过(窄材面的斜纹不计)	20%	不限

注:长度不足 2m 的不分等级其材质不得低于二等的允许限度。

2. 檩木、椽木的规格和质量要求

见表 1-62。

檩木、椽木的规格和质量要求　　表 1-62

<table>
<tr><th colspan="2" rowspan="2">名称</th><th colspan="4">规格(cm)</th><th colspan="6">质量要求</th><th rowspan="2">适用树种</th></tr>
<tr><th>梢径</th><th>径级进位</th><th>长度</th><th>长级进位</th><th>外腐</th><th>内腐</th><th colspan="2">虫孔</th><th>漏节</th><th>弯曲</th></tr>
<tr><td rowspan="2">檩材</td><td>南方</td><td>8～18</td><td>2</td><td>360～500</td><td>20</td><td>最大厚度不得超过检尺径的10%</td><td>平均直径不得超过检尺径的20%</td><td rowspan="3">1m中不得超过的个数(表皮虫沟、小虫眼不计)</td><td>5</td><td>全长不许有</td><td>弯曲度不得超过10%</td><td>杉木、马尾松、各种硬阔叶树</td></tr>
<tr><td>北方</td><td>10～18</td><td>2</td><td>350～500</td><td>50</td><td rowspan="2">最大厚度不得超过所在断面直径的10%</td><td rowspan="2">平均直径不得超过所在断面直径的30%</td><td rowspan="2">15</td><td rowspan="2">全长不超过1个</td><td rowspan="2">弯曲度不得超过7%</td><td rowspan="2">所有针、阔叶树种</td></tr>
<tr><td colspan="2">椽材</td><td>4～8</td><td>2</td><td>200～500</td><td>50</td></tr>
</table>

1.6.5 原木材积

1. 原木材积

见表 1-63。

2. 杉原条的材积

见表 1-64。

原木材积　　表 1-63

检尺径 (cm)	检尺长 (m)					
	2.0	2.2	2.4	2.5	2.6	2.8
	材积 (m^3)					
4	0.0041	0.0047	0.0053	0.0056	0.0059	0.0066
6	0.0079	0.0089	0.0100	0.0105	0.0111	0.0122
8	0.013	0.015	0.016	0.017	0.018	0.020
10	0.019	0.022	0.024	0.025	0.026	0.029

续表

检尺径（cm）	检尺长（m）					
	2.0	2.2	2.4	2.5	2.6	2.8
	材积（m³）					
12	0.027	0.030	0.033	0.035	0.037	0.040
14	0.036	0.040	0.045	0.047	0.049	0.054
16	0.047	0.052	0.058	0.060	0.063	0.069
18	0.059	0.065	0.072	0.076	0.079	0.086
20	0.072	0.080	0.088	0.092	0.097	0.105
22	0.086	0.096	0.106	0.111	0.116	0.126
24	0.102	0.114	0.125	0.131	0.137	0.149
26	0.120	0.133	0.146	0.153	0.160	0.174
28	0.138	0.154	0.169	0.177	0.185	0.201
30	0.158	0.176	0.193	0.202	0.211	0.230
32	0.180	0.199	0.219	0.230	0.240	0.260
34	0.202	0.224	0.247	0.258	0.270	0.293
36	0.226	0.251	0.276	0.289	0.302	0.327
38	0.252	0.279	0.307	0.321	0.335	0.364
40	0.278	0.309	0.340	0.355	0.371	0.402
42	0.306	0.340	0.374	0.391	0.408	0.442
44	0.336	0.372	0.409	0.428	0.447	0.484
46	0.367	0.406	0.447	0.467	0.487	0.528
48	0.399	0.442	0.486	0.508	0.530	0.574
50	0.432	0.479	0.526	0.550	0.574	0.622
52	0.467	0.518	0.569	0.594	0.620	0.672
54	0.503	0.558	0.613	0.640	0.668	0.724
56	0.541	0.599	0.658	0.688	0.718	0.777
58	0.580	0.642	0.705	0.737	0.769	0.833
60	0.620	0.687	0.754	0.788	0.822	0.890
62	0.661	0.733	0.804	0.841	0.877	0.950
64	0.704	0.780	0.857	0.895	0.934	1.011
66	0.749	0.829	0.910	0.951	0.992	1.074

续表

检尺径（cm）	检尺长（m）					
	2.0	2.2	2.4	2.5	2.6	2.8
	材积（m^3）					
68	0.794	0.880	0.966	1.009	1.052	1.140
70	0.841	0.931	1.022	1.068	1.114	1.207
72	0.890	0.985	1.081	1.129	1.178	1.276
74	0.939	1.040	1.141	1.192	1.244	1.347
76	0.990	1.096	1.203	1.257	1.311	1.419
78	1.043	1.154	1.267	1.323	1.380	1.494
80	1.096	1.214	1.332	1.391	1.451	1.571
82	1.151	1.274	1.399	1.461	1.523	1.649
84	1.208	1.337	1.467	1.532	1.598	1.730
86	1.265	1.401	1.537	1.605	1.674	1.812
88	1.325	1.466	1.609	1.680	1.752	1.896
90	1.385	1.533	1.682	1.757	1.832	1.983
92	1.447	1.601	1.757	1.835	1.913	2.071
94	1.510	1.671	1.833	1.915	1.997	2.161
96	1.574	1.742	1.911	1.996	2.082	2.253
98	1.640	1.815	1.991	2.080	2.169	2.347
100	1.707	1.889	2.073	2.165	2.257	2.443
102	1.776	1.965	2.156	2.252	2.348	2.540
104	1.846	2.042	2.240	2.340	2.440	2.640
106	1.917	2.121	2.327	2.430	2.534	2.742
108	1.990	2.202	2.415	2.522	2.629	2.845
110	2.064	2.283	2.504	2.615	2.727	2.950
112	2.139	2.367	2.596	2.711	2.826	3.058
114	2.216	2.451	2.688	2.808	2.927	3.167
116	2.294	2.537	2.783	2.906	3.030	3.278
118	2.373	2.625	2.879	3.007	3.135	3.391
120	2.454	2.714	2.977	3.109	3.241	3.506

续表

检尺径（cm）	检尺长（m）				
	3.0	3.2	3.4	3.6	3.8
	材积（m^3）				
4	0.0073	0.0080	0.0088	0.0096	0.0104
6	0.0134	0.0147	0.0160	0.0173	0.0187
8	0.021	0.023	0.025	0.027	0.029
10	0.031	0.034	0.037	0.040	0.042
12	0.043	0.047	0.050	0.054	0.058
14	0.058	0.063	0.068	0.073	0.078
16	0.075	0.081	0.087	0.093	0.100
18	0.093	0.101	0.108	0.116	0.124
20	0.114	0.123	0.132	0.141	0.151
22	0.137	0.147	0.158	0.169	0.180
24	0.161	0.174	0.186	0.199	0.212
26	0.188	0.203	0.217	0.232	0.247
28	0.217	0.234	0.250	0.267	0.284
30	0.248	0.267	0.286	0.305	0.324
32	0.281	0.302	0.324	0.345	0.367
34	0.316	0.340	0.364	0.388	0.412
36	0.353	0.380	0.406	0.433	0.460
38	0.393	0.422	0.451	0.481	0.510
40	0.434	0.466	0.498	0.531	0.564
42	0.477	0.512	0.548	0.583	0.619
44	0.522	0.561	0.599	0.638	0.678
46	0.570	0.612	0.654	0.696	0.739
48	0.619	0.665	0.710	0.756	0.802
50	0.671	0.720	0.769	0.819	0.869
52	0.724	0.777	0.830	0.884	0.938
54	0.780	0.837	0.894	0.951	1.009
56	0.838	0.899	0.960	1.021	1.083

续表

检尺径 (cm)	检尺长 (m)				
	3.0	3.2	3.4	3.6	3.8
	材积 (m^3)				
58	0.898	0.963	1.028	1.094	1.160
60	0.959	1.029	1.099	1.169	1.239
62	1.023	1.097	1.172	1.246	1.321
64	1.089	1.168	1.247	1.326	1.406
66	1.157	1.241	1.325	1.409	1.493
68	1.227	1.316	1.405	1.494	1.583
70	1.300	1.393	1.487	1.581	1.676
72	1.374	1.473	1.572	1.671	1.771
74	1.450	1.554	1.659	1.764	1.869
76	1.528	1.638	1.748	1.859	1.969
78	1.609	1.724	1.840	1.956	2.073
80	1.691	1.812	1.934	2.056	2.178
82	1.776	1.903	2.030	2.158	2.287
84	1.862	1.995	2.129	2.263	2.398
86	1.951	2.090	2.230	2.371	2.511
88	2.042	2.187	2.334	2.480	2.627
90	2.134	2.287	2.439	2.593	2.746
92	2.229	2.388	2.548	2.707	2.868
94	2.326	2.492	2.658	2.825	2.992
96	2.425	2.598	2.771	2.945	3.119
98	2.526	2.706	2.886	3.067	3.248
100	2.629	2.816	3.004	3.192	3.380
102	2.734	2.928	3.123	3.319	3.515
104	2.841	3.043	3.246	3.449	3.652
106	2.950	3.160	3.370	3.581	3.792
108	3.062	3.279	3.497	3.716	3.934
110	3.175	3.400	3.626	3.853	4.080

续表

检尺径 (cm)	检尺长 (m)				
	3.0	3.2	3.4	3.6	3.8
	材积 (m^3)				
112	3.290	3.524	3.758	3.992	4.227
114	3.408	3.650	3.892	4.135	4.378
116	3.527	3.777	4.028	4.279	4.531
118	3.649	3.908	4.167	4.426	4.686
120	3.773	4.040	4.308	4.576	4.845

检尺径 (cm)	检尺长 (m)				
	4.0	4.2	4.4	4.6	4.8
	材积 (m^3)				
4	0.0113	0.0122	0.0132	0.0142	0.0152
6	0.0201	0.0216	0.0231	0.0247	0.0263
8	0.031	0.034	0.036	0.038	0.040
10	0.045	0.048	0.051	0.054	0.058
12	0.062	0.065	0.069	0.074	0.078
14	0.083	0.089	0.094	0.100	0.105
16	0.106	0.113	0.120	0.126	0.134
18	0.132	0.140	0.148	0.156	0.165
20	0.160	0.170	0.180	0.190	0.200
22	0.191	0.203	0.214	0.226	0.238
24	0.225	0.239	0.252	0.266	0.279
26	0.262	0.277	0.293	0.308	0.324
28	0.302	0.319	0.337	0.354	0.372
30	0.344	0.364	0.383	0.404	0.424
32	0.389	0.411	0.433	0.456	0.479
34	0.437	0.461	0.486	0.511	0.537
36	0.487	0.515	0.542	0.570	0.598
38	0.541	0.571	0.601	0.632	0.663
40	0.597	0.630	0.663	0.697	0.731

续表

检尺径 (cm)	检尺长 (m)				
	4.0	4.2	4.4	4.6	4.8
	材积 (m^3)				
42	0.656	0.692	0.729	0.766	0.803
44	0.717	0.757	0.797	0.837	0.877
46	0.782	0.825	0.868	0.912	0.955
48	0.849	0.896	0.942	0.990	1.037
50	0.919	0.969	1.020	1.071	1.122
52	0.992	1.046	1.100	1.155	1.210
54	1.067	1.125	1.184	1.242	1.301
56	1.145	1.208	1.270	1.333	1.396
58	1.226	1.293	1.360	1.427	1.494
60	1.310	1.381	1.452	1.524	1.595
62	1.397	1.472	1.548	1.624	1.700
64	1.486	1.566	1.647	1.728	1.808
66	1.578	1.663	1.749	1.834	1.920
68	1.673	1.763	1.854	1.944	2.034
70	1.771	1.866	1.961	2.057	2.152
72	1.871	1.972	2.072	2.173	2.274
74	1.975	2.080	2.186	2.292	2.399
76	2.081	2.192	2.303	2.415	2.527
78	2.189	2.306	2.424	2.541	2.658
80	2.301	2.424	2.547	2.670	2.793
82	2.415	2.544	2.673	2.802	2.931
84	2.532	2.667	2.802	2.937	3.072
86	2.652	2.793	2.934	3.076	3.217
88	2.775	2.992	3.070	3.217	3.365
90	2.900	3.054	3.208	3.362	3.516
92	3.028	3.189	3.350	3.510	3.671
94	3.159	3.327	3.494	3.662	3.829
96	3.293	3.467	3.642	3.816	3.990

续表

检尺径 (cm)	检尺长 (m)				
	4.0	4.2	4.4	4.6	4.8
	材积 (m^3)				
98	3.429	3.611	3.792	3.974	4.155
100	3.569	3.757	3.946	4.135	4.323
102	3.711	3.907	4.103	4.299	4.494
104	3.855	4.059	4.263	4.466	4.669
106	4.003	4.214	4.425	4.636	4.847
108	4.153	4.372	4.591	4.810	5.028
110	4.306	4.533	4.760	4.987	5.213
112	4.462	4.697	4.932	5.167	5.401
114	4.621	4.864	5.107	5.350	5.592
116	4.782	5.034	5.285	5.536	5.787
118	4.947	5.207	5.466	5.726	5.985
120	5.113	5.382	5.651	5.919	6.186

检尺径 (cm)	检尺长 (m)				
	5.0	5.2	5.4	5.6	5.8
	材积 (m^3)				
4	0.0163	0.0175	0.0186	0.0199	0.0211
6	0.0280	0.0298	0.0316	0.0334	0.0354
8	0.043	0.045	0.048	0.051	0.053
10	0.061	0.064	0.068	0.071	0.075
12	0.082	0.086	0.091	0.095	0.100
14	0.111	0.117	0.123	0.129	0.136
16	0.141	0.148	0.155	0.163	0.171
18	0.174	0.182	0.191	0.201	0.210
20	0.210	0.221	0.231	0.242	0.253
22	0.250	0.262	0.275	0.287	0.300
24	0.293	0.308	0.322	0.336	0.351
26	0.340	0.356	0.373	0.389	0.406
28	0.391	0.409	0.427	0.446	0.465
30	0.444	0.465	0.486	0.507	0.528

续表

检尺径 (cm)	检尺长 (m)				
	5.0	5.2	5.4	5.6	5.8
	材积 (m^3)				
32	0.502	0.525	0.548	0.571	0.595
34	0.562	0.588	0.614	0.640	0.666
36	0.626	0.655	0.683	0.712	0.741
38	0.694	0.725	0.757	0.788	0.820
40	0.765	0.800	0.834	0.869	0.903
42	0.840	0.877	0.915	0.953	0.990
44	0.918	0.959	0.999	1.040	1.082
46	0.999	1.043	1.088	1.132	1.177
48	1.084	1.132	1.180	1.228	1.276
50	1.173	1.224	1.276	1.327	1.379
52	1.265	1.320	1.375	1.431	1.486
54	1.360	1.419	1.478	1.538	1.597
56	1.459	1.522	1.586	1.649	1.712
58	1.561	1.629	1.696	1.764	1.832
60	1.667	1.739	1.811	1.883	1.955
62	1.776	1.853	1.929	2.005	2.082
64	1.889	1.970	2.051	2.132	2.213
66	2.005	2.091	2.177	2.263	2.348
68	2.125	2.216	2.306	2.397	2.487
70	2.248	2.344	2.439	2.535	2.631
72	2.375	2.476	2.576	2.677	2.778
74	2.505	2.611	2.717	2.823	2.929
76	2.638	2.750	2.862	2.973	3.084
78	2.775	2.893	3.010	3.127	3.244
80	2.916	3.039	3.162	3.284	3.407
82	3.060	3.189	3.317	3.446	3.574
84	3.207	3.342	3.477	3.611	3.745
86	3.358	3.499	3.640	3.780	3.921
88	3.512	3.660	3.807	3.953	4.100
90	3.670	3.824	3.977	4.130	4.283

续表

检尺径 (cm)	检尺长 (m)				
	5.0	5.2	5.4	5.6	5.8
	材积 (m³)				
92	3.831	3.992	4.152	4.311	4.471
94	3.996	4.163	4.330	4.496	4.662
96	4.164	4.338	4.512	4.685	4.857
98	4.336	4.517	4.697	4.877	5.057
100	4.511	4.699	4.887	5.073	5.260
102	4.690	4.885	5.080	5.274	5.467
104	4.872	5.074	5.276	5.478	5.679
106	5.058	5.267	5.477	5.686	5.894
108	5.247	5.464	5.681	5.898	6.113
110	5.439	5.664	5.889	6.113	6.337
112	5.635	5.868	6.101	6.333	6.564
114	5.834	6.076	6.316	6.556	6.795
116	6.037	6.287	6.536	6.784	7.031
118	6.244	6.502	6.759	7.015	7.270
120	6.453	6.720	6.985	7.250	7.514

检尺径 (cm)	检尺长 (m)				
	6.0	6.2	6.4	6.6	6.8
	材积 (m³)				
4	0.0224	0.0238	0.0252	0.0266	0.0281
6	0.0373	0.0394	0.0414	0.0436	0.0458
8	0.056	0.059	0.062	0.065	0.068
10	0.078	0.082	0.086	0.090	0.094
12	0.105	0.109	0.114	0.119	0.124
14	0.142	0.149	0.156	0.162	0.169
16	0.179	0.187	0.195	0.203	0.211
18	0.219	0.229	0.238	0.248	0.258
20	0.264	0.275	0.286	0.298	0.309

续表

检尺径 (cm)	检尺长 (m)				
	6.0	6.2	6.4	6.6	6.8
	材积 (m^3)				
22	0.313	0.326	0.339	0.352	0.365
24	0.366	0.380	0.396	0.411	0.426
26	0.423	0.440	0.457	0.474	0.491
28	0.484	0.503	0.522	0.542	0.561
30	0.549	0.571	0.592	0.614	0.636
32	0.619	0.643	0.667	0.691	0.715
34	0.692	0.719	0.746	0.772	0.799
36	0.770	0.799	0.829	0.858	0.888
38	0.852	0.884	0.916	0.949	0.981
40	0.938	0.973	1.008	1.044	1.079
42	1.028	1.067	1.105	1.143	1.182
44	1.123	1.164	1.206	1.247	1.289
46	1.221	1.266	1.311	1.356	1.401
48	1.324	1.372	1.421	1.469	1.518
50	1.431	1.483	1.535	1.587	1.639
52	1.542	1.597	1.653	1.709	1.765
54	1.657	1.716	1.776	1.835	1.895
56	1.776	1.839	1.903	1.967	2.030
58	1.899	1.967	2.035	2.102	2.170
60	2.027	2.099	2.171	2.243	2.315

检尺径 (cm)	检尺长 (m)				
	7.0	7.2	7.4	7.6	7.8
	材积 (m^3)				
4	0.0297	0.0313	0.0330	0.0347	0.0364
6	0.0481	0.0504	0.0528	0.0552	0.0578
8	0.071	0.074	0.077	0.081	0.084
10	0.098	0.102	0.106	0.111	0.115

续表

检尺径（cm）	检尺长（m）				
	7.0	7.2	7.4	7.6	7.8
	材积（m^3）				
12	0.130	0.135	0.140	0.146	0.151
14	0.176	0.184	0.191	0.199	0.206
16	0.220	0.229	0.238	0.247	0.256
18	0.268	0.278	0.289	0.300	0.310
20	0.321	0.333	0.345	0.358	0.370
22	0.379	0.393	0.407	0.421	0.435
24	0.442	0.457	0.473	0.489	0.506
26	0.509	0.527	0.545	0.563	0.581
28	0.581	0.601	0.621	0.642	0.662
30	0.658	0.681	0.703	0.726	0.748
32	0.740	0.765	0.790	0.815	0.840
34	0.827	0.854	0.881	0.909	0.937
36	0.918	0.948	0.978	1.008	1.039
38	1.014	1.047	1.080	1.113	1.146
40	1.115	1.151	1.186	1.223	1.259
42	1.221	1.259	1.298	1.337	1.377
44	1.331	1.373	1.415	1.457	1.500
46	1.446	1.492	1.537	1.583	1.628
48	1.566	1.615	1.664	1.713	1.762
50	1.691	1.743	1.796	1.848	1.901
52	1.821	1.877	1.933	1.989	2.045
54	1.955	2.015	2.075	2.135	2.195
56	2.094	2.158	2.222	2.286	2.349
58	2.238	2.306	2.374	2.442	2.510
60	2.387	2.459	2.531	2.603	2.675

续表

检尺径 (cm)	检尺长 (m)				
	8.0	8.5	9.0	9.5	10.0
	材积 (m³)				
4	0.0382	0.0430	0.0481	0.0536	0.0594
6	0.0603	0.0671	0.0743	0.0819	0.0899
8	0.087	0.097	0.106	0.116	0.127
10	0.120	0.131	0.144	0.156	0.170
12	0.157	0.171	0.187	0.203	0.219
14	0.214	0.234	0.256	0.278	0.301
16	0.265	0.289	0.314	0.340	0.367
18	0.321	0.349	0.378	0.408	0.440
20	0.383	0.415	0.448	0.483	0.519
22	0.450	0.487	0.525	0.564	0.604
24	0.522	0.564	0.607	0.651	0.697
26	0.600	0.647	0.695	0.744	0.795
28	0.683	0.735	0.789	0.844	0.900
30	0.771	0.830	0.889	0.950	1.012
32	0.865	0.930	0.995	1.062	1.131
34	0.965	1.035	1.107	1.181	1.255
36	1.069	1.147	1.225	1.305	1.387
38	1.180	1.264	1.349	1.436	1.525
40	1.295	1.387	1.479	1.574	1.669

杉原条材积 **表 1-64**

检尺径 (cm)	检尺长 (m)						
	5	6	7	8	9	10	11
	材积 (m³)						
8	0.025	0.029	0.034	0.039	0.044	0.049	
10	0.039	0.046	0.053	0.060	0.067	0.074	0.082

续表

检尺径 (cm)	检尺长 (m)						
	5	6	7	8	9	10	11
	材积 (m³)						
12	0.051	0.061	0.070	0.079	0.089	0.098	0.108
14	0.065	0.077	0.089	0.101	0.113	0.125	0.137
16	0.081	0.096	0.111	0.126	0.141	0.155	0.170
18	0.099	0.117	0.135	0.153	0.171	0.189	0.207
20		0.140	0.161	0.183	0.204	0.226	0.247
22		0.164	0.190	0.215	0.240	0.266	0.291
24		0.191	0.221	0.250	0.280	0.309	0.339
26		0.220	0.254	0.288	0.322	0.356	0.390
28			0.289	0.328	0.367	0.406	0.444
30			0.327	0.371	0.415	0.459	0.502
32				0.417	0.466	0.515	0.564
34				0.465	0.520	0.575	0.630
36					0.577	0.638	0.699
38					0.637	0.704	0.771
40						0.773	0.847
42						0.846	0.927
44							
46							
48							
50							
52							
54							
56							
58							
60							

续表

检尺径（cm）	检尺长（m）					
	12	13	14	15	16	17
	材积（m^3）					
10	0.089	0.096	0.103	0.110	0.117	0.124
12	0.117	0.126	0.136	0.145	0.154	0.164
14	0.149	0.161	0.173	0.185	0.197	0.209
16	0.185	0.200	0.215	0.230	0.244	0.259
18	0.225	0.243	0.261	0.279	0.297	0.315
20	0.269	0.290	0.312	0.333	0.355	0.376
22	0.316	0.342	0.367	0.393	0.418	0.443
24	0.368	0.398	0.427	0.457	0.486	0.516
26	0.424	0.458	0.491	0.525	0.559	0.593
28	0.483	0.522	0.560	0.599	0.638	0.676
30	0.546	0.590	0.634	0.678	0.721	0.765
32	0.613	0.663	0.712	0.761	0.810	0.859
34	0.684	0.739	0.794	0.849	0.904	0.959
36	0.759	0.820	0.881	0.942	1.003	1.064
38	0.838	0.905	0.973	1.040	1.107	1.174
40	0.921	0.995	1.069	1.142	1.216	1.290
42	1.008	1.088	1.169	1.250	1.331	1.411
44		1.186	1.274	1.362	1.450	1.538
46		1.288	1.384	1.479	1.575	1.670
48		1.394	1.498	1.601	1.705	1.808
50		1.505	1.616	1.728	1.840	1.951
52			1.739	1.860	1.980	2.100
54			1.867	1.996	2.125	2.254
56				2.137	2.275	2.413
58				2.283	2.431	2.578
60				2.434	2.592	2.749

续表

检尺径（cm）	检尺长（m）						
	18	19	20	21	22	23	24
	材积（m^3）						
10	0.131	0.138	0.146	0.153	0.160	0.167	0.174
12	0.173	0.183	0.192	0.201	0.211	0.220	0.229
14	0.221	0.233	0.245	0.257	0.268	0.280	0.292
16	0.274	0.289	0.304	0.319	0.333	0.348	0.363
18	0.333	0.351	0.369	0.387	0.405	0.423	0.441
20	0.398	0.420	0.441	0.463	0.484	0.506	0.527
22	0.469	0.494	0.519	0.545	0.570	0.595	0.621
24	0.545	0.575	0.604	0.634	0.663	0.693	0.722
26	0.627	0.661	0.695	0.729	0.763	0.797	0.831
28	0.715	0.754	0.793	0.831	0.870	0.909	0.947
30	0.809	0.853	0.896	0.940	0.984	1.028	1.071
32	0.908	0.957	1.007	1.056	1.105	1.154	1.203
34	1.014	1.068	1.123	1.178	1.233	1.288	1.343
36	1.125	1.185	1.246	1.307	1.368	1.429	1.490
38	1.241	1.308	1.376	1.443	1.510	1.577	1.644
40	1.364	1.438	1.511	1.585	1.659	1.733	1.807
42	1.492	1.573	1.654	1.734	1.815	1.896	1.977
44	1.626	1.714	1.802	1.890	1.978	2.066	2.154
46	1.766	1.862	1.957	2.053	2.148	2.244	2.339
48	1.912	2.015	2.118	2.222	2.325	2.429	2.532
50	2.063	2.175	2.286	2.398	2.509	2.621	2.733
52	2.220	2.340	2.460	2.580	2.701	2.821	2.941
54	2.383	2.512	2.641	2.770	2.899	3.028	3.157
56	2.552	2.690	2.828	2.966	3.104	3.242	3.380
58	2.726	2.873	3.021	3.168	3.316	3.463	3.611
60	2.906	3.063	3.221	3.378	3.535	3.692	3.850

续表

检尺径 (cm)	检尺长 (m)					
	25	26	27	28	29	30
	材积 (m^3)					
10	0.181	0.188	0.195	0.202	0.210	0.217
12	0.239	0.248	0.257	0.267	0.276	0.286
14	0.304	0.316	0.328	0.340	0.352	0.364
16	0.378	0.393	0.408	0.422	0.437	0.452
18	0.459	0.477	0.495	0.513	0.531	0.549
20	0.549	0.570	0.592	0.613	0.635	0.656
22	0.646	0.672	0.697	0.722	0.748	0.773
24	0.752	0.781	0.810	0.840	0.869	0.899
26	0.865	0.899	0.933	0.967	1.001	1.034
28	0.986	1.025	1.063	1.102	1.141	1.180
30	1.115	1.159	1.203	1.247	1.290	1.334
32	1.252	1.301	1.351	1.400	1.449	1.498
34	1.397	1.452	1.507	1.562	1.617	1.672
36	1.550	1.611	1.672	1.733	1.794	1.855
38	1.711	1.779	1.846	1.913	1.980	2.047
40	1.880	1.954	2.028	2.102	2.176	2.249
42	2.057	2.138	2.219	2.299	2.380	2.461
44	2.242	2.330	2.418	2.506	2.594	2.682
46	2.435	2.530	2.626	2.722	2.817	2.913
48	2.636	2.739	2.842	2.946	3.049	3.153
50	2.844	2.956	3.068	3.179	3.291	3.402
52	3.061	3.181	3.301	3.421	3.541	3.662
54	3.285	3.414	3.543	3.672	3.801	3.930
56	3.518	3.656	3.794	3.932	4.070	4.208
58	3.758	3.906	4.054	4.201	4.349	4.496
60	4.007	4.164	4.321	4.479	4.636	4.793

1.6.6 木材防腐、防虫及防火的处理方法

1. 木材的防腐和防虫

(1)木材防腐、防虫药剂的特性及适用范围,见表1-65。

木材防腐、防虫药剂特性及适用范围　　表1-65

类别	编号	名称	特性	适用范围
水溶性	①	氟化钠	白色粉状,无臭味,不腐蚀金属,不影响油漆,但遇水易流失。不宜和水泥、石灰混合,以免降低毒性	一般房屋木构件的防腐及防虫,但防白蚁效果较差
	②	硼铬合剂	无臭味,不腐蚀金属,不影响油漆,遇水稍有流失,对人畜实际无毒	一般房屋木构件的防腐及防虫,但防白蚁效果较差
	③	硼酚合剂	不腐蚀金属,不影响油漆,但因药剂中有五氯酚钠,毒性较大	一般房屋木构件的防腐及防虫,并有一定的防白蚁效果
	④	铜铬合剂	无臭味,木材处理后呈绿褐色,不影响油漆,遇水不易流失,处理温度不宜超过76℃。对人畜毒性较低	重要房屋木构件的防腐及防虫,有较好的防白蚁效果
	⑤	氟砷铬合剂	遇水不流失,不腐蚀金属,有剧毒	有良好的防腐和防白蚁效果,但经常与人直接接触的木构件不应使用
油溶性	⑥	林丹、五氯酚合剂	几乎不溶于水,药效持久,木材处理后不影响油漆。因系油溶性药剂,对防火不利	用于腐朽严重或虫害严重地区
油类	⑦	混合防腐油	有恶臭,木材处理后呈暗黑色,不能油漆,遇水不流失,药效持久	用于直接与砌体接触的木构件的防腐和防白蚁,露明构件不宜使用
	⑧	强化防腐油	有恶臭,木材处理后呈暗黑色,不能油漆,遇水不流失,药效持久	同上。用于南方腐朽及白蚁危害的严重地区
浆膏	⑨	沥青浆膏	有恶臭,木材处理后呈暗黑色,不能油漆,遇水不流失,药效持久	用于含水率大于40%的木材以及经常受潮的构件

(2)木材的防火

液状防火浸渍涂料：用于不直接受水作用的构件上。可采用加压浸渍、槽中浸渍、表面喷洒及涂刷等处理方法。

关于木材浸渍等级的要求一般分为：

一级浸渍——保证木材无可燃性；

二级浸渍——保证木材缓燃；

三级浸渍——在露天火源的作用下，能延迟木材燃烧起火。见表1-66。

选择和使用防火浸渍剂成分的规定　　表1-66

浸渍剂成分的种类	浸渍等级的要求	每立方米木材所用防火浸渍剂的数量（以kg计）不得小于	浸渍剂的特性	适用范围
硫酸铵和磷酸铵的混合物	一 二 三	80 48 20	空气相对湿度超过80%时易吸湿；能降低木材强度10%~15%	空气相对湿度在80%以下时，浸渍厚度在50mm以内的木制构件
硫酸铵和磷酸铵与火油类磺酸	三	20	不吸湿；不降低木材强度	在不直接受潮湿作用的构件中，用作表面浸渍

注：①防火剂配制成分应根据提高建筑物木构件防火性能的有关规程来决定。

②根据专门规范指示而试验合格的其他防火剂亦可采用。

③为防止木材的燃烧和腐朽，可于防火涂料中添加防腐剂（氟化钠等）。

1.6.7　人造板材

1. 胶合板

胶合板分阔叶树材胶合板和针叶树材胶合板两种，系旋切单板胶合而成。

(1)胶合板的分类、特性及适用范围，见表1-67。

胶合板的分类、特性及适用范围　　表 1-67

种类	分类	名称	胶种	特性	适用范围
阔叶树材胶合板	Ⅰ类	NQF(耐气候、耐沸水胶合板)	酚醛树脂胶或其他性能相当的胶	耐久,耐煮沸或蒸汽处理,耐干热,抗菌	室内、外工程
	Ⅱ类	NS(耐水胶合板)	尿醛树脂胶或其他性能相当的胶	耐冷水浸泡及短时间热水浸泡,抗菌,但不耐煮沸	室内、外工程
	Ⅲ类	NC(耐潮胶合板)	血胶、低树脂含量的尿醛树脂胶或其他性能相当的胶	耐短期冷水浸泡	室内工程(一般常态下使用)
	Ⅳ类	BNC(不耐潮胶合板)	豆胶或其他性能相当的胶	有一定的胶合强度,但不耐潮	室内工程(一般常态下使用)
针叶树材胶合板	Ⅰ类	NQF(耐气候、耐沸水胶合板)	酚醛树脂胶或其他性能相当的胶	耐久,耐煮沸或蒸汽处理,耐干热,抗菌	室内、外工程
	Ⅱ类	NS(耐水胶合板)	尿醛树脂胶或其他性能相当的胶	耐冷水浸泡及短时间热水浸泡,抗菌,但不耐煮沸	室内、外工程
	Ⅲ类	NC(耐潮胶合板)	血胶、低树脂含量的尿醛树脂胶或其他性能相当的胶	耐短期冷水浸泡	室内工程(一般常态下使用)
	Ⅳ类	BNC(不耐潮胶合板)	豆胶或其他性能相当的胶	有一定胶合强度,但不耐水	室内工程(一般常态下使用)

注:按材质和加工工艺质量,胶合板分为“一、二、三”三个等级,各等级的质量标准,分别见 GB 738《阔叶树材胶合板》及 GB 1349《针叶树材胶合板》中的有关规定。

(2)胶合板的标定规格，见表1-68。

胶合板的标定规格 **表1-68**

种类	厚度 (mm)	宽度 (mm)	长度 (mm)					
			915	1220	1525	1830	2135	2440
阔叶树材胶合板	2.5、2.7、3、3.5、4、5、6、……(自4mm起，按每毫米递增)	915	915	—	—	1830	2135	—
		1220	—	1220	—	1830	2135	2440
针叶树材胶合板	3、3.5、4、5、6、……(自4mm起，按每毫米递增)	1525	—	—	1525	1830	—	—

注：①阔叶树材胶合板3mm厚为常用规格，针叶树材胶合板3.5mm厚为常用规格。其他厚度的胶合板，可通过协议生产。

②胶合板表板的木材纹理方向，与胶合板的长向平行的，称为顺纹胶合板。

③经供需双方协商同意，胶合板的幅面尺寸，可不受本规定的限制。

(3)胶合板体积、张数的换算，见表1-69。

胶合板体积、张数的换算 **表1-69**

幅面 (mm)	面积 (m^2)	每立方米张数（张）							
		三层			五层		七层	九层	十一层
		厚度 (mm)							
		3	3.5	4	5	6	7	9	11
915×915	0.837	398	345	303	239	199	172	135	109
915×1220	1.116	294	256	222	179	147	128	96	31
915×1830	1.675	199	171	149	119	100	85	67	54
915×2135	1.953	171	147	128	102	85	73	56	46
1220×1830	2.233	149	128	112	90	75	64	50	41
1220×2135	2.605	128	109	96	77	64	55	43	35
1525×1830	2.791	119	102	90	72	60	51	40	33
1220×2440	2.977	112	96	84	67	56	48	37	30
1525×2135	3.256	102	88	77	61	51	44	34	28
1525×2440	3.721	90	76	66	53	45	38	30	24

2. 硬质纤维板

硬质纤维板系以植物纤维为原料加工制成。

(1)硬质纤维板的分类,见表1-70。

硬质纤维板的分类　　表1-70

按原料分类	1. 木质纤维板:由木本纤维加工制成的纤维板; 2. 非木质纤维板:由竹材和草本纤维加工制成的纤维板
按光滑面分类	1. 一面光纤维板:一面光滑,另一面有网痕的纤维板; 2. 两面光纤维板:具有两面光滑的纤维板
按处理方式分类	1. 特级纤维板:指施加增强剂或浸油处理,并达到标准规定的物理力学性能指标的纤维板; 2. 普通纤维板:无特殊加工处理的纤维板。按物理力学性能指标分为一、二、三三个等级
按外观分类	特级纤维板分为一、二、三三个等级; 普通纤维板分为一、二、三三个等级

(2)硬质纤维板的标定规格,见表1-71。

硬质纤维板的标定规格　　表1-71

幅面尺寸(宽×长)(mm)	厚度(mm)	尺寸允许公差(mm)			
		长、宽度	厚度		
			3	4	5
610×1220 916×1830 915×2135 1220×1830 1220×2440 1220×3050 1000×2000	3(3.2),4,5(4.8)	±5	±0.3		±0.4

注:如需标定规格以外的纤维板,可通过供需双方协议生产。

(3)硬质纤维板的性能及外观质量要求,见表1-72。

3. 刨花板

刨花板是用木材的刨花，加部分碎木屑，经过干燥、拌胶、热压而成。刨花板的标定规格见表 1-73。

硬质纤维板的物理力学性能及外观质量要求　　表 1-72

物理力学性能					外观质量要求			
项目	特级	普通级			缺陷名称	允许限度(特级和普通)		
		一等	二等	三等		一等	二等	三等
表观密度不小于(kg/m^3)	1000	900	800	800	水渍	轻微	不显著	显著
					油污	不许有	不显著	显著
吸水率不大于(%)	15	20	30	35	斑纹	不许有	不许有	轻微
					粘痕	不许有	不许有	轻微
含水率(%)	4~10	5~12	5~12	5~12	压痕	轻微	不显著	显著
静曲强度不小于(MPa)	50	40	30	20	鼓泡、分层、水湿、炭化、裂痕、边角松软	不许有	不许有	不许有

刨花板的标定规格　　表 1-73

幅面尺寸(宽×长)(mm)	厚度(mm)	长、宽度允许公差(mm)	厚度允许公差(mm)					
			平压板					挤压板
			6~不足10	10~不足16	16~不足20	20~不足30	30以上	
915×1220 915×1525 915×1830 915×2135 1220×1220 1220×1525 1220×1830 1220×2135 1220×2440 1000×2000	6,8,10,13,16,19,22,25,30……	±10	±0.6	±0.8	±1.0	±1.2	±1.4	±0.5

1.7 砖及砌块

1.7.1 砖(砌墙砖)

1. 砌墙砖的定义和分类

(1)定义:砌墙砖包括以黏土、工业废料或其他地方资源为主要原料,用不同工艺制成的,用于砌筑的承重和非承重墙体的墙砖。

(2)分类:砌墙砖可分烧结砖和非烧结砖两大类。

1)烧结砖:经烧结而制成的砖,主要有:黏土砖、页岩砖、煤矸石等普通砖和烧结多孔砖、烧结空心砖和空心砌块。

2)非烧结砖:主要有非烧结普通黏土砖、粉煤灰砖、蒸压灰砂砖、蒸压粉煤灰砖、炉渣砖和碳化砖等。

2. 砌墙砖的规格尺寸

见表1-74。

砌墙砖的规格表(单位:mm) **表1-74**

名称	长	宽	厚
普通砖	240	115	53
空心砖	190 240 240	190 115 180	90 90 115

3. 砌墙砖品种

(1)烧结普通砖:烧结普通砖是以黏土、页岩、煤矸石、粉煤灰为主要原料经成型、焙烧而制成的(以下简称砖)。执行标准:GB/T 5101—2003。

1)分类:按主要原料分为黏土砖(N)、页岩砖(Y)、煤矸石砖(M)和粉煤灰砖(F)。

2)等级:

①根据抗压强度分为MU30、MU25、MU20、MU15、MU10五个强度等级。

②强度、抗风化性能和放射性物质合格的砖,根据尺寸偏差、外观质量、泛霜和石灰爆裂分为优等品(A)、一等品(B)、合格品(C)三个质量等级。

优等品适用于清水墙和装饰墙,一等品、合格品可用于混水墙。中等泛霜的砖不能用于潮湿部位。

3)规格:砖的外形为直角六面体,其公称尺寸为:长240mm、宽115mm、高53mm。

4)产品标记:砖的产品标记按产品名称、类别、强度等级、质量等级和标准编号顺序编写。

示例:烧结普通砖,强度等级MU15、一等品的黏土砖,其标记为:烧结普通砖 N MU15 B GB/T 5101。

5)尺寸偏差:应符合表1-75规定。

尺寸允许偏差(单位:mm) **表1-75**

公称尺寸	优等品		一等品		合格品	
	样本平均偏差	样本极差 小于等于	样本平均偏差	样本极差 小于等于	样本平均偏差	样本极差 小于等于
240	±2.0	6	±2.5	7	±3.0	8
115	±1.5	5	±2.0	6	±2.5	7
53	±1.5	4	±1.6	5	±2.0	6

6)外观质量:应符合表1-76的规定。

7)强度:应符合表1-77规定。

外观质量(单位:mm)　　表 1-76

项　　目		优等品	一等品	合　格
两条面高度差,小于等于		2	3	4
弯曲,小于等于		2	3	4
杂质凸出高度,小于等于		2	3	4
缺棱掉角的三个破坏尺寸,不得同时大于		5	20	30
裂纹长度	1. 大面上宽度方向及其延伸至条面的长度,小于等于	30	60	80
	2. 大面上长度方向及其延伸至顶面的长度或条顶面上水平裂纹的长度,小于等于	50	80	100
完整面,不得少于		二条面和二顶面	一条面和一顶面	—
颜　色		基本一致	—	—

注:①为装饰而施加的色差,凹凸纹、拉毛、压花等不算作缺陷。

②凡有下列缺陷之一者,不得称为完整面:

a. 缺损在条面或顶面上造成的破坏面尺寸同时大于 10mm×10mm。

b. 条面或顶面上裂纹宽度大于 1mm,其长度超过 30mm。

c. 压陷、粘底、焦花在条面或顶面上的凹陷或凸出超过 2mm,区域尺寸同时大于 10mm×10mm。

强度(单位:MPa)　　表 1-77

强度等级	抗压强度平均值 $\bar{f}$	变异系数 $\delta \leq 0.21$	变异系数 $\delta > 0.21$
	大于等于	强度标准值 f_k,大于等于	单块最小抗压强度值 f_{min},大于等于
MU30	30.0	22.0	25.0
MU25	25.0	18.0	22.0
MU20	20.0	14.0	16.0
MU15	15.0	10.0	12.0
MU10	10.0	6.5	7.5

8)抗风化性能:

①风化区的划分见表 1-78。

风化区划分　　表 1-78

严重风化区		非严重风化区	
1. 黑龙江省	11. 河北省	1. 山东省	11. 福建省
2. 吉林省	12. 北京市	2. 河南省	12. 台湾省
3. 辽宁省	13. 天津市	3. 安徽省	13. 广东省
4. 内蒙古自治区		4. 江苏省	14. 广西壮族自治区
5. 新疆维吾尔自治区		5. 湖北省	15. 海南省
6. 宁夏回族自治区		6. 江西省	16. 云南省
7. 甘肃省		7. 浙江省	17. 西藏自治区
8. 青海省		8. 四川省	18. 上海市
9. 陕西省		9. 贵州省	19. 重庆市
10. 山西省		10. 湖南省	20. 香港特别行政区
			21. 澳门特别行政区

注:①风化区用风化指数进行划分。
②风化指数是指日气温从正温降至负温或负温升至正温的每年平均天数与每年从霜冻之日起至消失霜冻之日止这一期间降雨总量(以 mm 计)的平均值的乘积。
③风化指数大于等于 12700 为严重风化区,风化指数小于 12700 为非严重风化区。
④各地如有可靠数据,也可按计算的风化指数划分本地区的风化区。

②严重风化区中的 1、2、3、4、5 地区的砖必须进行冻融试验,其他地区砖的抗风化性能符合表 1-79 规定时可不做冻融试验,否则,必须进行冻融试验。

③冻融试验后,每块砖样不允许出现裂纹、分层、掉皮、缺棱、掉角等冻坏现象;质量损失不得大于 2%。

9)泛霜:每块砖样应符合下列规定:优等品无泛霜;一等品不允许出现中等泛霜;合格品不允许出现严重泛霜。

10)石灰爆裂:

①优等品:不允许出现最大破坏尺寸大于 2mm 的爆裂区域。

抗风化性能 **表 1-79**

砖种类	严重风化区				非严重风化区			
	5h 沸煮吸水率(%)		饱和系数		5h 沸煮吸水率(%)		饱和系数	
	小于等于		小于等于		小于等于		小于等于	
	平均值	单块最大值	平均值	单块最大值	平均值	单块最大值	平均值	单块最大值
黏土砖	18	20	0.85	0.87	19	20	0.88	0.90
粉煤灰砖①	21	23			23	25		
页岩砖	16	18	0.74	0.77	18	20	0.78	0.80
煤矸石砖								

注:①粉煤灰掺入量(体积比)小于 30%时,按黏土砖规定判定。

②一等品:最大破坏尺寸大于 2mm、小于等于 10mm 的爆裂区域,每组砖样不得多于 15 处。不允许出现最大破坏尺寸大于 10mm 的爆裂区域。

③合格品:最大破坏尺寸大于 2mm、小于等于 15mm 的爆裂区域,每组砖样不得多于 15 处。其中大于 10mm 的不得多于 7 处。不允许出现最大破坏尺寸大于 15mm 的爆裂区域。

11)欠火砖、酥砖和螺旋纹砖:产品中不允许有欠火砖、酥砖和螺旋纹砖。

12)放射性物质:应符合 GB 6566 的规定。

(2)蒸压灰砂砖

蒸压灰砂砖是以石灰和砂为主要原料,允许掺入颜料和外加剂,经坯料制备、压制成型、蒸压养护而成的实心砖。执行标准:GB 11945—1999。

1)分类:根据灰砂砖的颜色分为彩色的(Co)和本色的(N)

两类。

2)规格:

①砖的外形为直角六面体。

②砖的公称尺寸:长度 240mm,宽度 115mm,高度 53mm。生产其他规格尺寸产品,由用户与生产厂协商确定。

3)等级:

①强度级别:根据抗压强度和抗折强度分为 MU25、MU20、MU15、MU10 四级。

②质量等级:根据尺寸偏差和外观质量、强度及抗冻性分为:优等品(A);一等品(B);合格品(C)。

4)产品标记:灰砂砖产品标记采用产品名称(LSB)、颜色、强度级别、产品等级、标准编号的顺序进行,示例如下:

强度级别为 MU20、优等品的彩色灰砂砖标记为:LSB Co 20A GB 11945。

5)用途:

①MU15、MU20、MU25 的砖可用于基础及其他建筑;MU10 的砖仅可用于防潮层以上的建筑。

②灰砂砖不得用于长期受热 200℃以上、受急冷急热和有酸性介质侵蚀的建筑部位。

6)尺寸偏差和外观:应符合表 1-80 的规定。

尺寸偏差和外观　　表 1-80

<table>
<tr><th colspan="3" rowspan="2">项　目</th><th colspan="3">指　标</th></tr>
<tr><th>优等品</th><th>一等品</th><th>合格品</th></tr>
<tr><td rowspan="3">尺寸允许偏差
(mm)</td><td>长度</td><td>L</td><td>±2</td><td rowspan="3">±2</td><td rowspan="3">±3</td></tr>
<tr><td>宽度</td><td>B</td><td>±2</td></tr>
<tr><td>高度</td><td>H</td><td>±1</td></tr>
</table>

续表

项目		指标		
		优等品	一等品	合格品
缺棱掉角	个数(个),不多于	1	1	2
	最大尺寸(mm),不得大于	10	15	20
	最小尺寸(mm),不得大于	5	10	10
对应高度差(mm),不得大于		1	2	3
裂纹	条数,不多于(条)	1	1	2
	大面上宽度方向及其延伸到条面的长度(mm),不得大于	20	50	70
	大面上长度方向及其延伸到顶面上的长度或条、顶面水平裂纹的长度(mm),不得大于	30	70	100

7)颜色:颜色应基本一致,无明显色差,但对本色灰砂砖不作规定。

8)抗压强度和抗折强度:应符合表1-81的规定。

9)抗冻性:应符合表1-82的规定。

力学性能(单位:MPa)　　表1-81

强度级别	抗压强度		抗折强度	
	平均值不小于	单块值不小于	平均值不小于	单块值不小于
MU25	25.0	20.0	5.0	4.0
MU20	20.0	16.0	4.0	3.2
MU15	15.0	12.0	3.3	2.6
MU10	10.0	8.0	2.5	2.0

注:优等品的强度级别不得小于MU15。

抗冻性指标 **表 1-82**

强度等级	冻后抗压强度(MPa)平均值不小于	单块砖的干质量损失(%)不大于
MU25	20.0	2.0
MU20	16.0	2.0
MU15	12.0	2.0
MU10	8.0	2.0

注:优等品的强度级别不得小于 MU15。

(3)粉煤灰砖

粉煤灰砖是以粉煤灰、石灰或水泥为主要原料,掺加适量石膏、外加剂、颜料和骨料等,经坯料制备、成型、高压或常压蒸汽养护而制成的实心砖。执行标准:JC 239—2001。

1)分类:按砖的颜色分为本色(N)和彩色(Co)两类。

2)规格:砖的外形为直角六面体。砖的公称尺寸为:长 240mm、宽 115mm、高 53mm。

3)等级:

①强度等级分为 MU30、MU25、MU20、MU15、MU10。

②质量等级根据尺寸偏差、外观质量、强度等级、干燥收缩分为优等品(A)、一等品(B)、合格品(C)。

4)产品标记:粉煤灰砖产品标记按产品名称(FB)、颜色、强度等级、质量等级、标准编号顺序编写。

示例:强度等级为 20 级、优等品的彩色粉煤灰砖标记为:FB Co 20 A JC 239—2001。

5)用途:粉煤灰砖可用于工业与民用建筑的墙体和基础,但用于基础或用于易受冻融和干湿交替作用的建筑部位必须使用 MU15 及以上强度等级的砖。粉煤灰砖不得用于长期受热(200℃以上)、受急冷急热和有酸性介质侵蚀的建筑部位。

6)尺寸偏差和外观:应符合表 1-83 的规定。

尺寸偏差和外观(单位:mm)　　表 1-83

项目	指标		
	优等品(A)	一等品(B)	合格品(C)
尺寸允许偏差: 长 宽 高	 ±2 ±2 ±1	 ±3 ±3 ±2	 ±4 ±4 ±3
对应高度差,小于等于	1	2	3
缺棱掉角的最小破坏尺寸,小于等于	10	15	20
完整面①,不少于	二条面和一顶面或二顶面和一条面	一条面和一顶面	一条面和一顶面
裂纹长度 1. 大面上宽度方向的裂纹(包括延伸到条面上的长度),小于等于 2. 其他裂纹,小于等于	 30 50	 50 70	 70 100
层裂	不允许		

①在条面或顶面上破坏面的两个尺寸同时大于 10mm × 20mm 者为非完整面。

7)色差:色差应不显著。

8)强度等级:应符合表 1-84 的规定,优等品砖的强度等级应不低于 MU15。

9)抗冻性:应符合表 1-85 的规定。

10)干燥收缩值:优等品和一等品应不大于 0.65mm/m;合格品应不大于 0.75mm/m。

11)炭化性能:炭化系数 $K_C \geqslant 0.8$。

粉煤灰砖强度指标　　表 1-84

强度等级	抗压强度(MPa)		抗折强度(MPa)	
	10 块平均值大于等于	单块值大于等于	10 块平均值大于等于	单块值大于等于
MU30	30.0	24.0	6.2	5.0
MU25	25.0	20.0	5.0	4.0
MU20	20.0	16.0	4.0	3.2
MU15	15.0	12.0	3.3	2.6
MU10	10.0	8.0	2.5	2.0

粉煤灰砖抗冻性　　表 1-85

强度等级	抗压强度(MPa)平均值大于等于	砖的干质量损失(%)单块值小于等于
MU30	24.0	2.0
MU25	20.0	
MU20	16.0	
MU15	12.0	
MU10	8.0	

(4)烧结多孔砖

烧结多孔砖是以黏土、页岩、煤矸石、粉煤灰为主要原料,经焙烧而成主要用于承重部位的多孔砖(以下简称砖)。执行标准:GB 13544—2000。

1)分类:按砖的主要原料分为黏土砖(N)、页岩砖(Y)、煤矸石砖(M)和粉煤灰砖(F)。

2)规格:砖的外形为直角六面体。长度、宽度、高度尺寸(mm)应符合下列要求:290、240;190、180;175、140、115、90。其他规格尺寸由供需双方协商确定。

3)孔洞尺寸:应符合表1-86的规定。

孔洞尺寸(单位:mm)　　表1-86

圆孔直径	非圆孔内切圆直径	手抓孔
≤22	≤15	(30~40)×(75~85)

4)质量等级:

①根据抗压强度分为MU30、MU25、MU20、MU15、MU10五个强度等级。

②强度和抗风化性能合格的砖,根据尺寸偏差、外观质量、孔型及孔洞排列、泛霜、石灰爆裂分为优等品(A)、一等品(B)和合格品(C)三个质量等级。

5)产品标记:砖的产品标记按产品名称、品种、规格、强度等级、质量等级和标准编号顺序编写。

标记示例:规格尺寸290mm×140mm×90mm、强度等级MU25、优等品的黏土砖,其标记为:烧结多孔砖 N 290×140×90 25A GB 13544。

6)尺寸允许偏差:应符合表1-87的规定。

7)外观质量:应符合表1-88的规定。

尺寸允许偏差(单位:mm)　　表1-87

尺寸	优等品		一等品		合格品	
	样本平均偏差	样本极差小于等于	样本平均偏差	样本极差小于等于	样本平均偏差	样本极差小于等于
290、240	±2.0	6	±2.5	7	±3.0	8
190、180、175、140、115	±1.5	5	±2.0	6	±2.5	7
90	±1.5	4	±1.7	5	±2.0	6

外观质量(单位:mm) 表 1-88

项目	优等品	一等品	合格品
1. 颜色(一条面和一顶面)	一致	基本一致	—
2. 完整面不得少于	一条面和一顶面	一条面和一顶面	—
3. 缺棱掉角的三个破坏尺寸,不得同时大于	15	20	30
4. 裂纹长度			
a)大面上深入孔壁 15mm 以上宽度方向及其延伸到条面的长度,不大于	60	80	100
b)大面上深入孔壁 15mm 以上长度方向及其延伸到顶面的长度,不大于	60	100	120
c)条顶面上的水平裂纹	80	100	120
5. 杂质在砖面上造成的凸出高度,不大于	3	4	5

注:①)为装饰而施加的色差、凹凸纹、拉毛、压花等不算缺陷。

②凡有下列缺陷之一者,不能称为完整面:

a. 缺损在条面或顶面上造成的破坏面尺寸同时大于 20mm×30mm。

b. 条面或顶面上裂纹宽度大于 1mm,其长度超过 70mm。

c. 压陷、焦花、粘底在条面或顶面上的凹陷或凸出超过 2mm,区域尺寸同时大于 20mm×30mm。

8)强度等级:应符合表 1-89 的规定。

强度等级(单位:MPa) 表 1-89

强度等级	抗压压度平均值 f 大于等于	变异系数 $\delta \leqslant 0.21$	变异系数 $\delta > 0.21$
		强度标准值 f_k 大于等于	单块最小抗压强度值 f_{min} 大于等于
MU30	30.0	22.0	25.0
MU25	25.0	18.0	22.0
MU20	20.0	14.0	16.0
MU15	15.0	10.0	12.0
MU10	10.0	6.5	7.5

9)孔型孔洞率及孔洞排列:应符合表 1-90 的规定。

10)泛霜:每块砖样应符合下列规定:优等品无泛霜;一等

品不允许出现中等泛霜；合格品不允许出现严重泛霜。

孔型孔洞率及孔洞排列　　表 1-90

产品等级	孔　型	孔洞率(%)大于等于	孔洞排列
优等品	矩形条孔或矩形孔	25	交错排列，有序
一等品			
合格品	矩形孔或其他孔形		—

注：①所有孔宽 b 应相等，孔长 $L \leqslant 50$mm。
②孔洞排列上下、左右应对称，分布均匀，手抓孔的长度方向尺寸必须平行于砖的条面。
③矩形孔的孔长 L、孔宽 b 满足式 $L \geqslant 3b$ 时，为矩形条孔。

11)石灰爆裂：

①优等品：不允许出现最大破坏尺寸大于 2mm 的爆裂区域。

②一等品：最大破坏尺寸大于 2mm、小于等于 10mm 的爆裂区域，每组砖样不得多于 15 处。不允许出现最大破坏尺寸大于 10mm 的爆裂区域。

③合格品：最大破坏尺寸大于 2mm、小于等于 15mm 的爆裂区域，每组砖样不得多于 15 处。其中大于 10mm 的不得多于 7 处。不允许出现最大破坏尺寸大于 15mm 的爆裂区域。

12)抗风化性能：

①风化区的划分见表 1-78。

②严重风化区中的 1、2、3、4、5 地区的砖必须进行冻融试验，其他地区砖的抗风化性能符合表 1-79 规定时可不做冻融试验，否则必须进行冻融试验。

(5)烧结空心砖和空心砌块

烧结空心砖和空心砌块是以黏土、页岩、煤矸石、粉煤灰为主要原料，经成型、焙烧而成主要用于建筑物非承重部位的空心砖和空心砌块(以下简称砖和砌块)。执行标准:GB 13545—2003。

1)分类:按主要原料分为黏土砖和砌块(N)、页岩砖和砌块(Y)、煤矸石砖和砌块(M)、粉煤灰砖和砌块(F)。

2)规格:砖和砌块的外形为直角六面体(见图1-6)。长度、宽度、高度尺寸(mm)应符合下列要求:390,290,240,190,180(175),140,115,90。其他规格尺寸由供需双方协商确定。

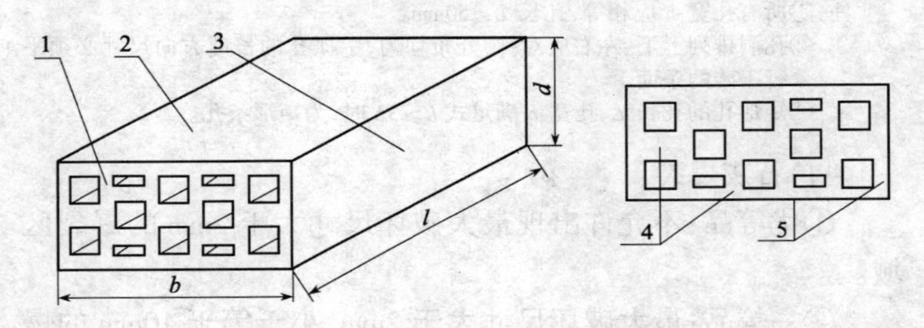

图1-6 烧结空心砖和空心砌块示意图
1—顶面;2—大面;3—条面;4—肋;5—壁;
l—长度;*b*—宽度;*d*—高度

3)等级:

①抗压强度分为MU10.0、MU7.5、MU5.0、MU3.5、MU2.5五个强度等级。

②体积密度分为800级、900级、1000级、1100级。

③强度、密度、抗风化性能和放射性物质合格的砖和砌块,根据尺寸偏差、外观质量、孔洞排列及其结构、泛霜、石灰爆裂、吸水率分为优等品(A)、一等品(B)和合格品(C)三个质量等级。

4)产品标记:砖和砌块的产品标记按产品名称、类别、规格、密度等级、强度等级、质量等级和标准编号顺序编写。

示例1:

规格尺寸 290mm×190mm×90mm、密度等级 800、强度等级 MU7.5、优等品的页岩空心砖，其标记为：烧结空心砖 Y(290×190×90) 800 MU7.5A GB 13545。

示例 2：

规格尺寸 290mm×290mm×190mm、密度等级 1000、强度等级 MU3.5、一等品的黏土空心砌块，其标记为：烧结空心砌块 N(290×290×190) 1000 MU3.5B GB 13545。

5)尺寸偏差：应符合表 1-91 的规定。

6)外观质量：应符合表 1-92 的规定。

尺寸允许偏差(单位：mm)　　表 1-91

尺寸	优等品		一等品		合格品	
	样本平均偏差	样本极差小于等于	样本平均偏差	样本极差小于等于	样本平均偏差	样本极差小于等于
>300	±2.5	6.0	±3.0	7.0	±3.5	8.0
>200~300	±2.0	5.0	±2.5	6.0	±3.0	7.0
100~200	±1.5	4.0	±2.0	5.0	±2.5	6.0
<100	±1.5	3.0	±1.7	4.0	±2.0	5.0

外观质量(单位：mm)　　表 1-92

项目	优等品	一等品	合格品
1. 弯曲，小于等于	3	4	5
2. 缺棱掉角的三个破坏尺寸不得同时大于	15	30	40
3. 垂直度差，小于等于	3	4	5
4. 未贯穿裂纹长度			
1)大面上宽度方向及其延伸到条面的长度，小于等于	不允许	100	120
2)大面上长度方向或条面上水平面方向的长度，小于等于	不允许	120	140
5. 贯穿裂纹长度			

续表

项目	优等品	一等品	合格品
1)大面上宽度方向及其延伸到条面的长度,小于等于	不允许	40	60
2)壁、肋沿长度方向、宽度方向及其水平方向的长度,小于等于	不允许	40	60
6. 肋、壁内残缺长度,小于等于	不允许	40	60
7. 完整面①不少于	一条面和一大面	一条面或一大面	—

注:凡有下列缺陷之一者,不能称为完整面:

①缺损在大面、条面上造成的破坏面尺寸同时大于 20mm×30mm。

②大面、条面上裂纹宽度大于 1mm、长度超过 70mm。

③压陷、粘底、焦花在大面、条面上的凹陷或凸出超过 2mm,区域尺寸同时大于 20mm×30mm。

7)强度等级:应符合表 1-93 的规定。

强度等级　　表 1-93

强度等级	抗压强度(MPa)			密度等级范围(kg/m^3)
	抗压强度平均值 $\bar{f}$,大于等于	变异系数 $\delta \leqslant 0.21$	变异系数 $\delta > 0.21$	
		强度标准值 f_k,大于等于	单块最小抗压强度值 f_{min},大于等于	
MU10.0	10.0	7.0	8.0	≤1100
MU7.5	7.5	5.0	5.8	
MU5.0	5.0	3.5	4.0	
MU3.5	3.5	2.5	2.8	
MU2.5	2.5	1.6	1.8	≤800

8)密度等级:应符合表 1-94 的规定。

9)孔洞排列及其结构:应符合表 1-95 的规定。

10)泛霜:每块砖和砌块应符合下列规定:优等品无泛霜;一等品不允许出现中等泛霜;合格品不允许出现严重泛霜。

密度等级(单位:m³/kg)　　表 1-94

密度等级	5块密度平均值
800	≤800
900	801~900
1000	901~1000
1100	1001~1100

孔洞排列及其结构　　表 1-95

等级	孔洞排列	孔洞排数			孔洞率(%)
		宽度方向(排)		高度方向(排)	
优等品	有序交错排列	$b\geq200$mm $b<200$mm	≥7 ≥5	≥2	≥40
一等品	有序排列	$b\geq200$mm $b<200$mm	≥5 ≥4	≥2	
合格品	有序排列	≥3		—	

注:b 为宽度的尺寸。

11)石灰爆裂:每组砖和砌块应符合下列规定:

①优等品:不允许出现最大破坏尺寸大于 2mm 的爆裂区域。

②一等品:最大破坏尺寸大于 2mm、小于等于 10mm 的爆裂区域,每组砖和砌块不得多于 15 处;不允许出现最大破坏尺寸大于 10mm 的爆裂区域。

③合格品:最大破坏尺寸大于 2mm、小于等于 15mm 的爆裂区域,每组砖和砌块不得多于 15 处,其中大于 10mm 的不得多于 7 处。不允许出现最大破坏尺寸大于 15mm 的爆裂区域。

12)吸水率:每组砖和砌块的吸水率平均值应符合表 1-96 规定。

吸 水 率 表 1-96

等级	吸水率(%),小于等于	
	黏土砖和砌块、页岩砖和砌块、煤矸石砖和砌块	粉煤灰砖和砌块①
优等品	16.0	20.0
一等品	18.0	22.0
合格品	20.0	24.0

注:①粉煤灰掺入量(体积比)小于30%时,按黏土砖和砌块规定判定。

13)抗风化性能

①风化区的划分见1-78。

②严重风化区中的1、2、3、4、5地区的砖和砌块必须进行冻融试验,其他地区砖和砌块的抗风化性能符合表1-97规定时可不做冻融试验,否则必须进行冻融试验。

抗风化性能 表 1-97

分类	饱和系数,小于等于			
	严重风化区		非严重风化区	
	平均值	单块最大值	平均值	单块最大值
黏土砖和砌块 粉煤灰砖和砌块	0.85	0.87	0.88	0.90
页岩砖和砌块 煤矸石砖和砌块	0.74	0.77	0.78	0.80

③冻融试验后,每块砖或砌块不允许出现分层、掉皮、缺棱掉角等冻坏现象;冻后裂纹长度不大于表1-92中4、5项合格品的规定。

14)欠火砖、酥砖:产品中不允许有欠火砖、酥砖。

15)放射性物质:原材料中掺入煤矸石、粉煤灰及其他工业废渣的砖和砌块,应进行放射性物质检测,放射性物质应符合 GB 6566 的规定。

1.7.2 砌块

1. 粉煤灰砌块

粉煤灰砌块是以粉煤灰、石灰、石膏和骨料等为原料,加水搅拌、振动成型、蒸汽养护而制成的密实砌块。适用于民用和工业建筑的墙体和基础。执行标准:JC 238—91。

(1)规格:砌块的主规格外形尺寸为 880mm × 380mm × 240mm,880mm × 430mm × 240mm。砌块端面应加灌浆槽,坐浆面宜设抗剪槽。生产其他规格砌块,可由供需双方协商确定。

(2)等级:

1)砌块的强度等级按其立方体试件的抗压强度分为 10 级和 13 级。

2)砌块按其外观质量、尺寸偏差和干缩性能分为一等品(B)和合格品(C)。

(3)标记:砌块按其产品名称、规格、强度等级、产品等级和标准编号顺序进行标记。

示例:

砌块的规格尺寸为 880mm × 380mm × 240mm、强度等级为 10 级、产品等级为一等品(B)时,标记为:FB 880 × 380 × 240-10 B-JC 238。

砌块的规格尺寸为 880mm × 430mm × 240mm、强度等级为 13 级、产品等级为合格品(C)时,标记为:FB 880 × 430 × 240-13 C-JC 238。

(4)砌块的外观质量和尺寸偏差应符合表 1-98 的规定。

(5)砌块的立方体抗压强度、炭化后强度、抗冻性能和密度应符合表 1-99 的规定。

砌块的外观质量和尺寸允许偏差(单位:mm)　　表 1-98

项目			指标	
			一等品(B)	合格品(C)
外观质量	表面疏松		不允许	
	贯穿面棱的裂缝		不允许	
	任一面上的裂缝长度,不得大于裂缝方向砌块尺寸的		1/3	
	石灰团、石膏团		直径大于 5 的,不允许	
	粉煤灰团、空洞和爆裂		直径大于 30 的不允许	直径大于 50 的不允许
	局部突起高度,小于等于		10	15
	翘曲,小于等于		6	8
	缺棱掉角在长、宽、高三个方向上投影的最大值,小于等于		30	50
	高低差	长度方向	6	8
		宽度方向	4	6
尺寸允许偏差		长　度	+4,-6	+5,-10
		高　度	+4,-6	+5,-10
		宽　度	±3	±6

砌块的立方体抗压强度、炭化后强度、抗冻性能和密度　表 1-99

项　目	指标	
	10 级	13 级
抗压强度(MPa)	3 块试件平均值不小于 10.0 单块最小值 8.0	3 块试件平均值不小于 13.0 单块最小值 10.5
人工碳化后强度(MPa)	不小于 6.0	不小于 7.5
抗冻性	冻融循环结束后,外观无明显疏松、剥落或裂缝;强度损失不大于 20%	
密度(kg/m^3)	不超过设计密度 10%	

(6)砌块的干缩值应符合表 1-100 的规定。

砌块的干缩值(单位:mm/m) **表 1-100**

一 等 品 (B)	合 格 品 (C)
≤0.75	≤0.90

2. 普通混凝土小型空心砌块

工业与民用建筑用普通混凝土小型空心砌块(以下简称砌块),执行标准:GB 8239—1997。

(1)等级:

1)按其尺寸偏差、外观质量分为:优等品(A)、一等品(B)及合格品(C)。

2)按其强度等级分为:MU3.5、MU5.0、MU7.5、MU10.0、MU15.0、MU20.0。

(2)标记:

1)按产品名称(代号 NHB)、强度等级、外观质量等级和标准编号的顺序进行标记。

2)标记示例。强度等级为 MU7.5、外观质量为优等品(A)的砌块,其标记为:NHB MU7.5A GB 8239

(3)规格

1)规格尺寸:主规格尺寸为 390mm × 190mm × 190mm,其他规格尺寸可由供需双方协商。

2)最小外壁厚应不小于 30mm,最小肋厚应不小于 25mm。

3)空心率应不小于 25%。

4)尺寸允许偏差应符合表 1-101 规定要求。

(4)外观质量应符合表 1-102 规定。

(5)强度等级应符合表 1-103 的规定。

(6)相对含水率应符合表 1-104 规定。

尺寸允许偏差(单位:mm)　　表 1-101

项目名称	优等品(A)	一等品(B)	合格品(C)
长　度	±2	±3	±3
宽　度	±2	±3	±3
高　度	±2	±3	+3 -4

外观质量　　表 1-102

项目名称		优等品(A)	一等品(B)	合格品(C)
弯曲(mm),不大于		2	2	3
掉角缺棱	个数(个),不多于	0	2	2
	三个方向投影尺寸的最小值(mm),不大于	0	20	30
裂纹延伸的投影尺寸累计(mm),不大于		0	20	30

强度等级(单位:MPa)　　表 1-103

强度等级	砌块抗压强度	
	平均值不小于	单块最小值不小于
MU3.5	3.5	2.8
MU5.0	5.0	4.0
MU7.5	7.5	6.0
MU10.0	10.0	8.0
MU15.0	15.0	12.0
MU20.0	20.0	16.0

相对含水率(%)　　表 1-104

使用地区	潮湿	中等	干燥
相对含水率不大于	45	40	35

注:潮湿——系指年平均相对湿度大于75%的地区;
中等——系指年平均相对湿度50%~75%的地区;
干燥——系指年平均相对湿度小于50%的地区。

(7)抗渗性:用于清水墙的砌块,其抗渗性应满足表 1-105 的规定。

(8)抗冻性:应符合表 1-106 的规定。

抗　渗　性　　表 1-105

项　目　名　称	指　　标
水面下降高度	三块中任一块不大于 10mm

抗　冻　性　　表 1-106

使用环境条件		抗冻标号	指　　标
非采暖地区		不规定	—
采暖地区	一般环境	D15	强度损失,≤25% 质量损失,≤5%
	干湿交替环境	D25	

注:非采暖地区系指最冷月份平均气温高于 -5℃的地区;采暖地区系指最冷月份平均气温低于或等于 -5℃的地区。

3. 蒸压加气混凝土砌块

蒸压加气混凝土砌块(以下简称砌块),适于作民用与工业建筑物墙体和绝热使用。执行标准:GB/T 11968—1997。

(1)规格:砌块的规格尺寸见表 1-107。购货单位需要其他规格,可与生产厂协商确定。

(2)砌块按抗压强度和体积密度分级:

强度级别有:A1.0、A2.0、A2.5、A3.5、A5.0、A7.5、A10 七个级别。

体积密度级别有:B03、B04、B05、B06、B07、B08 六个级别。

(3)砌块按尺寸偏差与外观质量、体积密度和抗压强度分为:优等品(A)、一等品(B)、合格品(C)三个等级。

(4)砌块产品标记:

砌块的规格尺寸 表 1-107

砌块公称尺寸(mm)			砌块制作尺寸(mm)		
长度 L	宽度 B	高度 H	长度 L_1	宽度 B_1	高度 H_1
600	100 125 150 200 250 300 120 180 240	200 250 300	$L-10$	B	$H-10$

1)按产品名称(代号 ACB)、强度级别、体积密度级别、规格尺寸、产品等级和标准编号的顺序进行标记。

2)标记示例:强度级别为 A3.5、体积密度级别为 B05、优等品、规格尺寸为 600mm × 200mm × 250mm 的蒸压加气混凝土砌块,其标记为:ACB A3.5 B05 600×200×250A GB/T 11968。

(5)砌块的尺寸允许偏差和外观应符合表 1-108 的规定。

尺寸偏差和外观 表 1-108

项目			指标		
			优等品(A)	一等品(B)	合格品(C)
尺寸允许偏差(mm)	长度	L_1	±3	±4	±5
	宽度	B_1	±2	±3	+3 −4
	高度	H_1	±2	±3	+3 −4
缺棱掉角	个数,不多于(个)		0	1	2
	最大尺寸,不得大于(mm)		0	70	70
	最小尺寸,不得大于(mm)		0	30	30

续表

<table>
<tr><th colspan="2" rowspan="2">项　　目</th><th colspan="3">指　　标</th></tr>
<tr><th>优等品
(A)</th><th>一等品
(B)</th><th>合格品
(C)</th></tr>
<tr><td colspan="2">平面弯曲,不得大于(mm)</td><td>0</td><td>3</td><td>5</td></tr>
<tr><td rowspan="3">裂纹</td><td>条数,不多于(条)</td><td>0</td><td>1</td><td>2</td></tr>
<tr><td>任一面上的裂纹长度,不得大于裂纹方向尺寸的</td><td>0</td><td>1/3</td><td>1/2</td></tr>
<tr><td>贯穿一棱二面的裂纹长度,不得大于裂纹所在面的裂纹方向尺寸总和的</td><td>0</td><td>1/3</td><td>1/3</td></tr>
<tr><td colspan="2">爆裂、粘模和损坏深度,不得大于(mm)</td><td>10</td><td>20</td><td>30</td></tr>
<tr><td colspan="2">表面疏松、层裂</td><td colspan="3">不允许</td></tr>
<tr><td colspan="2">表面油污</td><td colspan="3">不允许</td></tr>
</table>

(6)砌块的抗压强度应符合表 1-109 的规定。

砌块的抗压强度　　表 1-109

强度级别	立方体抗压强度(MPa)	
	平均值不小于	单块最小值不小于
A1.0	1.0	0.8
A2.0	2.0	1.6
A2.5	2.5	2.0
A3.5	3.5	2.8
A5.0	5.0	4.0
A7.5	7.5	6.0
A10.0	10.0	8.0

(7)砌块的强度级别应符合表 1-110 的规定。

(8)砌块的干体积密度应符合表 1-111 的规定。

(9)砌块的干燥收缩、抗冻性和导热系数(干态)应符合表1-112的规定。

砌块的强度级别　　表1-110

体积密度级别		B03	B04	B05	B06	B07	B08
强度级别	优等品(A)	A1.0	A2.0	A3.5	A5.0	A7.5	A10.0
	一等品(B)			A3.5	A5.0	A7.5	A10.0
	合格品(C)			A2.5	A3.5	A5.0	A7.5

砌块的干体积密度(kg/m³)　　表1-111

体积密度级别		B03	B04	B05	B06	B07	B08
体积密度	优等品(A) ≤	300	400	500	600	700	800
	一等品(B) ≤	330	430	530	630	730	830
	合格品(C) ≤	350	450	550	650	750	850

干燥收缩、抗冻性和导热系数　　表1-112

体 积 密 度 级 别		B03	B04	B05	B06	B07	B08
干燥收缩值(mm/m)	标准法,小于等于	0.50					
	快速法,小于等于	0.80					
抗冻性	质量损失(%),小于等于	5.0					
	冻后强度(MPa),大于等于	0.8	1.6	2.0	2.8	4.0	6.0
导热系数(干态)[W/(m·K)],小于等于		0.10	0.12	0.14	0.16	—	—

注:①规定采用标准法、快速法测定砌块干燥收缩值,若测定结果发生矛盾不能判定时,则以标准法测定的结果为准。
②用于墙体的砌块,允许不测导热系数。

(10)掺用工业废渣为原料时,所含放射性物质,应符合GB 9196的规定。

4. 轻骨料混凝土小型空心砌块

轻骨料混凝土小型空心砌块,适用于工业与民用建筑使用。执行标准:GB/T 15229—2002。

(1)分类:按砌块孔的排数分为五类:实心(0)、单排孔(1)、双排孔(2)、三排孔(3)和四排孔(4)。

(2)等级:

1)按砌块密度等级分为八级:500、600、700、800、900、1000、1200、1400。实心砌块的密度等级不应大于800。

2)按砌块强度等级分为六级:1.5、2.5、3.5、5.0、7.5、10.0。

3)按砌块尺寸允许偏差和外观质量,分为两个等级:一等品(B)、合格品(C)。

(3)标记:

1)轻骨料混凝土小型空心砌块(LHB)产品标记按产品名称、类别、密度等级、强度等级、质量等级和标准编号的顺序进行标记。

2)标记示例:密度等级为600级、强度等级为1.5级、质量等级为一等品的轻骨料混凝土三排孔小砌块,其标记为:LHB(3)600 1.5B GB/T 15229。

(4)规格尺寸:

1)主规格尺寸为390mm×190mm×190mm。其他规格尺寸可由供需双方商定。

2)尺寸允许偏差应符合表1-113要求。

规格尺寸偏差(单位:mm) 表1-113

项目名称	一等品	合格品
长度	±2	±3
宽度	±2	±3
高度	±2	±3

注:①承重砌块最小外壁厚不应小于30mm,肋厚不应小于25mm。
②保温砌块最小外壁厚和肋厚不宜小于20mm。

(5)外观质量:应符合表1-114要求。

(6)密度等级:应符合表1-115要求。

外观质量　　表1-114

项目名称	一等品	合格品
缺棱掉角(个),不多于	0	2
3个方向投影的最小尺寸(mm),不大于	0	30
裂缝延伸投影的累计尺寸(mm),不大于	0	30

密度等级　　表1-115

密度等级	砌块干燥表观密度(kg/m^3)
500	≤500
600	510~600
700	610~700
800	710~800
900	810~900
1000	910~1000
1200	1010~1200
1400	1210~1400

(7)强度等级:符合表1-116要求者为一等品;密度等级范围不满足要求者为合格品。

强度等级　　表1-116

强度等级	砌块抗压强度(MPa)		密度等级范围
	平均值	最小值	
1.5	≥1.5	1.2	≤600
2.5	≥2.5	2.0	≤800
3.5	≥3.5	2.8	≤1200
5.0	≥5.0	4.0	
7.5	≥7.5	6.0	≤1400
10.0	≥10.0	8.0	

(8)吸水率、相对含水率和干缩率：吸水率不应大于20%。干缩率和相对含水率应符合表1-117的要求。

干缩率和相对含水率　　表1-117

干缩率（%）	相对含水率（%）		
	潮湿	中等	干燥
<0.03	45	40	35
0.03~0.045	40	35	30
>0.045~0.065	35	30	25

注：①相对含水率即砌块出厂含水率与吸水率之比。

$$W=\frac{\omega_1}{\omega_2}\times 100$$

式中　W——砌块的相对含水率/%；

ω_1——砌块出厂时的含水率/%；

ω_2——砌块的吸水率/%。

②使用地区的湿度条件：

潮湿——系指年平均相对湿度大于75%的地区；

中等——系指年平均相对湿度50%~75%的地区；

干燥——系指年平均相对湿度小于50%的地区。

(9)碳化系数和软化系数：加入粉煤灰等火山灰质掺合料的小砌块，其碳化系数不应小于0.8；软化系数不应小于0.75。

(10)抗冻性：应符合表1-118的要求。

抗冻性　　表1-118

使用条件	抗冻标号	质量损失（%）	强度损失（%）
非采暖地区	F15	≤5	≤25
采暖地区： 相对湿度，≤60% 相对湿度，>60%	 F25 F35		
水位变化、干湿循环或掺加粉煤灰取代水泥量大于等于50%时	≥F50		

注：①非采暖地区系指最冷月份平均气温高于-5℃的地区；采暖地区系指最冷月份平均气温低于或等于-5℃的地区。

②抗冻性合格的砌块的外观质量也应符合表1-114的要求。

(11)放射性：掺工业废渣的砌块其放射性应符合 GB 6566 要求。

1.7.3 砖及砌块的贮运

1. 搬运过程中应注意轻拿轻放，严禁上下抛掷，不得用翻斗车运卸。

2. 装车时应侧放，并尽量减少砖堆或砌块间的空隙。空心砖、空心砌块更不得有空隙，如有空隙，应用稻草、草帘等柔软物填实，以免损坏。

3. 砖和砌块均应按不同品种、规格、强度等级分别堆放，堆放场地要坚实、平坦、便于排水。垛与垛之间应留有走道，以利搬运。

4. 砖和砌块在施工现场的堆垛点应合理选择，垛位要便于施工，并与车辆频繁的道路保持一定距离。中型砌块的堆放地点，宜布置在起重设备的回转半径范围内，堆垛量应经常保持半个楼层的配套砌块量。

5. 砌块应上下皮交叉、垂直堆放，顶面两皮叠成阶梯形，堆高一般不超过 3m。空心砌块堆放时孔洞口应朝下。

6. 砖垛要求稳固，并便于计数。因此垛法以交错重叠为宜，在使用小砖夹装卸时，须将砖侧放，每 4 块顶顺交叉，16 块为一层。垛高有两种：一种是 12 层，垛顶平放 8 块砖，每垛 200 块；另一种是 15 层，垛顶平放或侧放 10 块砖，每垛 250 块。还可根据现场情况将小垛进行组合，密堆成大垛。堆垛后，可用白灰在砖垛上做好标记，注明数量，以利保管、使用。

1.8 建筑防水材料

1.8.1 建筑防水涂料

1. 聚氨酯防水涂料

聚氨酯防水涂料执行标准:GB/T 19250—2003。

(1)分类。按组分分为单组分(S)、多组分(M)两种;按拉伸性能分为Ⅰ、Ⅱ两类。

(2)标记。按产品名称、组分、分类和标准号顺序标记。

示例:Ⅰ类单组分聚氨酯防水涂料标记为:PU 防水涂料 S Ⅰ GB/T 19250—2003

(3)一般要求。本产品不应对人体、生物与环境造成有害的影响,所涉及与使用有关的安全与环保要求,应符合我国相关国家标准和规范的规定。

(4)技术要求。

1)外观:产品为均匀黏稠体,无凝胶、结块。

2)物理力学性能:单组分聚氨酯防水涂料物理力学性能应符合表 1-119 的规定,多组分聚氨酯防水涂料物理力学性能应符合表 1-120 的规定。

单组分聚氨酯防水涂料物理力学性能　表 1-119

序号	项　目	Ⅰ	Ⅱ
1	拉伸强度(MPa),大于等于	1.90	2.45
2	断裂伸长率(%),大于等于	550	450
3	撕裂强度(N/mm),大于等于	12	14
4	低温弯折性(℃),小于等于	−40	
5	不透水性,0.3MPa 30min	不透水	

续表

序号	项目		Ⅰ	Ⅱ
6	固体含量(%),大于等于		80	
7	表干时间(h),小于等于		12	
8	实干时间(h),小于等于		24	
9	加热伸缩率(%)	小于等于	1.0	
		大于等于	-4.0	
10	潮湿基面粘结强度①(MPa),大于等于		0.50	
11	定伸时老化	加热老化	无裂纹及变形	
		人工气候老化②	无裂纹及变形	
12	热处理	拉伸强度保持率(%)	80~150	
		断裂伸长率(%),大于等于	500	400
		低温弯折性(℃),小于等于	-35	
13	碱处理	拉伸强度保持率(%)	60~150	
		断裂伸长率(%),大于等于	500	400
		低温弯折性(℃),小于等于	-35	
14	酸处理	拉伸强度保持率(%)	80~150	
		断裂伸长率(%),大于等于	500	400
		低温弯折性(℃),小于等于	-35	
15	人工气候老化②	拉伸强度保持率(%)	80~150	
		断裂伸长率(%),大于等于	500	400
		低温弯折性(℃),小于等于	-35	

注:①仅用于地下工程潮湿基面时要求;

②仅用于外露使用的产品。

多组分聚氨酯防水涂料物理力学性能　　表 1-120

<table>
<tr><th>序号</th><th colspan="2">项　　　目</th><th>Ⅰ</th><th>Ⅱ</th></tr>
<tr><td>1</td><td colspan="2">拉伸强度(MPa),大于等于</td><td>1.90</td><td>2.45</td></tr>
<tr><td>2</td><td colspan="2">断裂伸长率(%),小于等于</td><td>450</td><td>450</td></tr>
<tr><td>3</td><td colspan="2">撕裂强度(N/mm),大于等于</td><td>12</td><td>14</td></tr>
<tr><td>4</td><td colspan="2">低温弯折性(℃),小于等于</td><td colspan="2">－35</td></tr>
<tr><td>5</td><td colspan="2">不透水性,0.3MPa 30min</td><td colspan="2">不透水</td></tr>
<tr><td>6</td><td colspan="2">固体含量(%),大于等于</td><td colspan="2">92</td></tr>
<tr><td>7</td><td colspan="2">表干时间(h),小于等于</td><td colspan="2">8</td></tr>
<tr><td>8</td><td colspan="2">实干时间(h),小于等于</td><td colspan="2">24</td></tr>
<tr><td rowspan="2">9</td><td rowspan="2">加热伸缩率(%)</td><td>小于等于</td><td colspan="2">1.0</td></tr>
<tr><td>大于等于</td><td colspan="2">－4.0</td></tr>
<tr><td>10</td><td colspan="2">潮湿基面粘结强度①(MPa),大于等于</td><td colspan="2">0.50</td></tr>
<tr><td rowspan="2">11</td><td rowspan="2">定伸时老化</td><td>加热老化</td><td colspan="2">无裂纹及变形</td></tr>
<tr><td>人工气候老化②</td><td colspan="2">无裂纹及变形</td></tr>
<tr><td rowspan="3">12</td><td rowspan="3">热处理</td><td>拉伸强度保持率(%)</td><td colspan="2">80～150</td></tr>
<tr><td>断裂伸长率(%),大于等于</td><td colspan="2">400</td></tr>
<tr><td>低温弯折性(℃),小于等于</td><td colspan="2">－30</td></tr>
<tr><td rowspan="3">13</td><td rowspan="3">碱处理</td><td>拉伸强度保持率(%)</td><td colspan="2">60～150</td></tr>
<tr><td>断裂伸长率(%),大于等于</td><td colspan="2">400</td></tr>
<tr><td>低温弯折性(℃),小于等于</td><td colspan="2">－30</td></tr>
<tr><td rowspan="3">14</td><td rowspan="3">酸处理</td><td>拉伸强度保持率(%)</td><td colspan="2">80～150</td></tr>
<tr><td>断裂伸长率(%),大于等于</td><td colspan="2">400</td></tr>
<tr><td>低温弯折性(℃),小于等于</td><td colspan="2">－30</td></tr>
<tr><td rowspan="3">15</td><td rowspan="3">人工气候老化②</td><td>拉伸强度保持率(%)</td><td colspan="2">80～150</td></tr>
<tr><td>断裂伸长率(%),大于等于</td><td colspan="2">400</td></tr>
<tr><td>低温弯折性(℃),小于等于</td><td colspan="2">－30</td></tr>
</table>

注:①仅用于地下工程潮湿基面时要求;
　②仅用于外露使用的产品。

(5)标志、包装、贮存及运输。

1)标志。产品外包装上应包括:①生产厂名、地址;②商标;③产品标记;④产品使用配比(多组分)与产品净质量;⑤产品用途(外露或非外露、地下潮湿基面使用);⑥安全使用事项以及使用说明;⑦生产日期或批号;⑧运输与贮存注意事项;⑨贮存期。

2)包装。产品用带盖的铁桶或塑料桶密闭包装,多组分产品按组分分别包装,不同组分的包装应有明显区别。

3)运输与贮存。运输与贮存时,不同类型、规格的产品应分别堆放,不应混杂。避免日晒雨淋,禁止接近火源,防止碰撞,注意通风。贮存温度不应高于40℃。在正常贮存、运输条件下,自生产日起贮存期为6个月。

2. 溶剂型橡胶沥青防水涂料

溶剂型橡胶沥青防水涂料是以橡胶改性沥青为基料,经溶剂溶解配制而成的。执行标准:JC/T 852—1999。

(1)等级:溶剂型橡胶沥青防水涂料按产品的抗裂性、低温柔性分为一等品(B)和合格品(C)。

(2)标记:

1)标记方法:溶剂型橡胶沥青防水涂料按下列顺序标记:产品名称、等级、标准号。

2)标记示例:溶剂型橡胶沥青防水涂料 C JC/T 852—1999

(3)技术要求:

1)外观:黑色、黏稠状、细腻、均匀胶状液体。

2)物理力学性能:应符合表1-121的规定。

(4)标志、包装、运输和贮存:

1)标志:出厂产品应标有生产厂名称、地址、产品名称、标记、生产日期、净质量、并附产品合格证和产品说明书。

物理力学性能　　表 1-121

项目		技术指标	
		一等品	合格品
固体含量(%),大于等于		48	
抗裂性	基层裂缝(mm)	0.3	0.2
	涂膜状态	无裂纹	
低温柔性(φ10mm,2h)		-15℃	-10℃
		无裂纹	
粘结性(MPa)	≥	0.20	
耐热性(80℃,5h)		无流淌、鼓泡、滑动	
不透水性(0.2MPa,30min)		不渗水	

2)包装:溶剂型橡胶沥青防水涂料应用带盖的铁桶(内有塑料袋)或塑料桶包装,每桶净质量为 200kg 或 50kg 或 25kg 规格。

3)运输:本产品系易燃品,在运输过程中应不得接触明火和曝晒,不得碰撞和扔、摔。

4)贮存:产品应贮存于干燥、通风及阴凉的仓库内。在正常贮存条件下,自生产之日起贮存期为 1 年。

3. 聚合物乳液建筑防水涂料

以聚合物乳液为主要原料,加入其他添加剂而制得的单组分水乳型防水涂料。可在屋面、墙面、室内等非长期浸水环境下的建筑防水工程中使用。若用于地下及其他建筑防水工程,其技术性能还应符合相关技术规程的规定。执行标准:JC/T 864—2000。

(1)分类。按物理力学性能分为Ⅰ类和Ⅱ类。

(2)标记。

1)标记方法:产品按下列顺序标记:产品代号、类型、标准号。

2)标记示例:Ⅰ类聚合物乳液建筑防水涂料标记为:PEW Ⅰ JC/T 864—2000

(3)技术要求。

1)外观:产品经搅拌后无结块,呈均匀状态。

2)物理力学性能:应符合表1-122要求。

物理力学性能 **表1-122**

序号	试验项目		指标	
			Ⅰ类	Ⅱ类
1	拉伸强度(MPa),大于等于		1.0	1.5
2	断裂延伸率(%),大于等于		300	300
3	低温柔性(绕 ϕ10mm 棒)		-10℃,无裂纹	-20℃,无裂纹
4	不透水性(0.3MPa,0.5h)		不透水	
5	固体含量(%),大于等于		65	
6	干燥时间(h)	表干时间应小于等于	4	
		实干时间应小于等于	8	
7	老化处理后的拉伸强度保持率(%)	加热处理应大于等于	80	
		紫外线处理应大于等于	80	
		碱处理应大于等于	60	
		酸处理应大于等于	40	
8	老化处理后的断裂延伸率(%)	加热处理应大于等于	200	
		紫外线处理应大于等于	200	
		碱处理应大于等于	200	
		酸处理应大于等于	200	
9	加热伸缩率(%)	伸长应小于等于	1.0	
		缩短应小于等于	1.0	

(4)包装、标志、运输和贮存。

1)包装:产品应贮存于清洁、干燥、密闭的塑料桶或内衬塑料袋的铁桶中。出厂应附有产品合格证和产品使用说明书。

2)标志:包装桶的立面应有明显的标志,内容包括:生产厂名、厂址、产品名称、标记、净重、商标、生产日期或生产批号、有效日期、运输和贮存条件。

3)运输。本产品为非易燃易爆材料,可按一般货物运输。运输时,应防冻,防止雨淋、曝晒、挤压、碰撞,保持包装完好无损。

4)贮存。产品在存放时应保证通风、干燥、防止日光直接照射,贮存环境温度不应低于0℃。自生产之日起,贮存期为6个月。超过贮存期,可按本标准规定项目进行检验,结果符合标准仍可使用。

4. 聚合物水泥防水涂料

聚合物水泥防水涂料是以丙烯酸酯等聚合物乳液和水泥为主要原料,加入其他外加剂制得的双组分水性建筑防水涂料。所用原材料不应对环境和人体健康构成危害。执行标准:JC/T 894—2001。

(1)分类。产品分为Ⅰ型和Ⅱ型两种:Ⅰ型是以聚合物为主的防水涂料;Ⅱ型是以水泥为主的防水涂料。

(2)用途。Ⅰ型产品主要用于非长期浸水环境下的建筑防水工程;Ⅱ型产品适用于长期浸水环境下的建筑防水工程。

(3)产品标记。

1)标记方法。产品按下列顺序标记:名称、类型、标准号。

2)标记示例。Ⅰ型聚合物水泥防水涂料标记为:JS Ⅰ JC/T 894—2001

(4)技术要求:

1)外观:产品的两组分经分别搅拌后,其液体组分应为无杂质、无凝胶的均匀乳液;固体组分应为无杂质、无结块的粉末。

2)物理力学性能应符合表 1-123 的要求。

物理力学性能　　表 1-123

序号	试验项目		技术指标	
			Ⅰ型	Ⅱ型
1	固体含量(%),大于等于		65	
2	干燥时间	表干时间(h),小于等于	4	
		实干时间(h),小于等于	8	
3	拉伸强度	无处理(MPa),大于等于	1.2	1.8
		加热处理后保持率(%),大于等于	80	80
		碱处理后保持率(%),大于等于	70	80
		紫外线处理后保持率(%),大于等于	80	80①
4	断裂伸长率	无处理(%),大于等于	200	80
		加热处理(%),大于等于	150	65
		碱处理(%),大于等于	140	65
		紫外线处理(%),大于等于	150	65①
5	低温柔性,ϕ10mm 棒		-10℃ 无裂纹	—
6	不透水性(0.3MPa,30min)		不透水	不透水①
7	潮湿基面粘结强度(MPa),大于等于		0.5	1.0
8	抗渗性(背水面)①(MPa),大于等于		—	0.6

注:①如产品用于地上工程,该项目可不测试。如产品用于地下防水工程,该项目必须测试。

(5)包装、标志、运输和贮存。

1)产品的液体组分应用密闭的容器包装。固体组分包装应密封防潮。

2)产品包装中应附有产品合格证和使用说明书。

3)标志。产品包装上应有印刷或粘贴牢固的标志,内容包括:①产品名称;②产品标记;③双组分配比;④生产厂名、厂址;⑤生产日期、批号和保质期;⑥净含量;⑦商标;⑧运输与贮存注意事项。

4)运输。本产品为非易燃易爆材料,可按一般货物运输。运输时应防止雨淋、曝晒、受冻,避免挤压、碰撞,保持包装完好无损。

5)贮存。产品应在干燥、通风、阴凉的场所贮存,液体组分贮存环境温度不应低于5℃。产品自生产之日起,在正常运输、贮存条件下贮存期为6个月。

1.8.2 建筑防水卷材

1. 三元乙丙片材

以三元乙丙橡胶为主,无织物增强硫化橡胶的防水片材,用作耐日光、耐腐蚀的屋面或地下工程的防水材料。执行标准:GB 18173.1—2000《高分子防水材料 第一部分 片材》。

(1)防水片材规格尺寸及公差:

1)防水片材规格尺寸应符合表1-124的规定。

2)防水片材尺寸公差应符合表1-125的规定。

(2)防水片材的物理性能应符合表1-126的规定。

防水片材规格尺寸 表1-124

厚 度 (mm)	宽 度 (m)	长 度 (m)
1.0、1.2、1.5、2.0	1.0、1.2	2.0

防水片材尺寸允许偏差 表1-125

厚度允许偏差(%)	宽度与长度允许偏差
+15 −10	不允许出现负值

防水片材的物理性能 表 1-126

<table>
<tr><th rowspan="2">序号</th><th rowspan="2" colspan="2">项目</th><th colspan="2">指标</th></tr>
<tr><th>一等品</th><th>合格品</th></tr>
<tr><td>1</td><td colspan="2">拉伸强度(常温,MPa),大于等于</td><td>8</td><td>7</td></tr>
<tr><td>2</td><td colspan="2">扯断伸长率(%),大于等于</td><td colspan="2">450</td></tr>
<tr><td>3</td><td colspan="2">直角形撕裂强度(常温,N/cm),大于等于</td><td>280</td><td>245</td></tr>
<tr><td rowspan="2">4</td><td rowspan="2">不透水性</td><td>0.3MPa×30min</td><td>合格</td><td>—</td></tr>
<tr><td>0.1MPa×30min</td><td>—</td><td>合格</td></tr>
<tr><td rowspan="2">5</td><td rowspan="2">加热伸缩量(mm)</td><td>延伸,小于</td><td colspan="2">2</td></tr>
<tr><td>收缩,小于</td><td colspan="2">4</td></tr>
<tr><td rowspan="3">6</td><td rowspan="3">粘合性能(胶与胶)</td><td>无处理</td><td colspan="2">合格</td></tr>
<tr><td>热空气老化(80℃×168h)</td><td colspan="2">合格</td></tr>
<tr><td>耐碱性(10% $Ca(OH)_2$,168h)</td><td colspan="2">合格</td></tr>
<tr><td rowspan="3">7</td><td rowspan="3">热空气老化 80℃×168h</td><td>拉抻强度变化率(%)</td><td>-20~40</td><td>-20~50</td></tr>
<tr><td>扯断伸长率变化率(%),减少值不超过</td><td colspan="2">30</td></tr>
<tr><td>撕裂强度变化率(%)</td><td>-40~40</td><td>-50~50</td></tr>
<tr><td rowspan="2">8</td><td rowspan="2">耐碱性〔10% $Ca(OH)_2$,168h×室温〕</td><td>拉伸强度变化率(%)</td><td colspan="2">-20~20</td></tr>
<tr><td>扯断伸长率变化率(%),减少值不超过</td><td colspan="2">20</td></tr>
<tr><td>9</td><td colspan="2">脆性温度(℃),小于等于</td><td>-45</td><td>-40</td></tr>
<tr><td>10</td><td colspan="2">热老化(80℃×168h),伸长率 100%</td><td colspan="2">无裂纹</td></tr>
<tr><td rowspan="2">11</td><td rowspan="2">臭氧老化</td><td>500pphm①;168h×40℃;伸长率 40%,静态</td><td>无裂纹</td><td>—</td></tr>
<tr><td>100pphm;168h×40℃;伸长率 40%,静态</td><td>—</td><td>无裂纹</td></tr>
<tr><td rowspan="2">12</td><td rowspan="2">拉伸强度(MPa)</td><td>-20℃下小于等于</td><td colspan="2">15</td></tr>
<tr><td>60℃下大于等于</td><td colspan="2">2.5</td></tr>
<tr><td>13</td><td colspan="2">扯断伸长率(%),-20℃下大于等于</td><td colspan="2">200</td></tr>
<tr><td rowspan="2">14</td><td rowspan="2">直角形撕裂强度(N/cm)</td><td>-20℃下小于等于</td><td colspan="2">490</td></tr>
<tr><td>60℃下大于等于</td><td colspan="2">74</td></tr>
</table>

注:①1pphm 臭氧浓度相当于 1.01MPa 臭氧分压。

(3)防水片材外观质量要求:

1)防水片材应表面平整、边缘整齐。

2)在不影响防水片材使用的条件下,表面缺陷应符合表1-127的规定。

防水片材表面缺陷要求　　表1-127

缺陷名称	一　等　品	合　格　品
凹　痕	深度不得超过片材厚10%	深度不得超过片材厚20%
杂　质	不允许有	每平方米不得超过9mm^2
气　泡	不允许有	深度不得超过片材厚10%,每平方米不得超过3mm^2
机械损伤	不允许有	不允许有
海绵裂口	不允许有	不允许有

(4)检验规则:

1)防水片材以3000m为一批。

2)防水片材应逐批按(1)、(3)的规定检验。

3)防水片材出厂检验,在每批产品中任选一种规格进行物理性能试验:每批按表1-126中1~3项的规定进行;每半年对表1-126中的4~9项进行一次测定。

4)防水片材型式检验按(1)、(2)和(3)(全面检验)的规定进行。

5)抽样:在一批中随机抽取3卷,先按(1)、(3)检验,然后任取合格卷一,按(2)所列项目进行试验。

6)判定规则

①对于(1)、(3)规定项目,3卷都同时达到相应要求,该批方能判为一等品;对合格品,每卷中有两项不合格即为不合格卷。不合格卷有2卷或2卷以上则判此批为不合格。如合格卷在2卷或2卷以上,且(2)条性能达到要求,则此批判为

合格。

②对于3)、4)中的物理性能,一等品应全部同时达到相应要求,并不允许复验;对合格品,如有一项不合格时,应另取双倍试样进行不合格项目复试,复试结果如仍不合格,则此批产品为不合格。

(5)标志、包装、运输、贮存:

1)防水片材用纸芯或其他芯型成卷包装外,用防潮纸卷牢。

2)每一包装应有下列标志:①制造厂名称;②产品名称及商标;③批号和生产日期;④产品规格;⑤标准号;⑥检查合格的印章。

3)防水片材应贮存在-15℃~35℃的库房中。

4)防水片材贮存和运输中,应注意勿使包装破损,放置通风、干燥处,应避免阳光直射,禁止与酸、碱、油类及有机溶剂等接触。堆放时,应衬垫平坦的木板,离地面20cm。

5)在上述条件下,防水片材贮存期自制造日起不能超过1年。

2. 塑性体改性沥青防水卷材

以聚酯毡或玻纤毡为胎基、无规聚丙烯(APP)或聚烯烃类聚合物(APAO、APO)作改性剂,两面覆以隔离材料所制成的建筑防水卷材(统称APP卷材),执行标准:GB 18243—2000。

(1)分类。

1)按胎基分为聚酯胎(PY)和玻纤胎(G)两类。

2)按上表面材料分为聚乙烯膜(PE)、细砂(S)与矿物粒(片)料(M)三种。

3)按物理力学性能分为Ⅰ型和Ⅱ型。

4)卷材按不同胎基,不同上表面材料分为6个品种,见表

1-128。

卷材品种　　表 1-128

上表面材料＼胎基	聚酯胎	玻纤胎
聚乙烯膜	PY-PE	G-PE
细砂	PY-S	G-S
矿物粒(片)料	PY-M	G-M

(2)规格。

1)幅宽:1000mm。

2)厚度聚酯胎卷材分为 3mm 和 4mm;玻纤胎卷材分为 2mm、3mm 和 4mm。

3)面积:每卷面积分为 $15m^2$、$10m^2$ 和 $7.5m^2$。

(3)标记。

1)标记方法。卷材按下列顺序标记:塑性体改性沥青防水卷材、型号、胎基、上表面材料、厚度和本标准号。

2)标记示例。3mm 厚砂面聚酯胎Ⅰ型塑性体改性沥青防水卷材标记为:APP　Ⅰ　PY　S3　GB 18243

(4)用途。APP 卷材适用于工业与民用建筑的屋面和地下防水工程,以及道路、桥梁等建筑物的防水,尤其适用于较高气温环境的建筑防水。

(5)技术要求。

1)卷重、面积及厚度应符合表 1-129 规定。

2)外观:

①成卷卷材应卷紧卷齐,端面里进外出不得超过 10mm。

②成卷卷材在 4 ~ 60℃任一产品温度下展开,在距卷芯 1000mm 长度外不应有 10mm 以上的裂纹或粘结。

卷重、面积及厚度　　表 1-129

规格(公称厚度)(mm)		2		3			4					
上表面材料		PE	S	PE	S	M	PE	S	M	PE	S	M
面积	公称面积(m^2/卷)	15		10			10			7.5		
	偏　　差	±0.15		±0.10			±0.10			±0.10		
最低卷重(kg/卷)		33.0	37.5	32.0	35.0	40.0	42.0	45.0	50.0	31.5	33.0	37.5
厚度(mm)	平均值大于等于	2.0		3.0		3.2	4.0		4.2	4.0		4.2
	最小单值	1.7		2.7		2.9	3.7		3.9	3.7		3.9

③胎基应浸透,不应有未被浸渍的条纹。

④卷材表面必须平整,不允许有孔洞、缺边和裂口,矿物粒(片)料粒度应均匀一致并紧密地粘附于卷材表面。

⑤每卷接头处不应超过 1 个,较短的一段不应少于 1000mm,接头应剪切整齐,并加长 150mm。

3)物理力学性能应符合表 1-130 规定。

物理力学性能　　表 1-130

序号	胎基		PY		G	
	型号		Ⅰ	Ⅱ	Ⅰ	Ⅱ
1	可溶物含量(g/m^2),大于等于	2mm	—		1300	
		3mm	2100			
		4mm	2900			
2	不透水性	压力(MPa),大于等于	0.3		0.2	0.3
		保持时间(min),大于等于	30			
3	耐热度(℃)		110	130	110	130
			无滑动、流淌、滴落			
4	拉力(N/50mm),大于等于	纵向	450	800	350	500
		横向			250	300

续表

<table>
<tr><td rowspan="2">序号</td><td colspan="3">胎　基</td><td colspan="2">PY</td><td colspan="2">G</td></tr>
<tr><td colspan="3">型　号</td><td>Ⅰ</td><td>Ⅱ</td><td>Ⅰ</td><td>Ⅱ</td></tr>
<tr><td rowspan="2">5</td><td colspan="2" rowspan="2">最大拉力时延伸率(%),大于等于</td><td>纵向</td><td rowspan="2">25</td><td rowspan="2">40</td><td colspan="2" rowspan="2">—</td></tr>
<tr><td>横向</td></tr>
<tr><td rowspan="2">6</td><td colspan="3" rowspan="2">低温柔度(℃)</td><td>-5</td><td>-15</td><td>-5</td><td>-15</td></tr>
<tr><td colspan="4">无裂纹</td></tr>
<tr><td rowspan="2">7</td><td colspan="2" rowspan="2">撕裂强度(N),大于等于</td><td>纵向</td><td rowspan="2">250</td><td rowspan="2">350</td><td>250</td><td>350</td></tr>
<tr><td>横向</td><td>170</td><td>200</td></tr>
<tr><td rowspan="5">8</td><td rowspan="5">人工气候加速老化</td><td colspan="2" rowspan="2">外　观</td><td colspan="4">1级</td></tr>
<tr><td colspan="4">无滑动、流淌、滴落</td></tr>
<tr><td>拉力保持率(%),大于等于</td><td>纵向</td><td colspan="4">80</td></tr>
<tr><td colspan="2" rowspan="2">低温柔度(℃)</td><td>3</td><td>-10</td><td>3</td><td>-10</td></tr>
<tr><td colspan="4">无裂纹</td></tr>
</table>

注:①表中1~6项为强制性项目。

②当需要耐热度超过130℃卷材时,该指标可由供需双方协商确定。

(6)试验方法。

1)卷重、面积及厚度:

①卷重:用最小分度值为0.2kg的台秤称量每卷卷材的质量。

②面积:用最小分度值为1mm卷尺在卷材两端和中部三处测量宽度、长度,以长乘宽度的平均值求得每卷卷材面积。若有接头,以量出两段长度之和减去150mm计算。当面积超出标准规定的正偏差时,按公称面积计算其卷重,当其符合最低卷重要求时,亦判为合格。

③厚度:使用10mm直径接触面,单位面积压力为0.02MPa,

分度值为0.01mm的厚度计测量,保持时间5s。沿卷材宽度方向裁取50mm宽的卷材一条(50mm×1000mm),在宽度方向测量5点,距卷材长度边缘150mm±15mm向内各取一点,在这两点中均分取其余3点。对砂面卷材必须清除浮砂后再进行测量,记录测量值。计算5点的平均值作为该卷材的厚度。以所抽卷材数量的卷材厚度的总平均值作为该批产品的厚度,并报告最小单值。

2)外观:将卷材立放于平面上,用一把钢板尺平放在卷材的端面上,用另一把最小分度值为1mm的钢板尺垂直伸入卷材端面最凹处,测得的数值即为卷材端面的里进外出值。然后将卷材展开按外观质量要求检查。沿宽度方向裁取50mm宽的一条,胎基内不应有未被浸透的条纹。

(7)检验规则。

1)检验分类:分为出厂检验与型式检验。出厂检验项目包括:卷重、面积、厚度、外观、不透水性、耐热度、拉力、最大拉力时延伸率、低温柔度。

型式检验项目包括技术要求中所有规定。

2)在下列情况下进行型式检验:①新产品投产或产品定型鉴定时;②正常生产时,每半年进行一次,人工气候加速老化每两年进行一次;③原材料、工艺等发生较大变化,可能影响产品质量时;④出厂检验结果与上次型式检验结果有较大差异时;⑤产品停产6个月后恢复生产时;⑥国家质量监督检验机构提出型式检验要求时。

3)组批:以同一类型、同一规格10000m^{2}为一批,不足10000m^{2}时亦可作为一批。

4)抽样:在每批产品中随机抽取5卷进行卷重、面积、厚度与外观检查。

5)判定规则：

①卷重、面积、厚度与外观　在抽取的5卷样品中上述各项检查结果均符合(5)之规定时，判定其卷重、面积、厚度与外观合格。若其中一项不符合规定，允许在该批产品中另取5卷样品，对不合格项进行复查。如全部达到标准规定时则判为合格；若仍不符合标准，则判该批产品不合格。

②物理力学性能：从卷重、面积、厚度及外观合格的卷材中随机抽取1卷进行物理力学性能试验。结果的判定：

可溶物含量、拉力、最大拉力时延伸率、撕裂强度各项试验结果的平均值达到标准规定的指标时判为该项指标合格。不透水性、耐热度每组3个试件分别达到标准规定指标时判为该项指标合格。

低温柔度6个试件至少5个试件达到标准规定指标时判为该项指标合格。

人工气候加速老化各项试验结果达到表1-130规定时判为该项指标合格。

各项试验结果均符合表1-130规定，则判该批产品物理力学性能合格。若有一项指标不符合标准规定，允许在该批产品中再随机抽取5卷，并从中任取1卷对不合格项进行单项复验。达到标准规定时，则判该批产品合格。

③总判定：卷重、面积、厚度、外观与物理力学性能均符合标准规定的全部技术要求，且包装、标志符合(8)的规定时，则判定该批产品合格。

(8)包装、标志、贮存与运输。

1)包装：卷材可用纸包装或塑胶带成卷包装。纸包装时应以全柱面包装，柱面两端未包装长度总计不应超过100mm。

2)标志：①生产厂名；②商标；③产品标记；④生产日期或

批号;⑤生产许可证号;⑥贮存与运输注意事项。

3)贮存与运输:

①贮存与运输时,不同类型、规格的产品应分别堆放,不应混杂;避免日晒雨淋,注意通风;贮存环境温度不应高于50℃,立放贮存,高度不超过两层。

②当用轮船或火车运输时,卷材必须立放,堆放高度不超过两层。防止倾斜或横压,必要时加盖苫布。

③在正常贮存、运输条件下,贮存期自生产日起为1年。

3. 弹性体改性沥青防水卷材

聚酯毡或玻纤毡为胎基、苯乙烯-丁二烯-苯乙烯(SBS)热塑性弹性体作改性剂,两面覆以隔离材料所制成的建筑防水卷材(简称“SBS卷材”),执行标准:GB 18242—2000。

(1)分类。

1)按胎基分为聚酯胎(PY)和玻纤胎(G)两类。

2)按上表面隔离材料分为聚乙烯膜(PE)、细砂(S)与矿物粒(片)料(M)三种。

3)按物理力学性能分为Ⅰ型和Ⅱ型。

4)卷材按不同胎基,不同上表面材料分为六个品种,见表1-131。

卷材品种　　表1-131

上表面材料＼胎基	聚酯胎	玻纤胎
聚乙烯膜	PY-PE	G-PE
细砂	PY-S	G-S
矿物粒(片)料	PY-M	G-M

(2)规格。

1)幅宽:1000mm。

2)厚度:聚酯胎卷材分为 3mm 和 4mm;玻纤胎卷材分为 2mm、3mm 和 4mm。

3)面积:每卷面积分为 15m²、10m² 和 7.5m²。

(3)标记。

1)标记方法:卷材按下列顺序标记:弹性体改性沥青防水卷材、型号、胎基、上表面材料、厚度和本标准号。

2)标记示例:3mm 厚砂面聚酯胎Ⅰ型弹性体改性沥青防水卷材标记为:SBS Ⅰ PY S3 GB 18242

(4)用途。SBS 卷材适用于工业与民用建筑的屋面及地下防水工程,尤其适用于较低气温环境的建筑防水。

(5)技术要求。

1)卷重、面积及厚度应符合表 1-132 规定。

卷重、面积及厚度　　表 1-132

规格(公称厚度),mm		2		3			4					
上表面材料		PE	S	PE	S	M	PE	S	M	PE	S	M
面积 m²/卷	公称面积	15		10			10			7.5		
	偏　　差	±0.15		±0.10			±0.10			±0.10		
最低卷重,kg/卷		33.0	37.5	32.0	35.0	40.0	42.0	45.0	50.0	31.5	33.0	37.5
厚度 mm	平均值,≥	2.0		3.0		3.2	4.0		4.2	4.0		4.2
	最小单值	1.7		2.7		2.9	3.7		3.9	3.7		3.9

2)外观:

①成卷卷材应卷紧卷齐,端面里进外出不得超过 10mm。

②成卷卷材在 4~50℃任一产品温度下展开,在距卷芯 1000mm 长度外不应有 10mm 以上的裂纹或粘结。

③胎基应浸透,不应有未被浸渍的条纹。

④卷材表面必须平整,不允许有孔洞、缺边和裂口,矿物

粒(片)料粒度应均匀一致并紧密地粘附于卷材表面。

⑤每卷接头处不应超过 1 个,较短的一段不应少于 1000mm,接头应剪切整齐,并加长 150mm。

3)物理力学性能应符合表 1-133 规定。

物理力学性能　　表 1-133

序号	胎基			PY		G	
	型号			Ⅰ	Ⅱ	Ⅰ	Ⅱ
1	可溶物含量(g/m^2),大于等于		2mm	—		1300	
			3mm	2100			
			4mm	2900			
2	不透水性	压力(MPa),大于等于		0.3		0.2	0.3
		保持时间(min),大于等于		30			
3	耐热度(℃)			90	105	90	105
				无滑动、流淌、滴落			
4	拉力(N/50mm),大于等于		纵向	450	800	350	500
			横向			250	300
5	最大拉力时延伸率(%),大于等于		纵向	30	40	—	
			横向				
6	低温柔度(℃)			−18	−25	−18	−25
				无裂纹			
7	撕裂强度(N),大于等于		纵 向	250	350	250	350
			横 向			170	200
8	人工气候加速老化	外观		1级			
				无滑动、流淌、滴落			
		拉力保持率(%),大于等于	纵向	80			
		低温柔度(℃)		−10	−20	−10	−20
				无裂纹			

注:表中 1~6 项为强制性项目。

(6)试验方法。

1)卷重、面积及厚度:

①卷重用最小分度值为 0.2kg 的台秤称量每卷卷材的质量。

②面积:用最小分度值为 1mm 卷尺在卷材两端和中部三处测量宽度、长度,以长乘宽度的平均值求得每卷卷材面积。若有接头,以量出两段长度之和减去 150mm 计算。当面积超出标准规定的正偏差时,按公称面积计算其卷重,当其符合最低卷重要求时,亦判为合格。

③厚度:使用 10mm 直径接触面,单位面积压力为 0.02MPa,分度值为 0.01mm 的厚度计测量,保持时间 5s。沿卷材宽度方向裁取 50mm 宽的卷材一条(50mm × 1000mm),在宽度方向测量 5 点,距卷材长度边缘 150mm ± 15mm 向内各取一点,在两点中均分取其余 3 点。对砂面卷材必须清除浮砂后再进行测量,记录测量值。计算 5 点的平均值作为该卷材的厚度。以所抽卷材数量的卷材厚度的总平均值作为该批产品的厚度,并报告最小单值。

2)外观:将卷材立放于平面上,用一把钢板尺平放在卷材的端面上,用另一把最小分度值为 1mm 的钢板尺垂直伸入卷材端面最凹处,测得的数值即为卷材端面的里进外出值。然后将卷材展开按外观质量要求检查。沿宽度方向裁取 50mm 宽的一条,胎基内不应有未被浸透的条纹。

3)取样:将取样卷材切除距外层卷头 2500mm 后,顺纵向切取长度为 800mm 的全幅卷材试样 2 块,一块作物理力学性能检测用,另一块备用。

(7)检验规则。

1)检验分类:分为出厂检验与型式检验。出厂检验项目包括:卷重、面积、厚度、外观、不透水性、耐热度、拉力、最大拉力时延伸率、低温柔度。

型式检验项目包括技术要求中所有规定。

2)在下列情况下进行型式检验:①新产品投产或产品定型鉴定时;②正常生产时,每半年进行一次,人工气候加速老化每两年进行一次;③原材料、工艺等发生较大变化,可能影响产品质量时;④出厂检验结果与上次型式检验结果有较大差异时;⑤产品停产6个月后恢复生产时;⑥国家质量监督检验机构提出型式检验要求时。

3)组批:以同一类型、同一规格 $10000m^2$ 为一批,不足 $10000m^2$ 时亦可作为一批。

4)抽样:在每批产品中随机抽取5卷进行卷重、面积、厚度与外观检查。

5)判定规则:

①卷重、面积、厚度与外观。在抽取的5卷样品中上述各项检查结果均符合(5)规定时,判定其卷重、面积、厚度与外观合格;若其中一项不符合规定,允许在该批产品中另取5卷样品,对不合格项进行复查。如全部达到标准规定时则判为合格;若仍不符合标准,则判该批产品不合格。

②物理力学性能。从卷重、面积、厚度及外观合格的卷材中随机抽取1卷进行物理力学性能试验。结果的判定:

可溶物含量、拉力、最大拉力时延伸率、撕裂强度各项试验结果的平均值达到标准规定的指标时判为该项指标合格。

不透水性、耐热度每组3个试件分别达到标准规定指标时判为该项指标合格。

低温柔度6个试件至少5个试件达到标准规定指标时判

为该项指标合格。

人工气候加速老化各项试验结果达到表 1-133 规定时判为该项指标合格。

各项试验结果均符合表 1-133 规定,则判该批产品物理力学性能合格。若有一项指标不符合标准规定,允许在该批产品中再随机抽取 5 卷,并从中任取 1 卷对不合格项进行单项复验,达到标准规定时,则判该批产品合格。

③总判定

卷重、面积、厚度、外观与物理力学性能均符合标准规定的全部技术要求时,且包装、标志符合(8)的规定时,则判该批产品合格。

(8)包装、标志、贮存与运输。

1)包装:卷材可用纸包装或塑胶带成卷包装。纸包装时应以全柱面包装,柱面两端未包装长度总计不应超过 100mm。

2)标志:①生产厂名;②商标;③产品标记;④生产日期或批号;⑤生产许可证号;⑥贮存与运输注意事项。

3)贮存与运输:

①贮存与运输时,不同类型、规格的产品应分别堆放,不应混杂;避免日晒雨淋,注意通风;贮存环境温度不应高于 50℃,立放贮存,高度不超过两层。

②当用轮船或火车运输时,卷材必须立放,堆放高度不超过两层。防止倾斜或横压,必要时加盖苫布。

③在正常贮存、运输条件下,贮存期自生产日起为 1 年。

4. 聚氯乙烯防水卷材

聚氯乙烯防水卷材执行标准:GB 12952—2003。

(1)分类:产品按有无复合层分类,无复合层的为 N 类,用纤维单面复合的为L类，织物内增强的为W类。每类产品按理化性能分为Ⅰ型和Ⅱ型。

(2)规格：卷材长度规格为10m、15m、20m。厚度规格为1.2mm、1.5mm、2.0mm。其他长度、厚度规格可由供需双方商定，厚度规格不得小于1.2mm。

(3)标记：按产品名称（代号PVC卷材）、外露或非外露使用、类、型、厚度、长×宽和标准顺序标记。示例：

长度20m、宽度1.2m、厚度1.5mmⅡ型L类外露使用聚氯乙烯防水卷材标记为：PVC卷材 外露 L Ⅱ 1.5/20×1.2 GB 12952—2003

(4)尺寸偏差：长度、宽度不小于规定值的99.5%。厚度偏差和最小单值见表1-134。

厚度允许偏差（单位：mm） **表1-134**

厚 度	允 许 偏 差	最 小 单 值
1.2	±0.10	1.00
1.5	±0.15	1.30
2.0	±0.20	1.70

(5)外观：

1)卷材的接头不多于一处，其中较短的一段长度不少于1.5m，接头应剪切整齐，并加长150mm。

2)卷材表面应平整、边缘整齐，无裂纹、孔洞、粘结、气泡和疤痕。

(6)理化性能：N类无复合层的卷材理化性能应符合表1-135规定。L类纤维单面复合及W类织物内增强的卷材应符合表1-136的规定。

N类卷材理化性能　　表 1-135

<table>
<tr><th>序号</th><th colspan="2">项　目</th><th>Ⅰ 型</th><th>Ⅱ 型</th></tr>
<tr><td>1</td><td colspan="2">拉伸强度(MPa),大于等于</td><td>8.0</td><td>12.0</td></tr>
<tr><td>2</td><td colspan="2">断裂伸长率(%),大于等于</td><td>200</td><td>250</td></tr>
<tr><td>3</td><td colspan="2">热处理尺寸变化率(%),小于等于</td><td>3.0</td><td>2.0</td></tr>
<tr><td>4</td><td colspan="2">低温弯折性</td><td>-20℃无裂纹</td><td>-25℃无裂纹</td></tr>
<tr><td>5</td><td colspan="2">抗穿孔性</td><td colspan="2">不渗水</td></tr>
<tr><td>6</td><td colspan="2">不透水性</td><td colspan="2">不透水</td></tr>
<tr><td>7</td><td colspan="2">剪切状态下的粘合性(N/mm),大于等于</td><td colspan="2">3.0或卷材破坏</td></tr>
<tr><td rowspan="4">8</td><td rowspan="4">热老化处理</td><td>外观</td><td colspan="2">无起泡、裂纹、粘结和孔洞</td></tr>
<tr><td>拉伸强度变化率(%)</td><td rowspan="2">±25</td><td rowspan="2">±20</td></tr>
<tr><td>断裂伸长率变化率(%)</td></tr>
<tr><td>低温弯折性</td><td>-15℃无裂纹</td><td>-20℃无裂纹</td></tr>
<tr><td rowspan="3">9</td><td rowspan="3">耐化学侵蚀</td><td>拉伸强度变化率(%)</td><td rowspan="2">±25</td><td rowspan="2">±20</td></tr>
<tr><td>断裂伸长率变化率(%)</td></tr>
<tr><td>低温弯折性</td><td>-15℃无裂纹</td><td>-20℃无裂纹</td></tr>
<tr><td rowspan="3">10</td><td rowspan="3">人工气候加速老化</td><td>拉伸强度变化率(%)</td><td rowspan="2">±25</td><td rowspan="2">±20</td></tr>
<tr><td>断裂伸长率变化率(%)</td></tr>
<tr><td>低温弯折性</td><td>-15℃无裂纹</td><td>-20℃无裂纹</td></tr>
</table>

注:非外露使用可以不考核人工气候加速老化性能。

L类及W类卷材理化性能　　表 1-136

序号	项　目	Ⅰ 型	Ⅱ 型
1	拉力(N/cm),大于等于	100	160
2	断裂伸长率(%),大于等于	150	200
3	热处理尺寸变化率(%),小于等于	1.5	1.0
4	低温弯折性	-20℃无裂纹	-25℃无裂纹

续表

<table>
<tr><th>序号</th><th colspan="2">项　　目</th><th>Ⅰ　型</th><th>Ⅱ　型</th></tr>
<tr><td>5</td><td colspan="2">抗穿孔性</td><td colspan="2">不渗水</td></tr>
<tr><td>6</td><td colspan="2">不透水性</td><td colspan="2">不透水</td></tr>
<tr><td rowspan="2">7</td><td rowspan="2">剪切状态下的粘合性(N/mm)大于等于</td><td>L类</td><td colspan="2">3.0或卷材破坏</td></tr>
<tr><td>W类</td><td colspan="2">6.0或卷材破坏</td></tr>
<tr><td rowspan="4">8</td><td rowspan="4">热老化处理</td><td>外观</td><td colspan="2">无起泡、裂纹、粘结和孔洞</td></tr>
<tr><td>拉力变化率(%)</td><td rowspan="2">±25</td><td rowspan="2">±20</td></tr>
<tr><td>断裂伸长率变化率(%)</td></tr>
<tr><td>低温弯折性</td><td>-15℃无裂纹</td><td>-20℃无裂纹</td></tr>
<tr><td rowspan="3">9</td><td rowspan="3">耐化学侵蚀</td><td>拉力变化率(%)</td><td rowspan="2">±25</td><td rowspan="2">±20</td></tr>
<tr><td>断裂伸长率变化率(%)</td></tr>
<tr><td>低温弯折性</td><td>-15℃无裂纹</td><td>-20℃无裂纹</td></tr>
<tr><td rowspan="3">10</td><td rowspan="3">人工气候加速老化</td><td>拉力变化率(%)</td><td rowspan="2">±25</td><td rowspan="2">±20</td></tr>
<tr><td>断裂伸长率变化率(%)</td></tr>
<tr><td>低温弯折性</td><td>-15℃无裂纹</td><td>-20℃无裂纹</td></tr>
</table>

注:非外露使用可以不考核人工气候加速老化性能。

(7)标志、包装、运输、贮存:

1)标志。卷材外包装上应包括:①生产厂名、地址;②商标;③产品标记;④生产日期或批号;⑤生产许可证号;⑥贮存与运输注意事项;⑦检验合格标记;⑧复合层纤维或织物种类。

外露与非外露使用的卷材及其包装上应有明显的标识区别。

2)包装:卷材用硬质芯卷取包装,宜用塑料袋或编织袋包装。

3)贮存与运输:

①贮存与运输时,不同类型、规格的产品应分别堆放,不应混杂;避免日晒雨淋,注意通风;贮存环境温度不应高于45℃,平放贮存堆放高度不超过5层,立放单层堆放,禁止与

酸、碱、油类及有机溶剂等接触。

②运输时防止倾斜或横压,必要时加盖苫布。

③在正常贮存、运输条件下,贮存期自生产日起为1年。

5. 氯化聚乙烯防水卷材

氯化聚乙烯防水卷材执行标准:GB 12953—2003。

(1)分类:产品按有无复合层分类,无复合层的为N类,用纤维单面复合的为L类,织物内增强的为W类。每类产品按理化性能分为Ⅰ型和Ⅱ型。

(2)规格:卷材长度规格为10m、15m、20m。厚度规格为1.2mm、1.5mm、2.0mm。其他长度、厚度规格可由供需双方商定,厚度规格不得低于1.2mm。

(3)标记:按产品名称(代号CPE卷材)、外露或非外露使用、类、型、厚度、长×宽和标准顺序标记。示例:

长度20m、宽度1.2m、厚度1.5mmⅡ型L类外露使用氯化聚乙烯防水卷材标记为:CPE卷材 外露 L Ⅱ 1.5/20×1.2 GB 12953—2003。

(4)尺寸偏差:长度、宽度不小于规定值的99.5%。厚度偏差和最小单值见表1-137。

厚度允许偏差(单位:mm) 表1-137

厚度	允许偏差	最小单值
1.2	±0.10	1.00
1.5	±0.15	1.30
2.0	±0.20	1.70

(5)外观:

①卷材的接头不多于一处,其中较短的一段长度不少于1.5m,接头应剪切整齐,并加长150mm。

②卷材表面应平整、边缘整齐，无裂纹、孔洞和粘结，不应有明显气泡、疤痕。

(6) 理化性能：N 类无复合层的卷材理化性能应符合表 1-138规定。L类纤维单面复合及 W 类织物内增强的卷材应符合表 1-139 的规定。

N 类卷材理化性能　　　表 1-138

<table>
<tr><th>序号</th><th colspan="2">项　目</th><th>Ⅰ　型</th><th>Ⅱ　型</th></tr>
<tr><td>1</td><td colspan="2">拉伸强度(MPa)，大于等于</td><td>5.0</td><td>8.0</td></tr>
<tr><td>2</td><td colspan="2">断裂伸长率(%)，大于等于</td><td>200</td><td>300</td></tr>
<tr><td>3</td><td colspan="2">热处理尺寸变化率(%)，小于等于</td><td>3.0</td><td>纵向 2.5
横向 1.5</td></tr>
<tr><td>4</td><td colspan="2">低温弯折性</td><td>-20℃无裂纹</td><td>-25℃无裂纹</td></tr>
<tr><td>5</td><td colspan="2">抗穿孔性</td><td colspan="2">不渗水</td></tr>
<tr><td>6</td><td colspan="2">不透水性</td><td colspan="2">不透水</td></tr>
<tr><td>7</td><td colspan="2">剪切状态下的粘合性(N/mm)，大于等于</td><td colspan="2">3.0或卷材破坏</td></tr>
<tr><td rowspan="4">8</td><td rowspan="4">热老化处理</td><td>外观</td><td colspan="2">无起泡、裂纹、粘结与孔洞</td></tr>
<tr><td>拉伸强度变化率(%)</td><td>+50
-20</td><td>±20</td></tr>
<tr><td>断裂伸长率变化率(%)</td><td>+50
-30</td><td>±20</td></tr>
<tr><td>低温弯折性</td><td>-15℃无裂纹</td><td>-20℃无裂纹</td></tr>
<tr><td rowspan="3">9</td><td rowspan="3">耐化学侵蚀</td><td>拉伸强度变化率(%)</td><td>±30</td><td>±20</td></tr>
<tr><td>断裂伸长率变化率(%)</td><td>±30</td><td>±20</td></tr>
<tr><td>低温弯折性</td><td>-15℃无裂纹</td><td>-20℃无裂纹</td></tr>
<tr><td rowspan="3">10</td><td rowspan="3">人工气候加速老化</td><td>拉伸强度变化率(%)</td><td>+50
-20</td><td>±20</td></tr>
<tr><td>断裂伸长率变化率(%)</td><td>+50
-30</td><td>±20</td></tr>
<tr><td>低温弯折性</td><td>-15℃无裂纹</td><td>-20℃无裂纹</td></tr>
</table>

注：非外露使用可以不考核人工气候加速老化性能。

L类及W类卷材理化性能　　表1-139

<table>
<tr><th>序号</th><th colspan="2">项　　目</th><th>Ⅰ 型</th><th>Ⅱ 型</th></tr>
<tr><td>1</td><td colspan="2">拉力(N/cm),大于等于</td><td>70</td><td>120</td></tr>
<tr><td>2</td><td colspan="2">断裂伸长率(%),大于等于</td><td>125</td><td>250</td></tr>
<tr><td>3</td><td colspan="2">热处理尺寸变化率(%),小于等于</td><td colspan="2">1.0</td></tr>
<tr><td>4</td><td colspan="2">低温弯折性</td><td>-20℃无裂纹</td><td>-25℃无裂纹</td></tr>
<tr><td>5</td><td colspan="2">抗穿孔性</td><td colspan="2">不渗水</td></tr>
<tr><td>6</td><td colspan="2">不透水性</td><td colspan="2">不透水</td></tr>
<tr><td rowspan="2">7</td><td rowspan="2">剪切状态下的粘合性(N/mm),大于等于</td><td>L类</td><td colspan="2">3.0或卷材破坏</td></tr>
<tr><td>W类</td><td colspan="2">6.0或卷材破坏</td></tr>
<tr><td rowspan="4">8</td><td rowspan="4">热老化处理</td><td>外观</td><td colspan="2">无起泡、裂纹、粘结与孔洞</td></tr>
<tr><td>拉力(N/cm),大于等于</td><td>55</td><td>100</td></tr>
<tr><td>断裂伸长率(%),大于等于</td><td>100</td><td>200</td></tr>
<tr><td>低温弯折性</td><td>-15℃无裂纹</td><td>-20℃无裂纹</td></tr>
<tr><td rowspan="3">9</td><td rowspan="3">耐化学侵蚀</td><td>拉力(N/cm),大于等于</td><td>55</td><td>100</td></tr>
<tr><td>断裂伸长率(%),大于等于</td><td>100</td><td>200</td></tr>
<tr><td>低温弯折性</td><td>-15℃无裂纹</td><td>-20℃无裂纹</td></tr>
<tr><td rowspan="3">10</td><td rowspan="3">人工气候加速老化</td><td>拉力(N/cm),大于等于</td><td>55</td><td>100</td></tr>
<tr><td>断裂伸长率(%),大于等于</td><td>100</td><td>200</td></tr>
<tr><td>低温弯折性</td><td>-15℃无裂纹</td><td>-20℃无裂纹</td></tr>
</table>

注:非外露使用可以不考核人工气候加速老化性能。

(7)标志、包装、运输、贮存:

1)标志。卷材外包装上应包括:①生产厂名、地址;②商标;③产品标记;④生产日期或批号;⑤生产许可证号;⑥贮存与运输注意事项;⑦检验合格标记;⑧复合层纤维或织物种类。外露与非外露使用的卷材及其包装上应有明显的标识区别。

2)包装:卷材用硬质芯卷取包装,宜用塑料袋或编织袋包装。

3)贮存与运输:

①贮存与运输时,不同类型、规格的产品应分别堆放,不应混杂;避免日晒雨淋,注意通风。贮存环境温度不应高于45℃,平放贮存堆放高度不超过5层,立放单层堆放,禁止与酸、碱、油类及有机溶剂等接触。

②运输时防止倾斜或横压,必要时加盖苫布。

③在正常贮存、运输条件下,贮存期自生产日起为1年。

1.9 建筑玻璃

1.9.1 普通平板玻璃(GB 4871—85)

1. 分类

(1)按厚度分为2、3、4、5、6mm五类。

(2)按外观质量分为特选品、一等品、二等品三类。

2. 尺寸范围及规格

(1)尺寸范围,见表1-140。

普通平板玻璃尺寸(单位:mm)　　表1-140

厚度	长度		宽度	
	最小	最大	最小	最大
2	400	1300	300	900
3	500	1800	300	1200
4	600	2000	400	1200
5	600	2600	400	1800
6	600	2600	400	1800

(2)规格，见表 1-141。

普通平板玻璃规格　　表 1-141

尺　寸 (mm)	厚　度 (mm)	备　注 (in)
900×600	2,3	36×24
1000×600	2,3	40×24
1000×800	3,4	40×32
1000×900	2,3,4	40×36
1100×600	2,3	44×24
1100×900	3	44×36
1100×1000	3	44×40
1150×950	3	46×38
1200×500	2,3	48×20
1200×600	2,3,5	48×24
1200×700	2,3	48×28
1200×800	2,3,4	48×32
1200×900	2,3,4,5	48×36
1200×1000	3,4,5,6	48×40
1250×1000	3,4,5	50×40
1300×900	3,4,5	52×36
1300×1000	3,4,5	52×40
1300×1200	4,5	52×48
1350×900	5,6	54×36
1400×1000	3,5	56×40
1500×750	3,4,5	60×30
1500×900	3,4,5,6	60×36
1500×1000	3,4,5,6	60×40
1500×1200	4,5,6	60×48
1800×900	4,5,6	72×36
1800×1000	4,5,6	72×40

续表

尺寸（mm）	厚度（mm）	备注（in）
1800×1200	4,5,6	72×48
1800×1350	5,6	72×54
2000×1200	5,6	80×48
2000×1300	5,6	80×52
2000×1500	5,6	80×60
2400×1200	5,6	96×48

3. 技术条件

(1)厚度偏差应符合表1-142规定。

平板玻璃厚度偏差允许范围(单位:mm)　**表1-142**

厚度	允许偏差范围
2	±0.15
3	±0.20
4	±0.20
5	±0.25
6	±0.30

(2)玻璃板应为矩形,长宽比不得大于2.5。2、3mm玻璃尺寸不得小于400mm×300mm,4、5、6mm玻璃不得小于600mm×400mm。

(3)弯曲度不得超过0.3%。

(4)尺寸偏差(包括偏斜)不得超过±3mm。

(5)边部凸出或残缺部分不得超过3mm,一片玻璃只许有一个缺角,沿原角等分线测量不得超过5mm。

(6)透光率:

厚度(mm)	透光率(%)不小于
2	88
3,4	86
5,6	82

玻璃表面不许有擦不掉的白雾状或棕黄色的附着物。

(7)外观等级按表 1-143 确定。

(8)二等品玻璃板边部 15mm 内,允许表 1-143 所列任何缺陷。

(9)玻璃不许有裂子、压口和存坏性的耐火材料结石疵点存在。

平板玻璃外观等级　　表 1-143

缺陷种类	说明	特选品	一等品	二等品
波筋(包括波纹辊子花)	允许看出波筋的最大角度	30°	45° 50mm 边部,60°	60° 100mm 边部,90°
气泡	长度 1mm 以下的	集中的不允许	集中的不允许	不限
	长度大于 1mm 的,每平方米面积允许个数	6mm,6	< 8mm,8 8 ~ 10mm,2	< 10mm,10 10 ~ 20mm,2
划伤	宽度 0.1mm 以下的,每平方米面积允许条数	长度 < 50mm 4	长度 < 100mm 4	不限
	宽度大于 0.1mm 的,每平方米面积允许条数	不许有	宽 0.1 ~ 0.4mm 长 100mm 1	宽 0.1 ~ 0.8mm 长 < 100mm 2
砂粒	非破坏性的,直径 0.5 ~ 2mm,每平方米面积允许个数	不许有	3	10

续表

缺陷种类	说明	特选品	一等品	二等品
疙瘩	非破坏性的透明疙瘩,波及范围直径不超过3mm,每平方米面积允许个数	不许有	1	3
线道		不许有	30mm 边部允许有宽0.5mm 以下的1条	宽0.5mm以下的2条

注:①集中气泡是指100mm直径圆面积内超过6个。
②砂粒的延续部分,90°角能看出者当线道论。

4. 包装及标志

(1)用木箱或集装箱(架)包装。

(2)每箱装同一厚度、尺寸、等级的玻璃,每一木箱包装数量为:

2mm	15~30m^2
3、4mm	15~25m^2
5、6mm	15~20m^2

(3)木箱不得用腐朽或带有较大裂纹、节瘤的木材制作。2、3mm玻璃包装箱的底盖及堵头板厚不小于15mm,其他部位板厚不小于12mm;4、5、6mm玻璃包装箱底盖板厚不小于18mm,堵头板厚不小于21mm,其他部位板厚不小于15mm。

(4)木箱帮板之间的空隙不应太大,一般以不超过箱子高度的60%为宜。

(5)不得用潮湿的木板和稻草包装。

(6)制造木箱要用50mm和60mm长的钉子,木箱各处均不许漏钉、透钉。

(7)木箱上应印有工厂名称或商标、玻璃等级、厚度、尺寸、片数、包装面积、装箱年月，箱口应印有：上面、轻搬正放、小心破碎、严禁潮湿字样。集装箱(架)要有相应的标记。

(8)出口玻璃包装用箱的技术条件另行规定。

1.9.2 浮法玻璃(GB 11614—89)

1. 产品分类

(1)按厚度分为3、4、5、6、8、10、12mm七类。

(2)按等级分为优等品、一级品和合格品三等。

2. 尺寸

玻璃板应为矩形，尺寸一般不小于1000mm×1200mm，不大于2500mm×3000mm。其他尺寸由供需双方协商。

3. 技术要求

(1)厚度偏差应符合表1-144规定。一片玻璃厚薄差不得大于0.3mm。

平板玻璃厚度允许偏差(单位：mm)　　表1-144

厚度	允许偏差
3,4	±0.20
5,6	+0.20 −0.30
8,10	±0.35
12	±0.40

(2)尺寸偏差(包括偏斜)应符合表1-145规定。

平板玻璃尺寸允许偏差(单位：mm)　　表1-145

厚度	允许偏差	
	≤1500	>1500
3,4,5,6	±3	±4
8,10,12	±4	±5

(3)弯曲度不得超过0.3%。

(4)边部凸出或残缺部分与缺角深度不得超过表1-146规定。

(5)透光率应不小于表1-147规定数值。

玻璃凸出或残缺与缺角规定(单位:mm) 表1-146

厚　度	凸出或残缺	缺角深度
3,4,5,6	3	5
8,10,12	4	6

玻璃透光率规定　表1-147

厚度(mm)	透光率(%)
3	87
4	86
5	84
6	83
8	80
10	78
12	75

(6)外观质量应符合表1-148的分等要求。

玻璃外观质量等级划分　表1-148

缺陷名称	说　明	优等品	一级品	合格品
光学变形	光入射角	厚3mm,55° 厚≥4mm,60°	厚3mm,50° 厚≥4mm,55°	厚3mm,40° 厚≥4mm,45°
气　泡	长0.5～1mm,每平方米允许个数	3	5	10
	长>1mm,每平方米允许个数	长1～1.5mm 2	长1～1.5mm 3	长1～1.5mm 4 长>1.5～5mm 2
夹杂物	长0.3～1mm,每平方米允许个数	1	2	3
	长>1mm,每平方米允许个数	长1～1.5mm 50mm边部 1	长1～1.5mm 1	长1～2mm 2

续表

缺陷名称	说 明	优等品	一级品	合格品
划 伤	宽≤0.1mm,每平方米允许条数	长≤50mm 1	长≤50mm 2	长≤100mm 6
	宽>0.1mm,每平方米允许条数	不许有	宽0.1~0.5mm,长≤50mm 1	宽0.1~1mm,长≤100mm 3
线 道	正面可以看到的,每片玻璃允许条数	不许有	50mm边部 1	2
雾斑(沾锡、麻点与光畸变点)	表面擦不掉的点状或条纹斑点,每平方米允许数	肉眼看不出		斑点状,直径≤2mm 4个 条纹状,宽≤2mm 长≤50mm 2条

(7)对有特殊要求的玻璃可由供需双方协商解决。

(8)玻璃15mm边部允许表1-148所列任何缺陷。

(9)玻璃不允许有裂口存在。

4. 包装、标志

(1)玻璃用木箱或集装箱(架)包装,箱(架)应便于装卸、运输。每箱(架)的包装数量应与箱(架)的强度相适应。一箱(架)中应装同一厚度、尺寸、等级的玻璃,玻璃之间应夹纸或对玻璃进行表面处理。

(2)包装箱上应有生产厂名或商标、玻璃等级、厚度、数量、包装年月和轻搬正放、易碎、防雨怕湿的标志。

1.9.3 吸热玻璃

见表1-149。

吸热玻璃的产品品种、性能、规格及生产单位　　表 1-149

品种	厚度（mm）	吸收太阳热能（%）	产品最大规格（mm）	生产单位	说明
1号（浅蓝，浅茶）	5	31±0.5	普通吸热玻璃：3×1500×900 (5,6)×2200×1250	上海耀华玻璃厂	其制造工艺有两种：一种是在普通硅酸盐玻璃中，引入一定量的有吸热性能的着色剂，如氧化亚铁、氧化镍等；另一种是在玻璃表面上喷镀吸热和着色的氧化物薄膜，如氧化锡、氧化锑等
2号（浅蓝，浅茶）	6	51±0.5	磨光吸热玻璃：(3,5,6)×1800×750		
3号（浅蓝，浅茶）	5	51±0.5	8×1800×1600		

1.9.4 磨砂玻璃

见表 1-150。

磨砂玻璃的规格及规格允许偏差　　表 1-150

规格	规格允许偏差				生产单位	价格	装运、储存规定
(mm)	厚度（mm）	长度范围（in）	宽度范围（in）	厚度允许公差（mm）			
同普通平板玻璃	3	36~48	24~36	+0.2，−0.35	大连玻璃厂	磨砂玻璃的出厂价格，规定在普通平板玻璃价格的基础上，加价如下： 3mm 厚加 7% 4mm 厚加 6% 5mm 厚加 4% 6mm 厚加 3%	同普通平板玻璃
	4	36~72	24~36	+0.2，−0.35			
	5	36~72	24~48	+0.2，−0.35			
	6	36~72	24~60	+0.2，−0.4			

1.9.5 压花玻璃、夹丝玻璃

见表 1-151。

压花、夹丝玻璃的性能、产品规格及裁割注意事项　　表 1-151

名 称	性 能	产品规格 (mm)	裁割注意事项
压花玻璃	透光不透视，透光度约为 60% ~ 70%。其他性能同普通平板玻璃	3×900×(750,900) 5×1600×900	在裁割处须先涂煤油一道，再行裁割
夹丝玻璃	具有均匀的内应力和一定的抗冲击强度。破裂时碎片仍连在一起，不致伤人。透光率 > 60%	6×1200×(600,700,800,900)	同上，但玻璃刀向下裁割时，用力要大而均匀。向上回刀时，应在裁开的玻璃缝处夹以木条再上回

1.9.6 玻璃的运输与贮存

1. 玻璃必须在有顶盖的干燥房间内保管，在运输途中和装卸时需有防雨设施。

2. 玻璃在贮存、运输、装卸时，箱盖向上，箱子不得平放或斜放。

3. 玻璃在运输时，箱头朝向运输的运动方向，并采取措施，防止倾倒、滑动。

1.10 屋面保温隔热材料

1.10.1 聚苯乙烯泡沫塑料板

见表 1-152。

聚苯乙烯泡沫塑料品种、特点、用途、规格及技术指标　　表 1-152

<table>
<tr><td rowspan="2" colspan="2">项目</td><td colspan="3">品种</td></tr>
<tr><td>普通型可发性聚苯乙烯泡沫塑料</td><td>自熄型可发性聚苯乙烯泡沫塑料</td><td>乳液聚苯乙烯泡沫塑料(又名硬质 PB 型聚苯乙烯泡沫塑料)</td></tr>
<tr><td colspan="2">说明</td><td>系以低沸点液体的可发性聚苯乙烯树脂为基料,经预发泡、加热成型加工而成。是一种闭孔结构的硬质泡沫材料</td><td>在加入发泡剂时,同时加入火焰熄灭剂、自熄增效剂、抗氧化剂和紫外线吸收剂等,使产品具有自熄性和耐气候性</td><td>系以乳液聚合粉状聚苯乙烯树脂为原料,加入固体的有机和无机发泡剂,经模压成坯,再发泡加工而成</td></tr>
<tr><td colspan="2">性能特点</td><td>质轻,吸声、保温、绝热、防震、耐酸碱性、耐低温性好,有一定的弹性,制品可用木工锯或电丝进行切割</td><td>特点除同左外,尚有自熄性能(移开火源后 1～2s 内即自行熄灭)</td><td>比普通可发性聚苯乙烯泡沫塑料硬度大、耐热度高、机械强度大、泡沫体尺寸稳定性好等特点</td></tr>
<tr><td rowspan="2">用途</td><td>板材</td><td>在建筑上用作吸声、保温、隔热、防震、绝热材料</td><td>用途同左</td><td>用途同左,特别适用于要求硬度大、耐热度高、机械强度大的部位</td></tr>
<tr><td>可发性聚苯乙烯珠粒</td><td>适于在现场自行用蒸汽或热水、热空气等制作各种不同密度、形状的泡沫塑料之用(数秒或数分钟内即可制成)</td><td>用途同左,并有自熄性能</td><td>—</td></tr>
<tr><td colspan="2">技术指标</td><td colspan="3">比重(g/cm³):0.021～0.51
抗压强度(MPa),(压缩 10%):0.12～0.29
抗拉强度(MPa):0.13～0.34
抗弯强度(MPa):0.30～0.53
冲击强度(MPa):0.05～0.08
耐热性(℃)/耐寒性(℃):75/－80(不变形)
吸声系数(700～2000Hz):0.5～0.8(使用前须具体测定)
导热系数[W/(m·K)]:0.031～0.047</td></tr>
<tr><td>规格(mm)</td><td>板材</td><td colspan="3">(10～300)×(400～1000)×(910～2000)</td></tr>
</table>

1.10.2 加气混凝土砌块

1. 产品分类

(1)砌块一般规格的公称尺寸有两个系列(单位为mm):

1)长度:600。

高度:200,250,300。

宽度:75,100,125,150,175,200,250……(以25递增)。

2)长度:600。

高度:240,300。

宽度:60,120,180,240……(以60递增)。

其他规格可由购货单位与生产厂协商确定。

(2)砌块按抗压强度和表观密度分级

强度级别有:10,25,35,50,75级。

表观密度级别有:03,04,05,06,07,08级。

(3)砌块按尺寸偏差、表观密度分为:优等品(A)、一等品(B)、合格品(C)三等。

(4)砌块产品标记示例

砌块按名称、强度、表观密度、长度、高度、宽度和等级顺序进行标记。例如强度级别为10、表观密度级别为03、长度为600mm、高度为200mm、宽度为100mm、优等品的蒸压加气混凝土砌块标记为:

加气块　10-03-600×200×100-A　GB 11968—1997

2. 技术要求

(1)砌块的尺寸偏差和外观应符合表1-153的规定。

(2)砌块的性能应符合表1-154的规定。

(3)砌块不同级别、等级的干表观密度应符合表1-155的规定。

砌块尺寸偏差和外观要求　　　　表 1-153

项目		指标		
		优等品(A)	一等品(B)	合格品(C)
尺寸允许偏差(mm)	长　度	±4	±5	±6
	高　度	±2	±3	±4
	宽　度	±2	±3	±4
缺棱的最大、最小尺寸(mm)不得同时大于		100,20		
掉角的最大、最小尺寸(mm)不得同时大于		70,30		
平面弯曲最大处尺寸(mm)不得大于		5		
完整面①不得少于		一个大面		
裂　纹	1. 贯穿一面二棱超过缺棱掉角规定的裂纹或断裂	不允许		
	2. 任一面上的裂纹长度不得大于裂纹方向尺寸的	1/2		
	3. 贯穿一棱二面的裂纹长度不得大于裂纹所在面的裂纹方向尺寸总和的	1/3		
爆裂、粘模和损坏深度不得大于(mm)		30		
表面疏松、层裂		不允许		

注:①表面没有裂纹、爆裂和长高宽三个方向均大于 20mm 的缺棱掉角的缺陷者。

砌块的性能规定　　　　表 1-154

强度级别		10	25	35	50	75
立方体抗压强度①(MPa)	平均值	≥1.0	≥2.5	≥3.5	≥5.0	≥7.5
	最小值	≥0.8	≥2.0	≥2.8	≥4.0	≥6.0
表观密度级别		03	04 05	05 06	06 07	07 08

续表

强度级别		10	25	35	50	75
干燥收缩值(mm/m)	温度 50±1℃,相对湿度 28%~32%条件下测定	≤0.8				
	温度 20±2℃,相对湿度 41%~45%条件下测定②	≤0.5				
抗冻性	重量损失(%)	≤5				
	强度损失(%)	≤20				

注:①立方体抗压强度是采用 100mm×100mm×100mm 立方体试件,含水率为25%~45%时测定的抗压强度。
②特殊要求时采用。

砌块干表观密度规定　　　　表 1-155

表观密度级别		03	04	05	06	07	08
干表观密度(kg/m^3)	优等品(A)≤	300	400	500	600	700	800
	一等品(B)≤	330	430	530	630	730	830
	合格品(C)≤	350	450	550	650	750	850

1.10.3　水泥膨胀珍珠岩制品

水泥膨胀珍珠岩制品的品种和技术指示:

(1)说明:该制品是以水泥为胶结剂,以珍珠岩粉为骨料加工而成,具有质轻、导热系数低、抗压强度较高等特点。

(2)表观密度为 300~400kg/m^3,抗压强度 0.5~1.0MPa。

(3)导热系数[W/(m·K)]:

常温:0.058~0.087

低温:0.081~0.12

(4)使用温度:≤600℃

(5)吸湿率(24h)　　0.87~1.55

(6)吸水率(24h)　　110~130

1.10.4 保温隔热材料的运输及贮存

1. 保温材料制品运输时,须严防磕碰、受雨、受潮、受冻,上下车应轻搬轻放,严禁野蛮装卸。

2. 保温材料不得露天存放,须按不同种类规格分别堆放,定量保管。

3. 堆放保温材料的地面必须平整、干燥,以保证堆垛稳固、不潮。

1.11 建筑装修材料

现在,装修材料产品发展较快,今年还在流行的产品,明年就可能被淘汰,应根据市场情况选择。本节所介绍的材料仅供参考。

1.11.1 建筑装修材料的分类

见表 1-156。

建筑装修材料分类　　表 1-156

按建筑部位分类	顶棚装修材料	如石膏装饰吸声板、珍珠岩装饰吸声板、软质纤维装饰吸声板、钙塑装饰吸声板、塑料装饰板、人造板等
	墙面装修材料	如花岗石饰面板、大理石饰面板、水磨石饰面板、陶瓷锦砖、面砖、瓷砖、人造板、塑料贴面板、微薄木贴面板、粉刷涂料等
	地面装修材料	如地面涂料、铺地花砖、陶瓷锦砖、化纤地毯、水磨石板、吸潮砖(红地砖)、橡胶地板、塑胶地板、地板革等

1.11.2 顶棚装修材料

1. 石膏装饰吸声板

(1)品种、规格及性能指标,见表1-157。

石膏装饰板的品种、规格及性能指标　　表1-157

品种名称	规格(mm)	性能技术指标			备注
龙牌纸面石膏装饰板(北京新型建筑材料总厂产品)	(9,12)×(450,600)×(900,1200)	厚度(mm)	9	12	
		单位面积重量(kg/m²)	≤9	≤12	
		挠度(mm)		≤0.8 ≤1.0	垂直纤维 平行纤维 (支座间距=40板厚)
		断裂强度(kg)	≥40 ≥15	≥60 ≥18	垂直纤维 平行纤维 (支座间距=40板厚)
龙牌防火纸面石膏板(北京新型建筑材料总厂产品)	(9.5,12)×1200×(2400,2700,3000,3300) 长宽均可根据设计规格切割	耐火极限(min)	纸面石膏板:5~10 防火纸面石膏板:>20		
		含水率(%)	≤2		
		导热系数[W/(m·K)]	0.194~0.21		
		隔声指数(分贝)	26	28	
		钉入强度(MPa)	1.0	2.0	
龙牌漆面装饰板	9.5×600×600	同龙牌石膏板			

续表

品种名称	规格(mm)	性能技术指标	备注
龙牌塑料壁纸贴面石膏装饰板(北京新型建筑材料总厂产品)	9.5×600×600	同龙牌石膏装饰板	
纸面石膏装饰板(北京市石膏板厂产品)	厚:9,12 宽×长: 300×300 400×400 494×494 594×594 594×1194	表观密度:750~900kg/m^3 抗折强度:2MPa 导热系数:0.194W/(m·K) 防火性能:不燃烧	
白板(钻或不钻孔)	8×300×300 9×600×600	表观密度:850kg/m^3 抗压强度:9MPa 抗弯强度:4.5MPa(横向) 6MPa(纵向) 抗拉强度:1.64MPa 隔声指数:35~38dB	1. 湖南省平江县城西石膏板厂产品; 2. 所有产品,均为无纸石膏板; 3. 花色有多种
白色凹花钻孔板	9×500×500		
花纹图案板	9×600×600		
油漆石膏板	8×300×300 9×600×600		
花纹图案贴砂板	8×500×500		
白色压花板	8×500×500		
浮雕钻孔板			

续表

品种名称	规格(mm)	性能技术指标	备注
特效防水装饰吸声板 抗水抗湿装饰吸声板	(9~10)×300×300 (9~10)×500×500 (10~12)×600×600	单位面积重量(kg/m²):7~8 断裂荷载(kg):18 挠度:≯$\frac{1}{350}$L 软化系数:0.72 防火:不燃烧	1. 湖北黄石市海观山新型建材厂及黄思湾建材厂产品 2. 有各种花色 3. 特效防水石膏板可用于室内外,特别适用于地下工程及湿度较大的车间
抗水、抗湿装饰贴墙板	12×500×800 (12~20)×900×900		

(2)石膏装饰板的搬运保管注意事项,见表1-158。

石膏装饰板的搬运保管注意事项　　表1-158

搬运注意事项	保管注意事项	备注
石膏板须轻拿轻放,严禁野蛮装卸。搬运时应注意清洁,不要把板面弄脏。无纸石膏板须立式搬运,注意防潮防雨。纸面石膏板运输时应平放,不宜立放或悬排	1. 石膏板应按不同品种、规格、花色品种、等级、生产厂分别堆放; 2. 石膏板不允许堆放在露天或潮湿处,应在干燥库内存放; 3. 无纸石膏板应竖放堆码,最多不得超过三层。纸面石膏板最好成垛平放,底部至少须用五根枕木条找平,同时在板底部刷防潮材料。每垛高度不得超过15块	仓库须清洁,石膏板堆好后应用纸或塑料布盖严

2. 软质纤维装饰吸声板

见表1-159。

各种软质纤维装饰板的规格和技术指标

表 1-159

品种	技术指标					规格 (mm)
	容重 (g/cm^2)	抗弯强度 (MPa)	导热系数 [W/(m·K)]	吸声系数 $\left(\frac{频率 Hz}{系数}\right)$	吸水率 (%)	
钻孔软质纤维板 (201 ~ 208 号) (301 ~ 308 号)	≤0.3	1.8	0.041 ~ 0.052	$\frac{125}{0.08}, \frac{250}{0.09}, \frac{500}{0.13}, \frac{1000}{0.30}, \frac{1500}{0.35}, \frac{2000}{0.40}$	20℃, 2 小时, ≯100	13 × 550 × 550 (货号:201 ~ 208) 13 × 305 × 305 (货号:301 ~ 308)
纯白无孔软质纤维板	≤0.3	≥2	0.041 ~ 0.052	$\frac{125}{0.065}, \frac{250}{0.075}, \frac{500}{0.09}, \frac{1000}{0.14}, \frac{1500}{0.16}, \frac{2000}{0.20}$	≯50	13 × 550 × 550 13 × 305 × 305
植绒软质纤维板	≤0.3	≥1.8	0.041 ~ 0.052	$\frac{125}{0.12}, \frac{250}{0.11}, \frac{500}{0.27}, \frac{1000}{0.54}, \frac{1500}{0.47}, \frac{2000}{0.46}$	≯300	13 × 500 × 500
针孔软质纤维板	≤0.3	≥1.8	0.041 ~ 0.052	$\frac{125}{0.12}, \frac{250}{0.11}, \frac{500}{0.27}, \frac{1000}{0.54}, \frac{1500}{0.47}, \frac{2000}{0.46}$	≯300	13 × 500 × 500

注:表列产品均系上海建设人造板厂的产品。

3. 硬质纤维装饰吸声板

见表 1-160。

硬质纤维装饰板的产品规格、技术指标及施工注意事项　　表 1-160

规　格　(mm)	技 术 指 标	施 工 注 意 事 项
有两种规格： 1×1000×1000 1×500×500 钻孔图案有多式多样	表观密度(kg/m^3)：≥900 静曲强度(MPa)：≥40 吸水率(%)：≤20 导热系数[W/(m·K)]： 0.093～0.116 吸声系数$\left(\frac{Hz}{系数}\right)$： $\frac{125}{0.02}$，$\frac{250}{0.05}$，$\frac{500}{0.30}$， $\frac{1000}{0.32}$，$\frac{2000}{0.20}$	1. 施工前板须进行加湿处理。即将板浸入 60℃热水中 30min，或用冷水浸 24h，取出后码垛堆起，使水吸透后始得施工； 2. 用钉子固定时，钉距应为 80～120mm，钉长应为 20～30mm，钉帽应进入板面 0.5mm，钉眼用油性腻子抹平； 3. 用木压条固定时，钉距不应大于 200mm，钉帽应打扁并送入水压条内 0.5～1mm 处，钉眼用油性腻子找平

注：①表列各板均系上海木材加工二厂产品。
②表列吸声系数系按板后有 50mm 空腔测定的。该系数仅供参考，不能作为设计、施工依据。

4. 钙塑泡沫装饰吸声板

(1)产品规格及技术指标见表 1-161。

(2)安装、保管及运输，见表 1-162。

5. 聚苯乙烯泡沫塑料装饰吸声板

(1)产品规格及技术指标见表 1-163。

(2)安装方法及搬运存放见表 1-164。

钙塑装饰板的产品规格及技术指标　　表 1-161

规格 (mm)	表观密度 (g/cm³)	导热系数 [W/(m·K)]	吸声系数 $\left(\frac{频率 Hz}{吸声系数}\right)$	拉伸强度 (MPa)	断裂伸长率 (%)	吸水性 (kg/m²)
500×500×(4~7)(有各种花色图案)	≤0.25	0.07~0.14	$\frac{125}{0.08}$,$\frac{250}{0.16}$,$\frac{500}{0.34}$,$\frac{1000}{0.16}$,$\frac{2000}{0.14}$(穿孔 ϕ7,共 98 个孔)	≥0.8	≥30	≤0.02

注:①表列吸声系数仅供参考,不能作为设计、施工依据。

②钙塑装饰板分一般板、难燃板两种。

钙塑装饰板的安装、保管及运输　　表 1-162

项目	说明	备注
安装方法	1. 用木螺钉钉于顶棚木筋上,每四块板的直角相交处,用木螺钉固定塑料托花或电化铝托花一个,将四块板托住; 2. 用 CX404 胶粘剂或其他类似胶粘剂将板粘贴于顶棚木筋之上	1. 钙塑板易变色,一般安装三四个月后即逐渐变黄变乌,采用时须于板上先涂 106 内墙涂料两道; 2. 安装钙塑板时须带干净手套,以免将板面污染
保管及运输	1. 钙塑板包装一般分 20、25、50 片三种。本地可用聚乙烯塑料口袋包装,外地须用纸箱包装。包装皮上应注明产品名称、品种、型号、生产厂名、日期及批号; 2. 钙塑板应存放于干燥、清洁、常温的仓库内。存放处应离火源 2m 以外。堆垛时板宜平放,但不宜过高; 3. 运输时应避免重物压于板上,并须严防被硬物或机械划伤。运输车辆应盖有篷布,以免板被日晒雨淋,变色变质; 4. 搬运时须防止将板面弄脏	

聚苯乙烯泡沫装饰板的产品规格及技术指标　表 1-163

规　格（mm）	表观密度（g/cm^3）	抗压强度（MPa）	导热系数［W/(m·K)］	耐热（℃）	耐低温（℃）	24h 吸水性（g/cm^2）	60℃、24h 直线收缩率（%）
15×300×300 15×500×500 20×600×600	0.02～0.04	≥0.15	0.035～0.047	70	－80	≤0.02	≤0.4

矿棉装饰板的安装方法及搬运存放注意事项　表 1-164

安装方法	搬运及包装注意事项	存放注意事项
同钙塑装饰板的安装方法	1. 搬运时必须两块正面对合，一齐搬运，以防损坏板面。一次搬运量不得超过 4 块； 2. 在运输过程中，必须注意防雨防潮，否则板会吸湿而影响吸声、保温效果； 3. 每块板须用塑料袋包严，并以纸箱包装	1. 堆放处地面必须平整，否则板易变形或折断。平放时每堆可叠放 10～25 块 2. 板应存放在干燥的仓库内，不得露天堆放，不得将板污染

6. 珍珠岩装饰吸声板

(1)产品规格及技术指标见表 1-165。

珍珠岩装饰吸声板的产品规格及技术指标　表 1-165

规　格（mm）	表观密度（kg/m^3）	吸声系数（平均）	抗折强度（MPa）	导热系数［W/(m·K)］
20×500×500（有各种花色图案）	330～400	≥0.25	≥0.8	≥0.081

(2)安装、搬运及贮存见表 1-166。

珍珠岩装饰吸声板的安装、搬运及贮存　表 1-166

项　目	说　　　　明	备　　注
安装方法	1. 直接粘贴法:本法适用于混凝土面、砖墙面等,面上必须用混合砂浆粉平(须粉得非常平整),将 170 胶或 CX404 胶按梅花点形涂于板的背面,然后将板粘贴于天棚板底或墙壁之上,并用力压实,约 10 余分钟后即可卸力。1h 后胶粘剂即可完全固化,将装饰板粘牢。在胶粘剂未完全固化前,不要使装饰板受到震动,以免粘结剂的粘结强度受到影响; 2. 木筋固定法:此法适用于采用木筋的平顶或墙壁。天棚筋或墙筋应根据板的尺寸布置,木筋表面须非常平整。板可用 3cm 长左右的圆钉直接钉于木筋之上,钉时须轻敲轻钉,以免板受震破裂; 3. 轻钢龙骨固定法:此法适用于采用轻钢龙骨的平顶或墙壁。平顶龙骨应为⊥形,板可直接放在龙骨之上,不必另外固定。墙壁龙骨不限定⊥形,板可用胶粘剂粘于龙骨之上,胶粘剂可用 CX404 胶粘剂、CX 广用胶粘剂或 CX212 胶粘剂,粘贴方法同①	170 胶粘剂系上海轻质建筑材料厂产品; CX404、212 及 CX 广用胶粘剂均系北京椿树橡胶制品厂产品。详细用法见各胶粘剂的用料说明
包装及搬运	包装:先用塑料口袋将每块装饰板包装起来,再用纸箱或木箱将整批板包装捆好(钉好)。每箱板不宜过多,以立放 20 块为宜 搬运:珍珠岩装饰板属脆性材料,搬运时须轻拿轻放,不得碰撞、受压。并须将两块板面对面合在一块,一起搬运。运输车辆须有防潮防雨措施。板的表面须保持清洁,不得污染	
贮存	珍珠岩装饰板须存放在干燥的仓库内。地面上须用木板垫平,然后再将装饰板立放堆垛,每垛以两层为宜	

7. 矿棉装饰吸声板

(1)产品规格及技术指标见表1-167。

矿棉装饰板的产品规格及技术指标　　表1-167

<table>
<tr><th rowspan="2">规　格
(mm)</th><th colspan="6">技　术　指　标</th></tr>
<tr><th>表观密度
(kg/m³)</th><th>抗弯强度
(MPa)</th><th>吸湿率
(%)</th><th>防火</th><th>导热系数
[W/(m·K)]</th><th>吸声系数
(Hz/系数)</th></tr>
<tr><td>(10～14)×300×300
(10～15)×500×500
(有各式花色图案)</td><td>300～350</td><td>≥0.8</td><td>≤2</td><td>自熄</td><td>0.57</td><td>0.49
(平均)</td></tr>
</table>

注:表列各项指标仅供参考。

(2)安装方法及搬运、存放见表1-168。

矿棉装饰板的安装方法及搬运存放注意事项　表1-168

安装方法	搬运及包装注意事项	存放注意事项
同钙塑装饰板的安装方法	1. 搬运时必须两块正面对合,一齐搬运,以防损坏板面。一次搬运量不得超过4块; 2. 在运输过程中,必须注意防雨防潮,否则板会吸湿而影响吸声、保温效果; 3. 每块板须用塑料袋包严,并以纸箱包装	1. 堆放处地面必须平整,否则板易变形或折断。平放时每堆可叠放10～25块 2. 板应存放在干燥的仓库内,不得露天堆放,不得将板污染

8. 玻璃棉装饰吸声板

见表1-169。

9. 甘蔗吸声板

玻璃棉装饰吸声板的产品规格及技术指标　表 1-169

名称	规格 (mm)	表观密度 (kg/m^3)	抗折强度 (MPa)	吸声系数 ($\frac{频率 Hz}{吸声系数}$)
硬质玻璃棉装饰吸声板	16×300×400 16×400×400 30×500×500	300	1.6	$\frac{250}{0.13}$, $\frac{500}{0.30}$, $\frac{1000}{0.59}$, $\frac{2000}{0.78}$
半硬质玻璃棉装饰吸声板	(40,50)×500×500	100		$\frac{250}{0.29}$, $\frac{500}{0.62}$, $\frac{1000}{0.74}$, $\frac{2000}{0.71}$

注:玻璃棉装饰板的安装方法及搬运、贮存注意事项等,同珍珠岩装饰吸声板(见表 1-166)。

(1)产品规格、技术指标见表 1-170。

甘蔗吸声板的产品规格及技术指标　表 1-170

规格 (mm)	(13,16,19,25)×915×1830
表观密度 (kg/m^3)	220~240
抗弯强度 (MPa)	1.5
含水量 (%)	6~8
导热系数 [W/(m·K)]	0.042~0.070
吸声系数 ($\frac{频率 Hz}{吸声系数}$)	13 厚,刚性背面。19 厚时,系数为括号内数字: $\frac{125}{0.08(0.10)}$, $\frac{250}{0.12(0.21)}$ $\frac{500}{0.29(0.33)}$, $\frac{1000}{0.54(0.60)}$, $\frac{2000}{0.58(0.57)}$

(2)安装、搬运和贮存见表1-171。

甘蔗吸声板的安装、搬运和贮存　　表1-171

项　目	说　　明	备　注
安装方法	1. 圆钉固钉法:用圆钉将板钉于木筋之上,钉下须加 ϕ30mm 圆的铁垫圈一个,或者在每4块板的交角处,用木螺钉固定塑料(或其他材料)托花一个; 2. 压条法:在板与板间钉木或其他材料的压条一道,既可将甘蔗板固定于木筋之上,又可起美观效果; 3. 粘贴法:同表1-166有关办法	须注意下列事项: 1. 板面可刷各种颜色的涂料,以使美观; 2. 板与板间应留5mm空隙
搬运注意事项	1. 甘蔗吸声板质轻松软,必须小心搬运,不得碰坏、压坏; 2. 甘蔗吸声板不得受潮。包装时可以10块一捆,外用塑料布包严,捆扎结实,再用草袋或纸箱包装; 3. 甘蔗吸声板须存放于干燥的仓库内,并平放堆垛,垛下须垫以木楞。每垛高度,不得超过三箱; 4. 车辆运输时须用篷布将板遮盖,以免雨淋或受潮	甘蔗吸声板不得露天堆放

10. 木丝板及麻屑板

(1)产品规格及技术指标见表1-172。

木丝板、麻屑板的产品规格及技术指标　　表1-172

名称	规　格 (mm)	表观密度 (kg/m³)	抗弯强度 (MPa)	导热系数 [W/(m·K)]	吸声系数 $\left(\frac{Hz}{系数}\right)$
木丝板	10×600×1200 (12,14,20)×900×1850	500~700	0.8	0.084	使用前测试

续表

名称	规格（mm）	表观密度（kg/m³）	抗弯强度（MPa）	导热系数［W/(m·K)］	吸音系数（Hz/系数）
麻屑板	(4~10)×610×1220	700~800	2.5~3.0	0.052~0.062	使用前测试

注：①导热系数仅供参考。

②麻屑板可单面或双面贴以壁纸、木纹纸等以加强其装饰效果。

(2)安装、运输及贮存见表1-173。

木丝板、麻屑板的安装、运输及贮存　　表1-173

项　目	说　明
安装方法	同甘蔗吸声板
包装、搬运注意事项	1.木丝板及麻屑板不得受潮，应用草袋包装扎实，每捆数量不限。麻屑板亦可用纸箱包装； 2.木丝板、麻屑板搬运时不得碰撞、砸压，以免折断，并须注意防潮措施。运输车辆须用篷布遮盖
贮存注意事项	木丝板、麻屑板不得露天堆放，须存放在干燥仓库内。宜平放堆垛

11.聚氯乙烯塑料彩片装饰板

见表1-174。

12.纸面稻草板

见表1-175。

聚氯乙烯塑料彩片装饰板的产品规格、技术指标及安装方法　　表 1-174

技术指标	规格(mm)	安装方法	注意事项
拉伸强度(MPa):45 重量(g/张):100~180 马丁耐热度(℃)≥65 脆化温度(℃)-30 熔点(℃):160	(0.3×0.5)×500×500 有米黄、乳白、淡绿、淡蓝及其他各色	用1号圆钉将塑料彩片装饰板钉于木筋之上(木筋断面以20×20mm为宜),或用4115快速装饰胶(北京市单店砖瓦厂产品)粘贴于木筋之上,然后用20mm宽的铝压条或塑料压条压缝,并在每四块板交角处,钉以或粘以铝质或塑料托花一个	运输或安装时,严防重压、撞击,并应远离热源,防止烟熏和变形

纸面稻草板的用途、规格及技术指标　　表 1-175

项目	内容	备注
说明及用途	纸面稻草板系以洁净、干燥的天然稻草为原料,经热压成型,表面用树脂牢固粘结一种高强硬纸而成。具有隔声、吸声、保温、隔热、耐火、强度高、刚性好、密度小、表面平滑、可锯、可钉、可漆等特点。适于作装修、吸声、隔声、保温、隔热之用	该板如沿长度方向设置若干布线孔,可供电气专业使用
规格(mm)	(38,58)×1200×(900~4500)	
技术指标	单位重量:19~25kg/m²;表观密度:327~431kg/m³ 导热系数:0.11W/(m·K);隔声量:30dB 均布载荷承载能力:1000kg 挠度(1200×2400板,板厚58,置于刚性架上,中心载荷125kg,持续2min:≤5mm; 含水量:8%~18%;耐久性能:0.5h	左列导热系数及隔声量等,仅供参考

1.11.3 墙面装修材料

1. 釉面砖(瓷砖、釉面瓷砖、内墙贴面砖)

(1)品种和特点见表 1-176。

釉面砖的品种及特点 **表 1-176**

品种	特点
白色釉面砖(白色瓷砖)	色白洁净,釉面光亮,镶于建筑物内墙之上,清洁美观
有光彩色釉面砖(有光彩色瓷砖) 代号:YG	釉面光亮晶莹,色彩丰富雅致,镶于建筑物内墙之上,美观大方
石光彩色釉面砖(石光彩色瓷砖) 代号:SHG	釉面半无光,不晃眼,色泽一致,色调柔和,镶于建筑物内墙之上,优美清新
花釉面砖(花釉瓷砖) 代号:HY	系在同一砖上,施以多种彩釉,经高温烧成。色釉互相渗透,花纹千姿百态,有良好的装饰效果
结晶釉面砖(结晶釉瓷砖) 代号:JJ	晶花辉映,纹理多姿,镶于建筑物内墙之上,优雅别致
理石釉面砖(理石釉瓷砖) 代号:LSH	颜色丰富,变化万千,具有天然大理石装饰效果
斑纹釉面砖(斑纹釉瓷砖) 代号:BW	花纹斑烂,美观大方,装饰效果特好
白地图案釉面砖(白地图案瓷砖) 代号:BT	系在白色釉面砖上,装饰各种彩色图案,经高温烧成。纹样清晰,色彩明朗,镶于建筑物内墙之上,优美舒适
色地图案釉面砖(色地图案瓷砖) 代号:YGT、SHGT	系在有光或石光彩色釉面砖上,装饰各种图案,经高温烧成。具有浮雕、缎光、绒毛、彩漆等效果,镶于建筑物内墙之上,别具风格

续表

品　　种	特　　点
虹彩、兔毫、金砂、银砂釉面砖	砖面辉煌,美丽多彩。适于作大厅、走廊的增裙及柱子饰面之用

注:釉面砖的生产单位及其产品商标如下:
福建漳州瓷厂:双菱牌
沈阳陶瓷厂:长城牌
景德镇陶瓷厂:三角牌
温州面砖厂:西山牌
唐山市建筑陶瓷厂:三环牌

(2)白色釉面砖见表 1-177。

白色釉面砖的类型、规格及性能　　表 1-177

类型	名　称	编号	规格 (mm)					技术性能	
			长	宽	厚	圆弧	半径	项目及说明	指　标
正方形	平　边	F_1	152	152	5	—			
		F_2			6	—			
	平边一边圆	F_3	152	152	5	8			
		F_4			6	12		密度(t/m^3)	2.3~2.4
	平边两边圆	F_5	152	152	5	8		吸水率(%)	<18
		F_6			6	12		抗折强度(MPa)	2~4
	小圆边	F_7	152	152	5	5		抗冲击强度(用30g 钢球从 30cm 高处落下三次	不碎
		F_8	152	152	6	7			
		F_9	108	108	5	5			
	小圆边一边圆	F_{10}	152	152	5	5	8	热稳定性(自140℃至常温剧变次数)	≮3次
		F_{11}	152	152	6	7	12	硬度(HB)	85~87
		F_{12}	108	108	5	5	8	白度(%)	>78
	小圆边两边圆	F_{13}	152	5	5	8			
		F_{14}	152	6	7	12			
		F_{15}	108	5	5	8			

续表

类型	名称	编号	规格(mm) 长	宽	厚	圆弧	半径	技术性能 项目及说明	指标
长方形	平边	J_1 J_2	152	75	5 6	— —			
	长边圆	J_3 J_4	152	75	5 6	8 12			
	短边圆	J_5 J_6	152	75	5 6	8 12			
	左二边圆	J_7 J_8	152	75	5 6	8 12		密度(t/m^3) 吸水率(%)	2.3~2.4 <18
	右二边圆	J_9 J_{10}	152	75	5 6	8 12		抗折强度(MPa) 抗冲击强度(用30g钢球从30cm高处落下三次	2~4 不碎
配件砖	压顶条	P_1	152	38	6	—	9		
	压顶阳角	P_2	—	38	6	22	9	热稳定性(自140℃至常温剧变次数)	≮3次
	压顶阴角	P_3	—	38	6	22	9		
	阳角条	P_4	152	—	6	22	—	硬度(HB)	85~87
	阴角条	P_5	152	—	6	22	—	白度(%)	>78
	阳角条一端圆	P_6	152	—	6	22	12		
	阴角条一端圆	P_7	152	—	6	22	12		
	阳角座	P_8	50	—	6	22	—		
	阴角座	P_9	50	—	6	22	—		
	阳三角	P_{10}	—	—	6	22	—		
	阴三角	P_{11}	—	—	6	22	—		
	腰线砖	P_{12}	152	25	6	—	—		

注:①标定尺寸的允许公差(mm)为长:±0.5;宽:±0.5;厚:+0.3,-0.2;圆弧半径:±0.5。

②表列配件砖系用以镶砌阴阳角及压顶角,亦可以一边圆和两边圆砖代替。

(3)彩色釉面砖见表1-178。

各种彩色釉面砖的规格及花色　　表1-178

名　称	规　格 (mm)	花　色
有光彩色釉面砖 (YG)	108×108×5 152×152×5	粉红,奶黄,柠檬黄,浅米黄,深米黄,赭色,果绿,浅果绿,深果绿,铜绿,橄榄绿,天蓝,浅天蓝,深天蓝,粉紫,雪青,玫瑰紫,紫色,浅灰,中灰,深灰,黑色
石光彩色釉面砖 (SHG)	108×108×5 152×152×5	浅粉红,深粉红,浅米黄,深米黄,黄绿,蓝绿,铜绿,天蓝,浅蓝,蛋青,黑色
花釉面砖 (HY)	108×108×5	棕,绿,白,黄桔,棕桔
结晶釉面砖 (JJ)	108×108×5	深绿,浅绿,蓝,浅棕
理石釉面砖 (LSH)	152×152×(6,5)	各种颜色的大理石花纹
斑纹釉面砖 (BW)	152×152×5	黄,棕,浅咖啡,其他色
白地图案釉面砖 (BT)	152×152×(5,6) 108×108×5	白地,各种颜色图案
色地图案釉面砖 (YGT,SHGT)	152×152×5 108×108×5	石光蓝绿,石光天蓝,金砂釉,石光粉红,有光浅蓝,有光赭色,有光蓝绿,有光深灰,有光水绿,有光米黄
	210×315×10 152×152×5 108×108×5	有光蓝绿,有光果绿,有光米黄,兔毫釉,虹彩釉,金砂釉,银砂釉

2. 面砖(外墙贴面砖)

见表 1-179。

面砖的花色品种、规格、性能及施工注意事项　　表 1-179

名称	花色品种	规格(mm)	特点及性能	质量要求及保管方法	施工注意事项
面砖(外墙贴面砖)	分有釉、无釉两种。前者有白、黄、棕、粉红、翠绿、蓝绿、咖啡、金砂釉、花斑釉、立体彩釉等色;后者有白、浅黄、深黄、红、绿等色。无釉者又分毛面、光面两种	200×100×(9,12),150×150×8,150×75×12,75×75×8,200×64×(13,18),95×64×(13,18)	色调柔和,耐水抗冻,经久耐用,对建筑物有良好的装饰和保护作用。有釉者吸水率不大于8%	质量要求颜色均匀,规格一致,整齐方正,无凹凸不平、缺棱掉角、裂缝夹心和缺釉现象 保管时应按规格、花色分类,覆盖存放	1. 面砖使用前须在清水中浸泡2~3h后,阴干备用; 2. 底子灰抹完后,一般须养护1~2d,方可贴砖; 3. 面砖全部贴完后,应用稀盐酸刷洗表面,随刷随用水清洗干净
线　砖	有黄线砖、绿线砖、蓝线砖、其他色线砖多种		线条优美,其他同上		

3. 花岗石、大理石及水磨石饰面板

(1)产品规格、性能及技术指标见表 1-180、1-181、1-182。

(2)安装、运输、贮存见表 1-183。

4. 人造花岗石及人造大理石饰面板

见表 1-184。

5. 玉石合成饰面板

见表 1-185。

花岗石饰面板的产品规格、性能及技术指标

表 1-180

名称	规格 (mm)	性能及特点	技术指标	
			项目	指标
花岗石磨光 花岗石磨粗	厚 25 ~ 100，长、宽根据需要加工 厚 90 ~ 200，长、宽根据需要加工	耐磨、耐火、耐大气及化学侵蚀，坚固耐用，美观大方。有红、白、青、黑麻、金点粉红等色	表观密度(kg/m³) 抗压强度(MPa) 抗折强度(MPa) 抗剪强度(MPa) 吸水率(%) 膨胀系数(10^{-6}/℃) 平均重量磨耗率(%)	2500 ~ 2700 120 ~ 250 8.5 ~ 15 1.3 ~ 1.9 < 1 5.6 ~ 7.34 11

大理石饰面板的产品名称、规格及技术指标

表 1-181

名称	规格 (mm)	特点	技术指标
汉白玉，芝麻白，余杭白，雪花白，乳白，银晶，雪浪，奶油石，松香黄，香蕉黄，锦黄，玉锦，残雪，菊香，秋香，齐灰，条灰，杭灰，川灰，晚栗，紫豆瓣，紫螺纹，杂紫，紫地满天星，铁岭红，紫英红，砾石红，朝霞红，灵红，壁红，桃红，美人蕉，粉荷，紫云石，咖啡石，酱色花，珊瑚花，莱阳绿，栖霞绿，丹东绿，荷花绿，浅绿，翠绿，斑绿，孔雀绿，青云石，艾叶青，全黑，白精黑，墨壁，墨雪，墨玉，黛玉，芝麻黑，邵阳黑，磬云黑，胥口黑，虎皮，豹皮花，碧波，皖螺，压皖螺，红皖螺	一般产品规格： 20 × 305 × 305， 20 × 400 × 400， 20 × 150 × 150 其他规格按需要加工	花色多样，光滑美观。属高级装修材料，但不宜用于室外	表观密度(kg/m³)： 2600 ~ 2800 抗压强度(MPa)： 93 ~ 100 抗弯强度(MPa)： 7.8 ~ 16 肖氏硬度(度)： 45

水磨石饰面板的产品规格、特点及技术指标 表 1-182

名称	规格 (mm)	花色品种	技术指标
地面板	25×400×400 (19,20)×305×305	1. 各种底色,各色石子 2. 各种图案 3. 所用水泥有青、白水泥两种,所用石子,有大、小、尖、圆等种。根据所用石子形状及大小的不同,称为"小尖板"、"小圆板"、"大尖板"、"大圆板"等	抗压强度(MPa):35~45 抗折强度(MPa):5 光泽度(度):20~50
墙面板	(25~30)×(300~400)×(400~800)		
柱面板	(25~30)×(300~400)×(400~800)		
踢脚板	120×(400~500)		
窗台板	30×(140,200,330)×(600~1200)		

花岗石、大理石、水磨石饰面板的安装方法及运输、贮存注意事项 表 1-183

项目	说明
安装注意事项	花岗石、大理石、水磨石饰面板的安装,小规格及大规格有所不同,前者(边长 < 400mm 者)可以 1:3 水泥砂浆在基层上打底,凝固后在已湿润的板材底上涂以 2~3mm 厚的素水泥浆进行粘贴。后者(边长 > 400mm 者)则须先在基层表面绑扎钢筋网(与结构预埋构件绑扎牢固),并将板材按设计要求用钻头打成圆孔,穿以镀锌钢丝或铜丝,与钢筋网绑扎、固定。随时用托线板靠直靠平,保证板与板交接处四角平整。板材与基层间须留出 20~50mm 缝隙,以便灌浆。灌浆时须注意下列各项: 1. 板材须分行安装(即安装一行、固定一行、灌浆一行,然后再安装一行、固定一行、灌浆一行),安装后用纸或石膏将底及两侧缝隙堵严,上下口用石膏临时固定; 2. 板材固定后,用稠度为 80~120mm 的 1:2.5 水泥砂浆灌缝,每次灌浆高度一般为 200~300mm。初凝后再继续灌注(高度同上),直至距板材上口 50~100mm 为止; 3. 将上口临时固定的石膏剔掉,将缝清理干净,再安装第二层板材。如此依次由下向上安装、固定、灌浆,直至全部安完为止; 4. 必须注意浅色饰面板所用的灌浆材料须用白水泥、白石屑; 5. 大理石或水磨石饰面板安装后,如表面光泽受到影响,可以重新打蜡出光。花岗石饰面板则可根据污染程度的不同,用稀盐酸刷洗,并随刷随用清水冲净

续表

项目	说明
运输、贮存注意事项	1. 花岗石、大理石、水磨石饰面板须成捆运输，每捆最多10块（400×400者）。必须用草绳或其他绳索捆紧扎牢。每两块板须使光面与光面相对，光面之间，须用质细；坚韧的整纸垫隔，以免损坏表面光泽。每捆的规格、花色必须相同，并须注明编号； 2. 运输及搬运中严禁摔掷、碰撞，尤其是板的棱角，必须注意保护，应保证完整。装车要紧密稳固，空隙处用纸垫实、塞实、严禁松动、冲撞。木箱包装的饰面板，如使用机械装卸，一次起吊以不超过两箱为宜。并须轻起轻落，以防损坏包装； 3. 散装的大型饰面板须直立搬运，下放时须使背面棱先着地。吊运或抬运时，受力处应加衬垫； 4. 饰面板不宜露天存放，宜存于库内。成捆成箱者须将同种规格、品种、花色、编号者存于一处，以免混乱。堆码高度不宜超过1.6m； 5. 散置饰面板应直立堆垛，并使光面相对，顺序倾斜放置。倾斜度不应大于15°。底层与每层间须用弹性材料支垫。花岗石饰面板垛高不得超过1.7m，大理石、水磨石者不宜超过1.6m

人造花岗石及人造大理石饰面板的产品规格、制作方法及技术指标　表1-184

名称	说明	规格（mm）	技术指标
人造花岗石装饰板及人造大理石装饰板	人造花岗石、人造大理石饰面板系以石粉及粒径小于3mm的石渣为主要骨料，以树脂为胶结剂，经注入模具，一次成型，加工而成。也可以较大粒径的石渣为骨料，以树脂为胶结剂，经搅拌，注入钢模.真空震捣，加工成坯，锯开磨光，切割成材。板的底色及骨料的规格和颜色，可仿天然花岗石或天然大理石配制。前者加工后即成为人造花岗石饰面板，后者加工后即成为人造大理石饰面板 人造花岗石、大理石饰面板可用水泥砂浆或树脂胶粘剂粘贴	厚5、8、10，需要时亦可将板边加厚成15、20、25、30，或其他厚度。但板心厚度不变，仍为5、8、10，长、宽尺寸可根据需要设计加工	抗压强度(MPa)：100 抗折强度(MPa)：30 抗冲击强度($N\cdot m/cm^2$)：>0.1 光泽度(度)：<70 硬度(HB)：≥35 吸水率(%)：<0.1

玉石合成饰面板的花色品种及技术指标　　表 1-185

花色品种名称	色泽
岫玉硬亮板	绿色
碧玉金星硬亮板	深绿色
京白玉金星硬亮板	白色加金星
岫玉胶亮板	绿色
芙蓉石胶亮板	粉色
紫晶胶亮板	紫色
河南玉胶亮板	墨绿
东陵石胶亮板	草绿
京粉翠胶亮板	粉色
墨玉鸡血板	黑红色
花色板	按要求加工
百玉板	多种名贵玉石
黑白、红彩霞、白绿、白云紫、天蓝红、杏黄白、白云红、褚石红、墨红、墨绿大理石	同花色品种

抗压强度（MPa）	抗折强度（MPa）	表观密度（kg/m^3）	光泽度（度）
62	21.7	1790	90.3

注：①玉石合成板的规格一般为 20×500×500（同大理石及水磨石），但其他规格均可根据需要加工，不受任何限制；

②玉石合成板的铺贴方法与一般大理石、水磨石完全相同。

6. 无纺贴墙布见表 1-186。

7. 装饰板

(1)木质装饰板见表 1-187。

(2)塑料装饰板见表 1-188。

(3)玻璃钢装饰板见表 1-189。

无纺贴墙布的性能、特点、规格及技术指标　表 1-186

分类及说明	性能特点	规格 (mm)	技术指示		
			项目	涤纶无纺布	麻质无纺布
无纺贴墙布分麻、涤两种。前者系以棉麻等天然纤维为基底，后者系以涤、腈等合成纤维为基底，两者均经无纺成型、树脂涂装、花纹印刷等工艺加工而成	质挺，弹性好，细洁光滑，花色鲜艳，图案多样，便于粘贴，有良好的防潮、透气性能，纤维不易折断，不老化，对皮肤无刺激作用	厚：0.12～0.18 宽：850～900 重量(g/m^2)： 涤纶无纺贴墙布：75 麻质无纺贴墙布：100	强度 (MPa)	7.5	10.0
			粘贴强度 (kg/2.5cm)	0.55（贴在混合砂浆底上）	0.20（贴在混合砂浆底上）
				0.35（贴在油漆墙面上）	0.15（贴在油漆墙面上）

注：①表列粘贴强度，系以聚醋酸乙烯乳液加化学浆糊为粘贴剂的强度。
②无纺贴墙布的粘贴剂可用下列两种（体积比）：
a. 聚醋酸乙烯乳液（即白胶）：鹅牌化学浆糊：水＝4:5:1，配好后经 40 目绷筛过滤后始得使用；
b. 聚醋酸乙烯乳液：羧甲基纤维素：水＝5:4:1，配好后经 40 目绷筛过滤后始得使用。

木质装饰板的品种、产品规格及技术指标　表 1-187

名称	说明	规格 (mm)	技术指标
微薄木装饰板	系以精密设备将珍贵树种刨切为 0.2～0.5mm 厚的微薄木片，再用高强胶粘剂将木片粘贴于胶合板或其他人造板上而成。具有木纹逼真、质感特强、美观大方、使用方便等特点	同基层材料（如胶合板等）	同基层材料
印刷人造板	系在胶合板、硬质纤维板、刨花板等人造板上，以凹板花纹胶辊转印套色印刷机印制而成。可印成各种颜色、花纹（如木纹、大理石纹等）。生产设备简单，产品美观大方	同基层材料，如“印刷纤维板”的规格为： 3.5×1200×2480 3.5×915×1830	同基层材料

表 1-188

塑料装饰板的品种、产品规格及技术指标

名称	说明	规格 (mm)	技术指标
聚氯乙烯塑料装饰板(又名硬质塑料装饰板)	系以聚氯乙烯树脂加以色料、稳定剂等,经捏合、混炼、拉片、切粒、挤出成型等工艺制成。表面光滑,色彩鲜艳,花纹美观清晰。具有耐磨、耐湿、耐酸碱、不变形、不怕烫、易清洗、易施工、可锯可钉可刨等特点。既可单独使用,又可作贴面使用	厚:1~3,2~5,6~10 宽:800~1200 长:1600~2000 花色:多种,以黄、棕、褐色居多,并配有各种木纹图案	抗拉强度(MPa): 纵向:≥50 横向:≥40 抗弯强度(MPa): 纵向:≥90 横向:≥80 密度(g/cm^3):1.35~1.60 耐香烟灼烧:不留痕迹
聚氯乙烯透明装饰板	系以聚氯乙烯为主要原料,加入适量助剂,经挤出成型而成。有白色及彩色多种。表面光滑平整,透明度高,美观大方	(3~6)×(1220~1250)×(400~4000)	可参考上栏指标
聚氯乙烯透明、不透明彩色装饰片材	工艺同上。具有美观、质轻、透明度好(指透明片材)、热变形温度高、受热伸缩率小、耐酸碱、耐老化、便于切割等特点。透明彩色片材可代替玻璃、彩色玻璃、弧形玻璃等作室内外装饰之用,亦能代替有机玻璃作门面、招牌及各种装饰之用。不透明彩色片材及复合板材,可做吊顶、间隔墙、地砖等用	幅宽:1600 厚度:1 长度:600~4000	抗张强度(MPa): 30~56 断裂伸长率(%): 15~50 维卡软化点(℃): 65~75

续表

名称	说明	规格 (mm)	技术指标
软质塑料装饰板	系以聚氯乙烯树脂为原料，加入配合剂，经热压成型，加工而成。具有质轻柔软、色彩鲜艳、耐磨、耐酸碱、耐高压、防潮、吸水性小等特点。可单独使用，亦可与金属或木材、水泥复合使用	600×1100 800×1800 （亦可按需要加工） 颜色有棕、天蓝、灰、黑等多种	抗张强度(MPa)： ≥10(纵、横向) 断裂延长率(%) ≥15(纵、横向)
三聚氰胺装饰板	系以三聚氰胺—甲醛树脂浸渍的表层纸和木纹纸各一张，与7~9层酚醛树脂浸渍的牛皮纸叠合，在高温高压下压制而成的纸质层积塑料板。可仿制各种珍贵树种木纹或图案，鲜艳美观。具有硬度大、耐磨、耐热、耐化学腐蚀、易清洗、可锯钻刨切等特点。分有光、无光(柔光)两种。可粘贴在各种人造板上，制成复合装饰板用，亦可直接贴于墙面、柱面、墙裙、踢脚板等处，做装饰面用	(0.8~1)×(950~1220)×(1750~2440)	密度(g/cm^3)： 1.4~1.5 抗拉强度(MPa)： ≥80 耐冲击强度($kg\cdot cm/cm^2$)：4~6 表面硬度(布氏，kg/mm^2)：>25

续表

名称	说明	规格(mm)	技术指标
钙塑装饰板	系以聚氯乙烯、轻质碳酸钙为主要原料加工而成。具有花色美丽、光滑平整、防潮耐腐、装饰美观等效果	(1～10)×(620～1000)×(1250～2000)	密度(g/cm^3):1.3～1.7 弯曲强度(MPa):>60 抗拉强度(MPa):>26 耐冲击强度($kg\cdot cm/cm^2$):>5 表面硬度(布氏,kg/mm^2):>20 吸水性(%):0.4～0.6 耐热性(℃):>60
PVC中空隔墙板(又名空格钙塑装饰板)	系以聚氯乙烯钙塑材料经挤出并加工成中空薄板而成。可作室内隔断、装修及搁板之用。具有质轻、防霉、防蛀、耐腐蚀、不易燃烧、安装方便、美观等特点	宽:168 厚:22 长:任意 花色:有各种颜色及各种仿木纹及其他花纹	可参考钙塑装饰板指标

玻璃钢装饰板的规格及技术指标　　表 1-189

说　　明	规 格（mm）	技术指标
系以玻璃纤维布为基体，以聚酯树脂等为主要材料，加入固化剂、催化剂后经红外线高温辐射制成。花色多样，木纹、石纹、其他图案均有，光亮美观。具有硬度大、耐酸碱、耐磨、耐高温等性能。可粘贴在各种基层或人造板上，作建筑装修及墙体装修之用。装饰板还可采取电镀加工，镀成各种颜色，装饰效果特佳	厚：0.5～1 宽、长： 根据需要加工	同一般玻璃钢

8．粉刷材料

(1)颜料见表 1-190。

粉刷颜料的选用指南　　表 1-190

色 系	应选用的颜料	说　　明
白色系	钛白粉 分子式：TiO_2	钛白粉的主要成分为 TiO_2，系白色粉末。在自然界中以金红石、锐钛和板钛三种晶型存在。可由钛铁矿用硫酸法制取。化学性质稳定，耐热性好，遮盖力强。室外粉刷应用金红石型钛白粉，不得用锐钛型钛白粉（耐光性较差）。室内粉刷可用锐钛型钛白粉。采购及施工时务须注意
黄色系	地板黄	矿物颜料，呈暗淡黄色，遮盖力低，着色力差。只宜作清水墙刷浆之用
红色系	银朱（俗名朱砜，学名硫化汞） 分子式：HgS	颗粒极细，系红色粉末。遮盖力、着色力均强。极耐酸碱，仅溶于王水
	镉红（俗称大红色素） 分子式：3CdS·2CdSe	系由硫化镉（CdS）、硒化镉（CdSe）和硫酸钡组成。耐光、耐碱、耐热性能均好，但耐酸较差

续表

色系	应选用的颜料	说明
红色系	氧化铁红(俗称铁红、铁丹、西洋红、印度红) 分子式:Fe_2O_3	系由铁盐溶液沉淀制成。耐碱不耐强酸,耐光、耐热、耐候性好,遮盖力很强,并能抵抗紫外线的侵蚀。粉粒径为 0.5~2μm
	红土	系天然三氧化二铁,经研磨后漂洗而成。性能与氧化铁红相似,但颗粒较硬,难于分散,且颜色暗淡,只宜作清水墙刷浆之用
绿色系	铬绿(又名氧化铬绿) 分子式:Cr_2O_3	主要成分为三氧化二铬(97%~99%)。耐光、耐热性较好,遮盖力强,但不耐酸碱,因此不宜用于以水泥或石灰为胶凝材料的粉刷中
	酞青绿 分子式:$C_6H_4C_2N$	在铜酞青蓝分子中引入 14~16 个氯原子而成。着色力、遮盖力均强,耐碱性优良,化学结构稳定
紫色系	氧化铁紫(俗称铁紫) 分子式:Fe_2O_3	系以氧化铁红经高温煅烧而成。色紫红,不溶于水
蓝色系	酞青蓝 分子式:$C_6H_6C_2N$	主要品种为铜钛青蓝。又分为 α、β 两种晶型,其性质以后者更为稳定。着色力强,耐碱性特好,是重要的、优良的蓝色粉刷颜料。可用于室内外粉刷
	钴蓝 分子式:$Co(AlO_2)_2$	系由氧化钴、磷酸钴等与氢氧化铝或氧化铝混合而成。耐热、耐光、耐酸碱性能均好
	氧化铁蓝(又名铁蓝、普鲁士蓝) 分子式:Fe_2O_3	为蓝色粉末。遮盖力、着色力及耐光、耐碱、耐热性能均好。 可用于室内外粉刷
	群青(俗名佛青、洋蓝) 分子式:$Na_7Al_6Si_6S_2O_4$	半透明的蓝色颜料,由纯碱、高岭土、硫黄、木炭等,经高温煅烧而成。耐光、耐热、耐碱,但遇酸变色。着色力、遮盖力均较差。可用于室内外粉刷

续表

色系	应选用的颜料	说明
棕色系	氧化铁棕(俗称铁棕) 分子式:Fe_2O_3 及 Fe_2O_4	系氧化铁红及氧化铁黑的机械混合物。有的产品还掺有少量氧化铁黄。性能与氧化铁红相同。可用于室内外粉刷
黑色系	炭黑(俗称墨灰、乌烟) 分子式:C	系有机物受热分解而成的无定形碳,按所用原料不同,有天然气烧成的“气黑”,油类烧成的“灯黑”等。按制法不同又分为“槽黑”、“炉黑”等。按产品性能又有补强炭黑、高耐磨炭黑、高色素碳黑等。着色力、遮盖力均好
	氧化铁黑(俗称铁黑) 分子式:Fe_3O_4 或 $Fe_2O_3 \cdot FeO$	系氧化亚铁及三氧化二铁合成而得的黑色粉末颜料。遮盖力、着色力均强,耐晒、耐碱、耐光。可用于室内外粉刷
金属颜料系	金粉(俗称黄铜粉、铜粉)	为铜及锌合金的合成物。按铜锌的不同配比,有青金、黄金、红金等色。遮盖力强,规格有 170~400 目及 1000 目等。可用于室内外装饰

(2)胶料见表 1-191。

胶料的品种、说明及配制注意事项　　表 1-191

名称	说明	配制方法及注意事项
牛皮胶	系以动物皮制成。溶于热水不溶于有机溶剂。粘度一般为 3~5°E	用时须隔水加温,使之溶化。稀稠度可随意调整。用时可按下列体积比配制:皮胶:水=1:4
骨胶	系以动物骨骼制成。有片状、粒状、粉末状多种。粘度约为 2.2~3.4°E	配制方法及注意事项同牛皮胶
聚醋酸乙烯乳液(白乳胶)	俗称木工胶。胶液无毒、无腐蚀,基本上呈中性,pH(5%水溶液)为 6.5~7	将乳液加水稀释,即可使用。配色浆时可按下列重量比配制:白乳胶:水:钛白粉:色浆=33:33:36:4

续表

名　称	说　　明	配制方法及注意事项
聚乙烯醇	系由醋酸乙烯水解而成。为白色粉末,能溶于水	按聚乙烯醇:水=(5~10):100(重量比)将聚乙烯醇倒入水中,隔水加温至85~90℃,边加温边搅拌,直至完全溶化后即可使用
108胶	系水溶性胶体,透明微黄,是粉刷工程中较经济、适用的有机胶料之一。密度为1.05~1.06,固体含量为10%~12%,pH值为7~8。水泥浆中掺入适量的108胶,可提高涂层的柔韧性,减少开裂倾向,加强涂层与基层之间的粘结性能,使粉刷不易爆皮剥落;可提高面层的强度,使粉刷不致粉酥掉面;可使粉饰面便于涂刷,颜色匀实	可以任意比例用水稀释。水泥浆中的掺量一般为水泥重量的20%~30%,最大不得超过40%; 108胶必须贮存于耐碱容器内; 108胶除可作粉刷胶料之外,还可掺入水泥浆中作粘贴瓷砖、陶瓷锦砖、石膏板等之用
鹿角菜(又名鸡脚菜、麒麟菜、龙须菜、石花菜)	系海生低级生物,黏性颇大。可熬成胶加入粉刷色浆之内,作为胶料之用	将鹿角菜用冷水洗净,加入菜重3倍的水中,用火煎成液汁,再用40目筛过滤,冷后即成鹿角菜胶
血料(猪血)	系以猪血加工而成。各大城市均有成品血粉或血浆供应,如无成品,可按右栏自行配制	将猪血用稻草或麦草搓烂过筛,再按猪血与石灰浆为50:1的体积比,将石灰浆加入,几小时后即结成青黑色厚浆(名为,"血料")。用时以血料5倍的清水将血料调薄,用80目筛过滤后,即成猪血水胶

(3)纤维材料见表1-192。

粉刷用纤维材料的名称、质量标准及使用规定　表 1-192

名　称	质　量　标　准	使　用　规　定
麻刀（麻丝）	以坚韧、干净、均匀、不含杂质为准	用时须将麻刀剪成 20～30mm 长，并须敲打松散，每 100kg 石灰膏内掺以 1kg 麻刀，即成麻刀灰
纸筋	以坚韧、干净、不含杂质、垃圾为准	将纸筋撕碎，除去尘土，用清水浸透，按石灰膏：纸筋 = 100：2.75 的重量比掺入淋灰池内，使用时用小钢磨搅拌打细，并用 3mm 孔径筛子过滤后，即成纸筋灰
稻草或麦草	以整齐、干净、不含泥土及其他杂质为准	用铡刀铡成长度 5mm 左右的草筋，放入石灰水中浸泡，15 天后始得使用。亦可用石灰水浸泡软化后，轧磨成纤维质当纸筋使用
玻璃纤维	以干净、不掺杂物与泥土为准	将玻璃纤维切成 10mm 左右的玻璃丝，按石灰膏：玻璃丝 = 1000：(2～3)的重量比，将玻璃丝加入石灰膏中，搅拌均匀即成玻璃丝灰

9. 装饰涂料

(1)内墙装饰涂料的品种及说明见表 1-193。

内墙装饰涂料的品种及说明　表 1-193

名　称	说　明	备　注
106 涂料	系以聚乙烯醇、水玻璃为成膜物质，掺入钛白粉、着色颜料及填料和适量助剂，经高速搅拌、研磨分散而成的一种无毒、无臭的水溶性涂料。有各种颜色，能在稍潮湿的混合砂浆、石灰砂浆、纸筋灰及砖、石、混凝土表面上喷、刷，具有干燥快、粘结力强、表面光洁、施工方便、可以擦洗等优点	106 涂料名称颇多，如 801、821、彩色内墙涂料等。但不论名称如何，凡以聚乙烯醇、水玻璃为成膜物质等，均系 106 涂料

续表

名　称	说　　明	备　　注
803 涂料	系以聚乙烯醇缩醛胶为成膜物质，掺入填料、颜料、辅料等，经研磨而成的一种无毒、无臭的水溶性涂料。具有色彩多样、遮盖力强、施工方便、可以擦洗等特点	
FN - 841 涂料	系以复合高分子粘结剂为成膜物质，以矿物硅酸盐为填料，加入颜料、辅料等，经加工而成的一种无毒、无味、不燃烧、不沉淀的水溶性涂料。具有附着力强、防潮、防水、不掉粉、可以擦洗、可在含水率 15%以下的墙面上施工等优点	
206 内墙涂料（氯—偏共聚乳液内墙涂料）	系以氯—偏共聚乳液为主料，加以掺合剂等加工而成。有各种颜色。具有无毒、无味、耐水、耐碱、可在稍潮湿的基层上施工等特点。该涂料由两组分配成，一组分为氯偏清漆，一组分为色浆。使用时按氯偏清漆：色浆 = 3:12 配用	
过氯乙烯内墙涂料	系以过氯乙烯树脂为成膜物质，加入稳定剂、增塑剂、填充剂、颜料等，加工而成。具有耐老化、防水、彩色丰富、施工方便等特点	
苯乙烯焦油涂料	系以苯乙烯焦油为主料，加以掺合剂、颜料等，加工而成。有各种颜色，具有防水、耐酸碱、光亮、粘附力强等特点	

注：各种内墙涂料的施工方法及使用注意事项，不尽相同，应参照各种产品的“产品说明”办理。

(2)外墙装饰涂料的品种及说明见表 1-194。

外墙装饰涂料的品种及说明 表 1-194

名称	说明
JGY 822 无机建筑涂料	系以碱金属硅酸盐溶液为成膜物质,加入着色剂、填充剂、固化剂、表面活性剂等加工而成的水溶性涂料。有各种颜色。具有耐酸碱、耐污染、耐晒、耐冲刷、粘结力强、可刷可喷可涂、施工方便等特点。共分细料型、带石英砂型、带云母及石英砂型三种
104 外墙涂料	系以有机高分子粘结剂和无机粘结剂为基料,加入填充料、砂、颜料等加工而成的一种无毒、无臭的水性厚质涂料。有各种颜色。具有涂层厚、干燥快(粉后约 1 ~ 2h 即可干燥)、防水性及粘结力强等特点
砂胶外墙涂料	材料组成同上,所不同者,砂胶外墙涂料是一种无毒、无臭的珠状涂料。有各种颜色。具有粘结力强、干燥快、防水及抗老化性能优良等特点
过氯乙烯外墙涂料	同表 1-193 中的过氯乙烯内墙涂料
苯乙烯外墙涂料	系以苯乙烯焦油脱水溶解,并与干性油拌匀,再掺以溶剂、填料、颜料、稀释剂等加工而成。有各种颜色。具有耐酸碱、粘结力强、防水性好等特点
氯化橡胶外墙涂料	系以天然橡胶或合成橡胶在一定条件下反应而成的白色粉末,溶解后加入增塑剂、颜料、树脂、助剂等加工而成。有各种颜色,具有耐水、耐久、耐酸碱、施工方便等特点
206 外墙涂料(氯—偏共聚乳液外墙涂料)	同 206 内墙涂料(见表 1-193)。但组分配比为:氯偏清漆:色浆 = 4:11
彩色饰面弹涂粉料	系以各种天然固体颜料,经充分研磨、加工而成。有各种颜色。可与 108 胶配成各种色浆用弹涂工具弹射在墙面上,形成直径 1 ~ 5mm、大小不同的圆点,然后再罩以聚乙烯醇缩丁醛,则饰面层可抗水、抗晒,坚固耐久,不易污染

续表

名　称	说　明
环氧高级外墙涂料（又名SE-1型外墙涂料）	系以环氧乳液为基料，加以填料、颜料等配制而成的水性厚浆涂料。本产品为双罐装，固化剂为低分子量聚酰胺。本涂料可刷涂、滚涂、喷涂，涂层质感丰满、美观大方。具有粘结力强、使用安全方便、抗水、耐晒等特点。如用水性丙烯酸罩面清漆罩面，则耐老化、耐污染、耐水等性能更为优越
上光防水清漆	系以聚苯乙烯树脂配以其他材料加工而成。无色。内墙涂料用于外墙时，可在涂料表面上罩本清漆一道，则防水性能良好，表面光亮，不易污染

注：各种外墙的施工方法及注意事项，不尽相同，应参照各种产品的"产品说明"办理。

1.11.4　地面装修材料

1. 砖石类地面

(1)陶瓷锦砖(马赛克纸皮砖)

1)陶瓷锦砖的分类、主要形状和规格见表1-195。

陶瓷锦砖的分类、主要形状和规格　　　表1-195

名　称	形状示意图	分　类	规格(mm)				
			a	*b*	*c*	*d*	厚度
正方	(正方形，边长 *a*、*b*)	大　方	39.0	39.0	—	—	5.0
		中大方	23.6	23.6	—	—	5.0
		中　方	18.5	18.5	—	—	5.0
		小　方	15.2	15.2	--	—	5.0
长方(长条)	(长方形，长 *a*、宽 *b*)	长　方(长 条)	39.0	18.5	—	—	5.0

续表

名称	形状示意图	分类	规格 (mm)				
			a	*b*	*c*	*d*	厚度
对角		大对角 小对角	39.0 32.0	19.5 16.2	27.8 22.4	— —	5.0 5.0
斜长条（斜条）		斜长条（斜条）	36.0	12.0	—	24.0	5.0
长条对角		长条对角	7.7	15.4	11	22.3	5.0
五角		大五角 小五角	23.6 18.5	23.6 18.5	— —	35.4 27.8	5.0 5.0
半八角		—	15.2	30.4	—	22.3	5.0

续表

名　称	形状示意图	分　类	规　格　(mm)				
			a	*b*	*c*	*d*	厚度
六角		—	25.0	—	—	—	5.0

注：表列尺寸系参考数字，各厂产品不尽相同。

2) 陶瓷锦砖的质量分级及其产品的技术性能，见表1-196。

陶瓷锦砖的质量分级及其产品的技术性能　表1-196

名称	项　目	标定规格(mm)	分级的允许公差(mm)		产品技术性能			
			一级品	二级品	项　目	指　标	项　目	指　标
单块锦砖	边　长	<25.0 >25.0	±0.5 ±1.0	±0.5 ±1.0	表观密度(g/m^3)	2.3~2.4	耐酸度(%)	>95
	厚　度	4.0 4.5	±0.2	±0.2	抗压强度(MPa)	15~25	耐碱度(%)	>84
拼花锦砖(每联)	线　路	2.0	±0.5	±1.0	吸水率(%)	<0.2	莫氏硬度(%)	6~7
	每联边长(正方)	305.5	+2.5 −0.5	+3.5 −1.0	使用温度(℃)	−20~100		

3)拼花陶瓷锦砖的图案及规格见表1-197。

(2)铺地砖

见表1-198。

拼花陶瓷锦砖的图案及规格 **表 1-197**

每联规格（mm）	拼花陶瓷锦砖产品，在出厂前均已按各种图案拼好，反贴在牛皮纸上（满贴）。该纸每张长宽各约 305.5mm 或 326.0mm，称为一"联"。其面积约为 $0.093m^2$，每 40 联为一箱，每箱约 $3.7m^2$											
拼花图案	编号	拼 1	拼 2	拼 3	拼 4	拼 5	拼 6	拼 7	拼 8	拼 9	拼 10	拼 11
	说明	大方、中大方、中方、小方分别与大方、中大方、中方、小方相拼	长条与长条相拼	长条与中方相拼	长条与大方、中方相拼	斜长条与斜长条相拼	对角与正方相拼	对角与正方相拼	长条对角与正方相拼	五角与正方相拼	半八角与正方相拼	六角与六角相拼
	图案示意	拼 1　拼 2　拼 3　拼 4　拼 5　拼 6　拼 7　拼 8										

续表

每联规格（mm）	拼花陶瓷锦砖产品，在出厂前均已按各种图案拼好，反贴在牛皮纸上（满贴）。该纸每张长宽各约 305.5mm 或 326.0mm，称为一“联”。其面积约为 $0.093m^2$，每 40 联为一箱，每箱约 $3.7m^2$										
拼花图案	编号	拼　1	拼 2	拼 3	拼 4	拼 5	拼 6	拼 7	拼 8	拼 9	拼 10	拼 11
	说明	大方、中大方、中方、小方分别与大方、中大方、中方、小方相拼	长条与长条相拼	长条与中方相拼	长条与大方、中方相拼	斜长条与斜长条相拼	对角与正方相拼	对角与正方相拼	长条对角与正方相拼	五角与正方相拼	半八角与正方相拼	六角与六角相拼
	图案示意	 拼 9 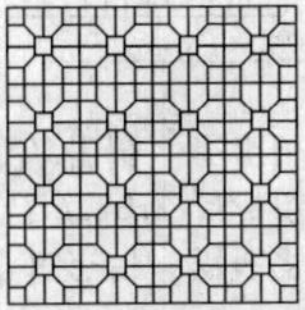　拼 10 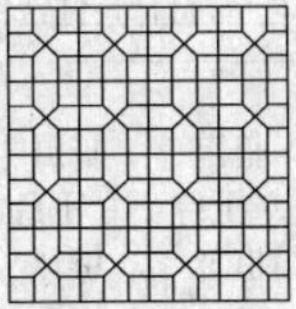　拼 11 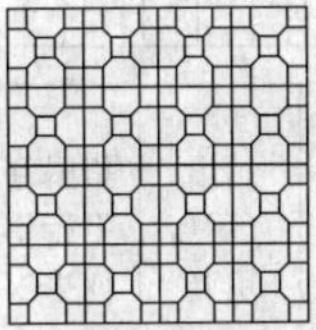　拼 12										

铺地砖的品种性能、规格　　表 1-198

名　称	花　色	规　格　(mm)			性　能	特　点
		正　方	长　方	六　角		
各色地砖	有白、浅黄、深黄、其他色等，有单色者亦有带斑点者	150×150×(13,15,20)	150×75×(13,15,20)	115×100×10	冲击强度：6～8次以上 吸水率(%)：各色地砖≯4 红地砖≯8	色调均匀，砖面平整，抗腐耐磨，大方美观，施工方便。图案砖具有更好的装饰效果
红地砖(吸潮砖)	红色(有深、浅之分)	100×100×10				
图案地砖	各种颜色，各种图案					
防滑条(又名梯沿砖)	各种颜色，有单色及带斑点者两种	150×60×12			冲击强度：6～8次以上 吸水率(%)：各色地砖≯4， 红地砖≯8	耐磨防滑，主要用于楼梯踏步、台阶、站台等处，作防滑用

(3)大理石板、水磨石板

见墙面装修材料中大理石板，水磨石板一节。

2. 塑料地板

见表 1-199。

3. 复合地板

见表 1-200。

4. 地毯

见表 1-201。

5. 地面涂料

见表 1-202。

塑料地板的品种、规格及技术指标　　表 1-199

品种	说明	规格(mm)	技术指标
石棉塑料地板	系以聚氯乙烯共聚树脂与石棉、配合剂、颜料等混合后经塑化、压延、冲模而成。具有弹性强、耐腐蚀、自熄、花色美观等特点	(1.5～1.6)×254×254，(1.5～1.6)×305×305	密度(g/cm^3)：1.8～2.0 收缩率(mm)：0.8～1.0 吸水性(%)：0.12 吸油性(%)：0.3～0.4 燃烧性：自熄
钙塑地板	系以聚氯乙烯为主要原料，掺以颜料、矿物质、增塑剂、阻燃剂及其他添加剂，经高压加工而成，具有耐磨、耐腐蚀、易清洗、花色多样等特点	(1.5～1.6)×(150～330)×(150～330)	密度(g/cm^3)：1.5～1.7 抗拉强度(MPa)：>15 抗压强度(MPa)：>70 耐磨(1000 转)：0.11cm 吸水率(%)：0.25 布氏硬度(kg/mm^2)：25 耐燃性：自熄
聚氯乙烯塑料地板	系以聚氯乙烯树脂为基料，加入填料、颜料、增塑剂等，经挤压成型，加工而成。具有质轻、耐磨、耐燃、耐油、耐腐蚀、色彩鲜艳、脚感舒适、施工方便等特点	1.2×300×300 (1～2)×600×900 特殊规格可根据需要加工	耐磨(1000 转)：0.03cm 加热尺寸变化(%)：≤0.5 吸水尺寸变化(%)：≤0.3 抗拉强度(MPa)：7.9 比重(g/cm^3)：1.6～1.7

续表

品种	说明	规格(mm)	技术指标
塑料软地板(又名聚氯乙烯软地板)	系以聚氯乙烯树脂及多种辅助材料配制而成。具有无毒、耐磨、耐寒、耐酸碱、质轻、有弹性、防水、耐火、花色多样、柔软舒适等特点及电绝缘好、使用寿命长等性能	厚度:1.0~1.4 宽度:600~1100 长度:任意 色泽:棕、淡蓝、淡绿、淡黄 拼块地板: 1.4×330×330	拉伸强度(MPa):10 伸长率(%):150 耐低温(℃):28 加热后长度变化量(mm):纵、横向:≤0.6 吸水后长度变化量(mm):纵、横向:≤0.5 重量(kg/m²): 1mm厚约为1.43 1.4mm厚约为2.23
聚氯乙烯地板革	基材有两种,一种为玻璃纤维布,一种为普通布。面层为聚氯乙烯塑料。具有耐磨、易清洗、颜色鲜艳、花色美观、行走舒适、施工方便等特点。分耐寒、防燃地板两种	(2.7, 3.0)×(800~1200)×20000(一卷)	抗拉强度(MPa): 纵向:≥10 横向:≥9 撕裂强度(kg):>1.5

复合地板的品种、规格及技术指标　　表1-200

品种	说明	规格(mm)	技术指标
聚氯乙烯再生胶复合地板	系以再生胶为基层,聚氯乙烯为面层,热压而成。具有弹性好、耐磨、耐温度变化、美观大方、脚感舒适等特点	1.6×(300,330)×(330,330)	耐磨(1000转):≤0.15cm 剥离强度(25±2℃):>0.3kg/cm 长度变化量: 加热后(50℃,6h):≤0.4% 吸水后(25℃,72h):≤0.2% 加热减量:(100℃,6h):≤0.5%

续表

品种	说　　明	规格（mm）	技术指标
聚氯乙烯弹性卷材地板	系于面层与底层之间，复合软质泡沫塑料一层。面层以聚氯乙烯加入填充剂、添加剂等加工而成。具有花色美观、弹性好、行走舒适、耐磨、耐污染、易清洗、不滑、不凉、不燃等特点	(1.4～1.5)×(900～930)×20000	

各种地毯的规格及技术指标　　表 1-201

名　称	说　　明	规格（mm）	技术指标
羊毛地毯（附壁毯）	系以纯羊毛加工制成，分手工织及机织两种。具有柔软、厚实、行走舒适、经久耐用、图案色彩富丽堂皇、质感好、装饰效果佳等特点。有艺术壁毯、提花地毯、舞台地毯、体育地毯……等多种品种	地毯厚：10，13，16 壁毯厚：6.4 手工织者： 2700×3200 3000×3900 其他规格可根据需要加工 机织者： 幅宽不超过 5000 长度按需要加工	地毯：90 道 壁毯：120 道 毛长（mm）：6.4，9.5，12.7 重量（kg/m^2）：约 1.6～2.6

续表

名称	说明	规格（mm）	技术指标
纯羊毛无纺地毯	系以纯羊毛无纺加工而成。具有柔软、舒适、花色多样、使用方便、物美价廉等特点	厚度:6 条形者: 宽 1000,1520,2000 长 5000~20000 方形者: 500×500	断裂强度(kg/50mm): 经向:≥65 纬向:≥70 剥离强度(kg/40mm): ≥4 色牢度: 干磨擦:≥2级 湿磨擦:≥3级
化纤地毯	系以丙纶或腈纶为原料,经簇绒法和机织法制成面层,再与麻布背衬加工而成。具有弹性好、行走舒适、耐磨、耐燃、重量轻、价格廉、色彩鲜艳、既可摊铺也可粘铺等特点	(7~10)×(1400,1600,1800,2000)×20000	重量(kg/m^2): 丙纶者:1.5 腈纶者:1.9
合成纤维栽绒地毯	系以聚氯乙烯树脂、增塑剂等,经混炼、塑制而成。除具有羊毛地毯各种优点外,还具有色泽艳丽、不蛀、不霉烂、耐磨、价廉、易清洁等特点。品种有圈绒、切绒两种	绒毛高度:5,7,9 幅宽:4000 长:25m/卷	针距:$\frac{1}{10}$in 切绒 地毯:丙纶长丝 圈绒地毯:尼龙长丝

地面涂料的品种、组成、特点及技术指标　表 1-202

品种名称	组成或说明	特　点	颜　色	技术指标
地面涂料红	系由聚苯乙烯树脂与抗老化剂、增塑剂、颜料等组成(属单组分型)	施工简便,便于清洗,漆膜坚固,可用于新老水泥楼、地面	紫红	固体含量(%):35
苯乙烯地面涂料	系由苯乙烯焦油经热炼处理再加入其他辅料调制而成(属单组分型)	粘结力及防水性好,能防止水泥地面起砂,有一定的抗酸碱作用	铁红墨绿	表干(25℃,相对湿度 80%):0.5h 实干(条件同上):24h 耐热度(80℃):8h不发粘
804地面涂料	系以环氧树脂加溶剂、颜料……等加工而成(属单组分型)	干燥快,施工方便,粘结力强,耐磨性好	各种颜色	表干(25℃):25～30min 实干(25℃):5h
改性塑料地面涂料	是一种溶剂型有机高分子涂料(属单组分型)	同苯乙烯地面涂料	棕、铁红及其他色	—
过氯乙烯地面涂料	系以过氯乙烯、增塑剂、填充剂、稳定剂、颜料等,经混炼、塑化、切片、溶于有机溶剂中加工而成(属单组分型)	耐老化性能好,防水性强,彩色丰富,操作方便	黄、绿、白、蓝等色	表干(25℃):25分 遮盖力(g/m^2):≤250 附着力(划格法):1mm 格:100%
缩丁醛地面涂料	系由聚乙烯醇缩丁醛、掺合塑……等组成(属单组分型)	漆膜柔韧,无反光,粘结力强,耐水,耐磨,耐酸碱	各种颜色	—

续表

品种名称	组成或说明	特点	颜色	技术指标
777 型水性地面涂料	系由水溶性高分子聚合物、填料、颜料、辅料等组成。是一种三组分涂料： *A* 组分：32.5 级水泥 *B* 组分：色浆 *C* 组分：面层罩光涂料	耐水，耐磨，粘结力强	红、棕、黄、咖啡、墨绿	粘结强度(MPa)：2.5 耐磨(g/m^2)：0.006 耐热(100℃，1h)：无变化 耐水(20℃，7d)：无变化
108 胶地面涂料	系以 108 胶、颜料、水泥等配制而成(水泥另加)	耐水，耐磨，价格便宜	棕，紫红，咖啡	—

1.12 建筑油漆(涂料)

1.12.1 常用建筑油漆的分类及组成

1. 常用建筑油漆的分类

见表 1-203。

常用建筑油漆的分类　　表 1-203

分类	油漆名称	说明
油脂漆	清油，聚合清油，厚漆，各种油性调合漆(有光及无光)，各种油性防锈漆	系以天然植物油、动物油等为主要成膜物质的一种底子涂料。依空气中的氧化作用结膜干燥，故干燥速度慢，不耐酸、碱和有机溶剂，耐磨性也差
天然树脂漆	酯胶清漆，各色酯胶、无光、半光调合漆，大漆(生漆、国漆)，酯胶地板漆，酯胶防锈漆	系以天然树脂为主要成膜物质的一种普通涂料

续表

分类	油漆名称	说明
酚醛树脂漆	酚醛清漆，酚醛磁漆（有光、无光、半光），酚醛地板漆，酚醛耐酸漆，红丹酚醛防锈漆	系以甲酚类和醛类缩合而成的酚醛树脂，加入有机溶剂等物质组成。具有良好的耐水性、耐候性、耐腐蚀性
醇酸树脂漆	醇酸清漆，醇酸酯胶调合漆，醇酸磁漆，红丹醇酸防锈漆	系以醇酸树脂为主要成膜物质的一种涂料。具有优良的耐久、耐候性和保光性、耐汽油性。刷、喷、浸涂均可
硝基漆	硝基清漆（腊克），硝基磁漆	系以硝基纤维素加合成树脂、增塑剂、有机溶液等配制而成。具有干燥迅速和耐久性、耐磨性好等特点
丙烯酸酯漆	丙烯酸外墙涂料，丙烯酸乳胶漆，丙烯酸酯共聚乳液彩砂涂料	丙烯酸酯涂料是新型合成树脂涂料的一个大类，分溶剂型、水溶型、乳胶型三种。具有保光、保色、装饰性好、用途广泛等特点

2．常用建筑油漆的组成、用途及用量

见表 1-204。

常用建筑油漆的组成、用途及用量　　表 1-204

名称	型号	曾用名称	组成及特性	用途	用量（或体积比）
清油	Y00-1	熟油，鱼油，阿立夫油	以纯亚麻仁油经熬炼、加催干剂调制而成。比未经熬炼的植物油干燥快，漆膜柔韧，但易发粘	可单独涂刷，亦可调厚漆或红丹防锈漆用	调厚漆： 厚漆:清油＝(80～60):(20～40) 调红丹防锈漆： 红丹粉:清油＝(75～50):(25～50)
	Y00-7	光油，熟桐油，全油性清漆	以桐油为主，加入其他干性油，经熬炼、聚合、加入催干剂调制而成。比其他清油光泽大，干燥快，耐磨耐水，漆膜坚韧	适用于木器罩光，也可用以调制腻子	

续表

名　称		型号	曾用名称	组成及特性	用　途	用量(或体积比)
厚　漆		Y02各色厚漆	甲乙级各色厚漆	由植物油与颜料、体质颜料混合研磨而成。施工方便,价格便宜,但干燥慢,漆膜软,耐久性差	适用于要求不高的建筑装修,亦可作木质物件打底用	有光面漆: 厚漆:清油=(60~80):(40~20) 平光底漆: 厚漆:松香水(或溶剂汽油)=(70~80):(30~20)
清漆	虫胶清漆	T01-18	洋干漆,漆片水,泡立水(Polish),虫胶漆	将虫胶溶于酒精(乙醇)中,制成为棕红色酒精溶液。干燥快,可使木纹清晰	适用于木器,木装修表面	虫胶清漆(用作打底):虫胶片:工业酒精=(30~45):(70~55) 虫胶亮漆(用于面漆):虫胶片:工业酒精=(15~25):(85~75) 可加极少量水,容易抛光
	酯胶清漆	T01-1	清凡立水,镜底漆102	干性油与甘油、松香熬炼,加入催干剂、200号溶剂汽油调配而成的中、长油度清漆。漆膜光亮,耐水性较好	适用于家具、门窗,亦可用于金属表面	刷涂一层: 100~135g/m² 喷涂一层: 120~180g/m²
	酚醛清漆(长油度)	F01-1	水砂纸漆,405酚醛清漆	干性油酚醛漆料加催干剂及200号溶剂汽油制成。长油度比酯胶清漆耐水性好,但易泛黄	适用于涂刷木器、木装修等,亦可涂于油性色漆上作罩光之用	刷涂一层: 100~135g/m² 喷涂一层: 120~180g/m²

续表

名称		型号	曾用名称	组成及特性	用途	用量(或体积比)
调合漆(又名调和漆)	各色油性调合漆 各色酯胶调合漆 各色醇酸调合漆	Y03-1 T03-1 C03-1	油性船舱漆 磁性调合漆 醇酸酯胶调合漆	调合漆是能充当面漆的一种色漆。它是针对开桶不能即用的"厚漆"而命名的。共分油性调合漆、磁性调合漆、醇酸调合漆三种,均有平光、半光和有光之分	用于室内外一般金属、木材及建筑物表面	
过氯乙烯漆	各色过氯乙烯防腐漆	G52-8	过氯乙烯耐酸碱漆	由过氯乙烯树脂、颜料、增韧剂和酯、酮、苯类溶剂制成。干燥快,耐酸碱性好,与G06-4底漆配套使用	供室内外设备及建筑物墙面、楼(地)面等处作化工大气防腐用	刷涂一层:120~180g/m^2
湿固化型聚氨酯漆				由苯酚封闭型聚氨酯漆料、颜料、体质颜料等组成。具有良好的耐油、防腐蚀及漆膜能在潮湿环境中反应、固化等性能	1. 用于抹灰面漆中有潮湿部分的隔层涂料(将该漆涂于潮湿的地方,再在其上做油漆面层); 2. 潮湿环境防腐涂层	

续表

名称		型号	曾用名称	组成及特性	用途	用量(或体积比)
地板漆	酯胶地板漆(各色)	T80-2	紫红地板漆	酯胶清漆与颜料、体质颜料研磨后,加入催干剂、溶剂配制而成。漆膜坚韧,平整光亮,耐水、耐磨性好	适用于木质地板、楼梯、栏杆等表面涂装	
	酚醛地板漆(紫红、紫棕、淡棕等色)	F80-1	铁红地板漆	中油度酚醛漆料、铁红等颜料研磨后,加入催干剂及200号溶剂汽油制成。漆膜坚韧,光亮平滑,具有良好的耐磨、抗水性能	适用于木质地板、楼梯、栏杆及钢质甲板等	
	钙酯地板漆	T80-1	地板清漆	漆膜平滑,光亮耐磨,有一定的耐水性	适用于木质地板、楼梯、栏杆等	
	聚氨基甲酸酯清漆	S01-5	聚氨酯清漆	系双组分催化剂固化型的氨基甲酸清漆。具有良好的耐磨、耐水、耐溶剂性及洗净性。在室温下漆膜能迅速干燥,光亮美观	适用于防酸碱、防磨损木质表面和混凝土、金属表面	
	塑料地板漆			漆膜坚韧耐磨,耐水性好,干燥快,施工方便	适用于水泥、木质地板	

续表

名称		型号	曾用名称	组成及特性	用途	用量(或体积比)
乳胶漆	丙烯酸乳胶漆		乳胶漆	由丙烯酸共聚乳液、水、颜料及各种助剂等组成。施工安全、方便,干燥迅速,无毒无味,不燃不爆。漆膜光泽柔和,耐候性与保光、保色性均好	适用于室内外混凝土及木质和金属表面	4~5m²/kg
	乙丙乳胶漆		乳胶漆	由乙丙乳液、颜料、填料、助剂等配制而成。分有光、无光两种。具有无毒、不燃、干燥快、耐擦洗、遮盖力好、色彩柔和等特点	适用于室内外墙面涂装	内墙面: 有光漆 6~8m²/kg 无光漆 4~6m²/kg 外墙面: 有光漆 3~4m²/kg 无光漆 2~3m²/kg
	苯丙乳胶漆		乳胶漆	由苯乙烯和丙烯酸酯共聚乳液、颜料、助剂等配制而成。分有光、半光、无光三种。干燥快,无毒,不燃,可以用喷、刷、滚、涂等办法施工。漆膜附着力好,耐候、耐水、耐碱、保光、保色性均好	适用于室内外墙面涂装	内墙面: 有光漆 6~8m²/kg 半光漆 5~7m²/kg 无光漆 4~6m²/kg 外墙面: 有光漆 3~4m²/kg 半光漆 2~3m²/kg 无光漆 2~3m²/kg

续表

名称		型号	曾用名称	组成及特性	用途	用量(或体积比)
防火漆	各色过氯乙烯防火漆	G60-1	防火漆	由过氯乙烯树脂、醇酸树脂、锑白等颜料、体质颜料、增韧剂、稳定剂和酯、酮、苯类溶剂制成,有阻火焰蔓延作用	适于露天或室内建筑物板壁、木结构等作防火配套漆用	
专用漆	白、黄酯胶马路划线漆	T86-1	白色马路划线漆	由顺酐树脂漆料与颜料研磨而成。干燥特快,耐磨,耐水	专作水泥或柏油路面划线之用	
	氯化橡胶马路划线漆			由氯化橡胶、醇酸树脂、颜料、体质颜料、助剂及有机溶剂配制而成。干燥快,涂刷方便,耐磨擦	适于一般沥青面划线之用	$6m^2/kg$
	酚醛黑板漆	F84-1		由中油度酚醛漆料、碳黑颜料、体质颜料研磨后,加催干剂及200号汽油溶剂配制而成。干燥较快,漆膜较耐磨,极少反光,易于写擦	专用于已打底的黑板表面	

续表

名　称		型号	曾用名称	组成及特性	用　　途	用量(或体积比)
专用漆	饮水容器内壁漆			分甲、乙两组分。前者系以环氧树脂为主剂,加入颜料、填料配成;后者系以改性胺类制成的固化剂。两组分分别配套成铁红底漆和各色面漆。漆膜对水无污染,无毒,无任何不良作用。与金属、混凝土等多种材料有很高的粘结力	专用于各种饮水容器、给水管道、游泳池、浴池等的内壁	北京油漆厂产品。须按说明施工
	硝基木器漆	Q22-1	木器腊克,清罩光漆	由硝化棉、醇酸树脂、顺酐树脂、增韧剂和稀料制成。光泽高,可打磨抛光,耐候性较差	专用于室内高级木器家具及装修	
	硝基调金清漆	Q01-21	硝基调金清油漆	由硝化棉、醇酸树脂溶于酮、酯、醇、苯类混合溶剂而成。对金属粉末润湿性好	专供铜粉、铝粉或铝粉浆作展色剂用,不能用于木器	须按说明施工,用量见说明
	硝基上光油			由醇酸树脂、硝化棉、增塑剂、有机溶剂组成。具有快干、光亮、柔韧等特点	专供壁画、纸张等罩光之用	

注:各种油漆均有专门配套的底漆、腻子,施工时应注意,不能混用。

1.12.2 常用建筑油漆的选用

1. 油脂漆

见表 1-205。

各种油脂漆的选用　　表 1-205

名　称	型号	曾用名称	选用指南
清　油	Y00-1 Y00-2 Y00-3	熟油,鱼油,熟亚麻仁油,520 清油,阿立夫油,混合清油,炕面油	比未经熬炼的植物油干燥快,但漆膜柔软,易发粘。主要作调合厚漆和红丹防锈漆用。也可单独作涂刷物体表面或木材面打底之用
清　油	Y00-7	熟桐油,光油,505 光油,全油性清漆,填面油	同其他清油比较,光泽大,干燥快,耐磨,耐水,漆膜坚韧,保光性与耐候性相近。选用时应注意这些特点,亦可与体质颜料混合制成腻子供填嵌用
聚合清油	Y00-8	调漆油,经济清油,103 清油,混合鱼油	干燥性能比一般植物油快,和一般清油比较,光泽高,粘度大。专供施工单位在现场自配油性腻子用
各色厚漆	Y02-1	甲乙级各色厚漆,浅灰、深灰、铅绿、蓝灰、瓦灰、3K……等厚漆	漆膜较软,是最低级的油性漆料。选用于涂复一般要求不高的建筑工程或水管接头处。亦可选作木质物件打底之用
锌白厚漆	Y02-2	M00 锌白厚漆,M0 锌白厚漆	漆膜较软,但遮盖力比其他厚漆好,不易粉化,耐候性比白厚漆(Y02-13)好。可选用于有特殊要求的金属、木材部件表面的涂饰,亦可作为打底材料

续表

名　称	型号	曾用名称	选　用　指　南
各色油性无光调合漆	Y03-2	平光调合漆	漆膜较耐久，可用水擦洗，色彩柔和。可选作建筑物室内各种墙壁、门窗、构配件涂装之用，但绝不宜用于室外
各色油性调合漆	Y03-1		耐候性比酯胶调和漆好，但干燥时间较长。可选作室内外一般金属、木材、建筑物表面涂装之用
各色油性调合漆	Y85-1	贡蓝调色漆，贡黄调和漆	遮盖力好，着色力强，色彩鲜艳。可选作各种油基漆调配颜色之用
锌灰油性防锈漆	Y53-5		耐候性比一般调合漆强，不易粉化，涂刷性好，有一定的防锈能力。可选作已涂过铁红或其他防锈漆的钢铁物件表面上，为防锈面漆之用
红丹油性防锈漆	Y53-1	红丹防锈漆	防锈性、涂刷性均较好，但漆膜软，干燥慢。主要选作室内外钢铁结构、物件表面防锈打底之用，但不能用于铝板、锌板及其制品等
铁红油性防锈漆	Y53-2	铁红防锈漆	
红丹油性防锈漆(分装)	Y53-6		性能、用途均与Y53-1同，但由于分罐包装，故无红丹沉底结块的缺点(使用量：200～240g/m^2)

2. 树脂清漆

见表1-206。

各种树脂清漆的选用指南　　表1-206

名称	型号	曾用名称	选用指南
酯胶清漆	T01-1	清凡立水镜底漆102	虽漆膜光亮、耐水性较好，有一定的耐候性，但次于酚醛清漆。可选作木质门窗、墙裙、隔板、隔墙及木器家具、金属等表面涂装之用
酚醛清漆	F01-1 F01-2 F01-14	916清漆，家具清漆，硬脂酚醛清漆	漆膜光亮，坚硬耐水，干燥较快，但较脆易泛黄。可选作木器家具罩光及不常被碰撞的木质构配件表面涂饰之用
醇酸清漆	C01-1	4C、5C、6C、135T	附着力、耐久性均较酯胶清漆及酚醛清漆好，但耐水性则次于酚醛清漆。能自然干燥。可选作喷刷室内外金属、木材表面及作醇酸磁漆罩光之用
	C01-7	170，170A	
硝基外用清漆	Q01-1	腊克，外用硝基清漆	有良好的光泽与耐久性。可选作木器家具、室内外木质构配件、金属表面涂饰之用，亦可选作外用硝基磁漆罩光之用
硝基内用清漆	Q01-15	腊克，内用硝基清漆	漆膜干燥快，有较好的光泽。可选作室内木构配件、金属及木器家具涂饰之用，亦可选作内用硝基磁漆罩光之用
硝基木器清漆	Q22-1	见表1-204	见表1-204
沥青清漆	L01-6	67号，68号	耐水、耐腐蚀、防潮性能良好，但耐候性不好，机械性能差。可选作一般金属及木材表面防腐蚀油漆用，但不能用于室外及阳光直接照射处

续表

名称	型号	曾用名称	选用指南
沥青清漆	L01-13	黑水罗松,黑沥青漆,刷用沥青漆	漆膜硬,常温下干燥快,涂刷方便,防水、防腐蚀性能较好。选用同 L01-6
过氯乙烯清漆	G01-5		耐酸、碱、盐性能好,但附着力较差,颜色浅,干燥快。可选作管道表面防腐蚀涂饰或木材表面防火、防霉、防化工腐蚀涂饰之用
	C01-7		漆膜光泽较高,丰满度较好,干燥较快,打磨性好。可选作木器表面涂装或面漆上罩光之用
环氧清漆(分装)	H01-1	见表 1-204	见表 1-204
虫胶清漆	T01-18	见表 1-204	见表 1-204
聚氨酯清漆(分装)	S01-2	尿素造粒塔聚氨酯清漆	常温干燥,与 S06-2、S07-1、S04-4 配套使用。具有优良的耐腐蚀性能及物理机械性能。可选作混凝土、金属等表面在腐蚀环境中的油漆面层之用
	S01-5		漆膜坚硬光亮,耐水、耐油、耐碱、耐磨性均好。可选作运动场地板及防酸、防碱木器表面涂装之用

注:各种清漆均有专用配套底漆及腻子,不能乱用。

3. 调合漆

见表 1-207。

各种调合漆的选用指南　　表 1-207

名称	型号	曾用名称	选用指南
各色酯胶调合漆	T03-1	见表 1-204	见表 1-204
各色酯胶无光调合漆	T03-2	各色磁性平光调合漆	平光,光泽柔和,色彩鲜明,能耐水洗。可选作室内墙面、墙裙涂饰之用

续表

名　称	型号	曾用名称	选　用　指　南
各色酯胶半光调合漆	T03-4	草绿酯胶半光调合漆	半光，价廉，施工方便。可选作室内木材、金属表面要求半光的涂饰之用，亦可选作室内墙面、墙裙涂装之用
各色钙酯调合漆	T03-3	大红酚醛内用磁漆	漆膜平整光滑，干燥快速，但耐候性差。可选作室内木材、金属涂饰之用，但不能用于室外
各色醇酸调合漆	C03-1	醇酸酯胶调合漆	见表 1-204
各色多烯调合漆	X03-1	聚多烯调合漆（室内用）	与一般调合漆相同，光泽、附着力均好。可选作室内木材、砖墙、水泥砂浆及金属表面涂装之用，但不能用于室外

注：①各种调合漆均有专用配套底漆及腻子，不可乱用。
②表列各漆不包括油性调合漆，后者见表 1-204。

4. 磁漆

见表 1-208。

各种磁漆的选用指南　　　　**表 1-208**

名　称	型号	曾用名称	选　用　指　南
各色酯胶磁漆	T04-1	887 甲紫红，酯胶磁漆	漆膜光亮坚韧，有一定的耐水性，对金属附着力好，光泽和干性都比 T30-1 调合漆好。可选作室内木材、金属表面及家具、门窗涂装之用，但不宜用于室外
白、浅色酯胶磁　漆	T04-2	特酯胶磁漆，白万能漆	漆膜坚韧，光泽好，不易泛黄，附着力强。质量与酚醛磁漆相当，但耐候性较酚醛磁漆差。可选作室内外木材、金属表面涂饰之用

续表

名　称	型 号	曾用名称	选 用 指 南
各色酚醛磁漆	F04-1	特酯胶磁漆，751银粉漆，铝粉酚醛磁漆	色彩鲜艳，光泽好，常温干燥，附着力强，但耐候性较醇酸磁漆差。可选作一般木质、金属表面涂装之用
各色酚醛无光磁　漆	F04-9	2013	常温干燥，附着力强，但耐候性比醇酸无光磁漆差。可选作木材、金属表面要求无光涂饰时涂装之用
各色酚醛半光磁　漆	F04-10	1426，2062	性能同上，但耐候性比醇酸半光磁漆差。可选作要求半光的木材、金属表面涂装之用
各色纯酚醛磁漆	F04-11	水陆两用漆	漆膜坚韧，常温干燥，耐水性、耐候性、耐化学性均比 F04-1 强。可选作要求防潮或干湿交替处的木材、金属表面涂饰之用
各色醇酸磁漆	C04-2	3131 铝色醇酸磁漆，银粉耐热醇酸磁漆，钢灰桥梁面漆	光泽及机械强度均好，耐候性比调合漆及酚醛漆好，能常温干燥，适于室外使用。最宜选作金属表面涂装之用，木材表面亦可使用
各色醇酸磁漆	C04-42	钢灰桥梁漆，中灰钢梁面漆	户外耐久性、附着力均比 C04-2 醇酸磁漆好，但干燥时期较长。可选作室外钢铁表面涂饰之用，亦可用于室内
各色醇酸无光磁　漆	C04-43	平光醇酸磁漆，白平光醇酸磁漆	漆膜平整无光，常温干燥（100℃以下时），耐久性比酚醛无光磁漆好，比 C04-2 醇酸磁漆差，但耐水性比它好。可选作要求无光的钢铁表面涂饰之用

续表

名　称	型号	曾用名称	选　用　指　南
各色硝基内用磁　漆	Q04-3	工业喷漆	漆膜光泽，耐候性不好，只能选作室内木材、金属表面涂饰之用，不能用于室外，否则油漆表面易于粉化开裂
各色环氧硝基磁　漆	H04-2	H-14，2623	漆膜坚固，耐候性较一般硝基外用磁漆者好，耐油性亦好，常温干燥。可选作金属表面耐腐涂层之用

注：各种磁漆均有专用配套底漆及腻子，不可乱用。

5. 建筑油漆的抛光剂

见表 1-209

磨光剂、上光剂的用途及组成　　　表 1-209

抛光剂名　称	说明及用途	组　成			
		成　分	重量配合比		
			1	2	3
磨光剂（俗称砂腊）	系一种乳浊状膏状物，专供挥发性漆（如硝基漆）擦涂层表面高低不平等处之用。可消除发白、污染、桔皮、粗粒造成的影响	硬蜡（棕榈蜡）	—	10.0	—
		液体石蜡	—	—	20.0
		白　蜡	10.5	—	—
		皂　片	—	—	2.0
		硬脂酸锌	9.5	10.0	—
		铝　红	—	—	60.0
		硅藻土	16.0	16.0	—
		篦麻油	—	—	10.0
		煤　油	40.0	40.0	—
		松节油	24.0	—	—
		松香水	—	24.0	—
		水	—	—	8

续表

抛光剂名称	说明及用途	组成			
		成分	重量配合比		
			1	2	3
上光剂	系以白蜡、合成蜡等溶解于松节油中的膏状物，专供各种油漆、喷漆等表面上光，以增强漆膜表面亮度之用。可起防水和防护作用，并可延长漆膜的使用寿命	硬蜡(棕榈蜡)	3.0	20.0	
		白蜡	—	5.0	
		合成蜡	—	5.0	
		羊毛脂锰皂液(10%)	—	5.0	
		松节油	10.0	40.0	
		平平加“O”乳化剂	3.0	—	
		有机硅油	5‰	少量	
		松香水	—	25.0	
		水	83.998		

6. 建筑油漆的调色

见表 1-210。

建筑油漆调色的用料配合比　　　表 1-210

色系	色调	用料		色系	色调	用料	
		所用油漆的颜色	体积配合比			所用油漆的颜色	体积配合比
红色系	玫瑰红	红	29.58	红色素	蔷薇红	红	3.39
		白	46.25			白	92.02
		紫红	24.17			黄	4.59
	浅玫瑰	红	18.03		浅肉红	红	0.55
		白	69.06			白	96.17
		黄	5.53			黄	3.28
		紫红	7.38		橙红	红	47.30
						黄	52.70

续表

色系	色调	用料	
		所用油漆的颜色	体积配合比
红色系	红色	红	100.00
	樱桃红	红 紫红	82.66 17.34
	紫红	红	50.00
	紫红	蓝	50.00
黄色系	牙黄（又名珍珠白）	白 黄	98.59 1.41
	奶油黄	白 黄	84.57 15.43
	黄色	黄	100.00
	浅稻黄	黄 铁红	65.40 34.60
	稻黄	黄 铁红	55.10 44.90
棕色系	浅棕	黄 铁红	28.50 71.50
	黄棕	黄 铁红 黑	18.75 77.90 3.35
	深棕（又名紫酱红）	黄 铁红 黑	13.20 80.33 6.47
蓝色系	浅孔雀蓝	白 蓝 黄	82.25 15.64 2.11
	中灰蓝	白 蓝 黑	88.30 8.80 2.90
	浅灰蓝	白 蓝 黄	93.77 5.30 0.93
	天蓝	白 蓝	93.55 6.45
	浅蓝	白 蓝	83.10 16.90
	中蓝	白 蓝	57.10 42.90
	蓝色	白 蓝	10.77 89.23
	深蓝	白 蓝 黑	8.33 86.11 5.56
绿色系	浅湖绿	白 黄 蓝 浅黄	85.90 1.77 2.19 10.14
	苹果绿	白 浅黄 绿	83.18 9.43 7.39

续表

色系	色调	用料	
		所用油漆的颜色	体积配合比
绿色系	湖绿	白	78.28
		浅黄	18.19
		蓝	3.53
	深湖绿	白	57.18
		黄	8.82
		浅黄	26.14
		蓝	7.86
	灰杏绿	白	82.14
		黄	11.41
		绿	6.45
灰色系	银灰	白	90.73
		黑	4.72
		蓝	1.30
		黄	3.25
	浅灰	白	91.34
		黑	3.59
		蓝	2.29
		黄	2.78
	浅灰	白	88.88
		蓝	0.98
		黑	10.14
	深灰	白	64.76
		蓝	1.43
		黑	33.81
灰色系	沙灰	白	70.50
		黑	7.50
		黄	7.00
		铁红	15.00
	珍珠灰	白	93.00
		黄	0.97
		铁红	4.25
		黑	4.78
	紫丁香	白	71.00
		铁红	24.90
		黑	4.10
	浅紫丁香	白	83.46
		铁红	14.72
		黑	1.82
	淡紫丁香	白	89.00
		黄	0.66
		铁红	9.20
		黑	1.14
驼色系	浅驼灰	白	50.30
		黄	7.60
		铁红	9.60
		黑	32.50
	中驼灰	白	30.66
		黄	20.28
		铁红	42.45
		黑	6.61

续表

色系	色调	用料	
		所用油漆的颜色	体积配合比
驼色系	深驼灰	白 黄 铁红 黑	42.92 14.56 36.39 6.13
驼色系	深驼	白 黄 铁红 黑	22.10 24.30 46.50 7.10
绿色系	浅翠绿	白 蓝 浅黄	86.49 3.82 9.69
绿色素	豆绿	白 黄 蓝	27.50 15.41 37.18
绿色素	豆绿	浅黄	19.91
绿色素	中绿	蓝 黄 浅黄	24.65 4.16 71.19
绿色素	绿	蓝 黄 浅黄	32.52 8.50 58.98
绿色素	深绿	蓝 黄 浅黄	52.38 11.05 36.57

1.12.3 建筑油漆的贮运及包装

1. 建筑油漆的贮存及运输

见表 1-211。

表 1-211

项目	注意事项
贮存	1. 建筑油漆属于一级易燃品者有:各种稀释剂、脱漆剂、环氧固化剂、硝基漆类、过氯乙烯漆类、乙烯防腐漆。这些油漆必须存放在经当地公安机关审核同意的指定地点,不得任意存放; 2. 建筑油漆应贮存于干燥、阴凉、通风的库房内,库温一般以 5~28℃为宜。除过热过冷油漆都易变质外,过热还会加速油漆中的溶剂挥发而引起容器变形,甚至爆裂渗漏,也会引起胶凝和黏度过高等现象; 3. 建筑油漆的包装容器,应经常检查封口是否严密,桶身有无锈蚀、渗漏之处。如有,须及时纠正、补救。焊补渗漏处时,不得在库内直接用火烧烙铁,应将容器搬至库外,再用烙铁进行焊补; 4. 建筑油漆贮放时,其货架或堆垛至少应距离采暖设备 1m 以上; 5. 建筑油漆为挥发性的易燃物品,日久又易变质,贮存时应执行先进先出、后进后出的发放原则,以免积压过久,影响质量

续表

项目	注　意　事　项
搬运	1. 装卸油漆的现场，应严禁烟火，远离热源； 2. 除厚漆、乳胶漆外，其他油漆一律不得以飞机空运或铁路快件托运； 3. 用玻璃瓶装的虫胶清漆，瓶口应密封，外加草套，再装入木箱。木箱内并须衬以锯末、刨花，以防碰撞； 4. 装卸建筑油漆时，应轻取轻放，不得磨擦、碰撞或在地上滚动

2. 油漆的包装

油漆和喷漆一般均用铁桶或铁皮（马口铁）听子盛装，常见的一听为 3.7L（升），相当于 1 加仑。各种油漆的包装见表 1-212。

油漆的包装　　**表 1-212**

分　类	平均估计重量	包括的油漆品种
调合漆	3.7L(1 加仑) = 4.4kg	油性调合漆、平光调合漆、磁性调合漆
厚　漆	以重量计	厚漆、调色漆、燥漆
磁　漆	3.7L(1 加仑) = 4kg	酚醛磁漆、内用磁漆
防锈漆	3.7L(1 加仑) = 8kg	红丹防锈漆、锌黄防锈漆、铁红及灰色防锈漆
烘　漆	3.7L(1 加仑) = 3.5kg	头度、二度、一度
美术漆	3.7L(1 加仑) = 4kg	皱纹漆、锤纹漆
清　漆	3.7L(1 加仑) = 3.5kg	清漆、有色清漆、改良金漆、金水油
清　油	3.7L(1 加仑) = 3.6kg	熟亚麻油、熟梓油、混合熟油
绝缘漆	3.7L(1 加仑) = 3.5kg	清绝缘漆、黑绝缘漆、酚醛绝缘漆、船衣漆、船底防锈漆、水线漆、船壳漆、耐酸漆、耐碱漆、高温漆、烟囱漆
油漆附料	3.7L(1 加仑) = 4kg	油漆性打底漆、喷漆性打底漆、油灰、填泥、去漆药水、上光蜡、砂蜡

续表

分　类	平均估计重量	包括的油漆品种
其他油漆	3.7L(1加仑) = 4kg	地板漆、黑板漆、水罗松、木器代用漆、皮革漆、路线漆
喷　　漆	3.7L(1加仑) = 4kg	工业喷漆、汽车喷漆、清喷漆、特别喷漆
喷漆稀料	3.7L(1加仑) = 3.2kg	甲级、乙级、丙级、喷漆稀薄剂

2 电气工程材料

2.1 内 线 工 程

2.1.1 电线

1. 绝缘电线

(1)BV、BLV、BVV、BLVV、BVR 型聚氯乙烯绝缘电线

该系列电线(简称塑料线)供各种交流、直流电器装置、电工仪表、电讯设备、电力及照明装置配线用。其线芯长期允许工作温度不超过+65℃,敷设温度不低于-15℃。技术数据见表2-1~表2-7和图2-1~图2-6。

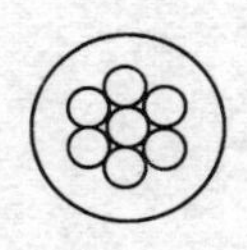

图2-1 聚氯乙烯绝缘电线(截面)

电线型号及名称 表2-1

型号	名称	主要用途
BV BLV BVV BLVV	铜芯聚氯乙烯绝缘电线 铝芯聚氯乙烯绝缘电线 铜芯聚氯乙烯绝缘聚氯乙烯护套电线 铝芯聚氯乙烯绝缘聚氯乙烯护套电线	用于交流500V及以下,直流1000V及以下线路中,可明设、暗设,护套线可直接埋地
BVR	铜芯聚氯乙烯绝缘软线	同上,安装要求柔软时用

电线排列型式及芯数 表 2-2

芯数	排列型式	标称截面（mm^2）				
		BV	BLV	BVV	BLVV	BVR
1		0.03～185	1.5～185	0.75～10	1.5～10	0.75～50
2	平型	0.03～10	1.5～10	—	—	—
2、3	绞型	0.03～0.75	—	—	—	—
2、3	平型	—	—	0.75～10	1.5～10	—

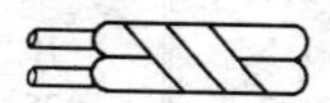

图 2-2 BV 型电线

BV 型二芯及三芯绞型电线 表 2-3

标称截面（mm^2）	线芯结构（mm）	最大外径（mm）		标称截面（mm^2）	线芯结构（mm）	最大外径（mm）	
		2 芯	3 芯			2 芯	3 芯
0.03	1/0.20	1.6	1.7	0.3	1/0.60	3.0	3.3
0.06	1/0.30	2.0	2.1	0.4	1/0.70	3.4	3.6
0.12	1/0.40	2.2	2.4	0.5	1/0.80	4.0	4.3
0.2	1/0.50	2.9	3.1	0.75	1/0.97	4.8	5.1

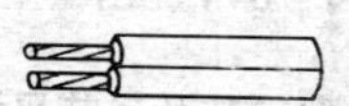

图 2-3 BV、BLV 型电线

BV、BLV 型二芯平型电线 表 2-4

标称截面（mm^2）	线芯结构（mm）	最大外径（mm）	标称截面（mm^2）	线芯结构（mm）	最大外径（mm）
0.2	1/0.5	1.4×2.8	1.5	1/1.37	3.3×6.6
0.3	1/0.6	1.5×3.0	2.5	1/1.76	3.7×7.4
0.4	1/0.7	1.7×3.4	4	1/2.24	4.2×8.4
0.5	1/0.8	2.0×4.0	6	1/2.73	8.4×9.6
0.75	1/0.97	2.4×4.8	10	7/1.33	6.6×13.2
1.0	1/1.13	2.6×5.2			

图 2-4　BV、BLV 型电线

BV、BLV 型一芯电线　　表 2-5

标称截面 (mm²)	线芯结构 (mm)	最大外径 (mm)	标称截面 (mm²)	线芯结构 (mm)	最大外径 (mm)
0.2	1/0.5	1.4	10	7/1.33	6.6
0.3	1/0.6	1.5	16	7/1.7	7.8
0.4	1/0.7	1.7	25	7/2.12	9.6
0.5	1/0.8	2.0	35	7/2.5	10.9
0.75	1/0.97	2.4	50	19/1.83	13.2
1.0	1/1.13	2.6	70	19/2.4	14.9
1.5	1/1.37	3.3	95	19/2.5	17.3
2.5	1/1.76	3.7	120	37/2.0	18.1
4	1/2.24	4.2	150	37/2.24	20.2
6	1/2.73	4.8	185	37/2.5	22.2

图 2-5　BVV、BLVV 型电线

BVV、BLVV 型二芯及三芯平型护套电线　　表 2-6

标称截面 (mm²)	线芯结构 (mm)	1　芯	2　芯	3　芯
		最大外径(mm)	最大外径(mm)	最大外径(mm)
0.75	1/0.97	3.9	3.9×6.3	4.2×8.9
1.0	1/1.13	4.1	4.1×6.7	4.3×9.5
1.5	1/1.37	4.4	4.4×7.2	4.6×10.2
2.5	1/1.76	4.8	4.8×8.1	5.0×11.5
4	1/2.24	5.3	5.3×9.1	5.5×13.1
6	1/2.73	6.5	6.5×11.3	7.0×16.5
10	7/1.33	8.4	8.4×14.5	8.8×21.1

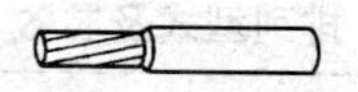

图 2-6　BVR 型电线

BVR　型　电　线　　　　**表 2-7**

标称截面 (mm²)	线芯结构 (mm)	最大外径 (mm)	标称截面 (mm²)	线芯结构 (mm)	最大外径 (mm)
0.75	7/0.37	2.5	10	49/0.52	7.4
1.0	7/0.43	2.7	16	49/0.64	8.5
1.5	7/0.52	3.5	25	98/0.58	11.1
2.5	19/0.41	4.0	35	133/0.58	12.2
4	19/0.52	4.6	50	133/0.68	14.3
6	19/0.64	5.3			

(2)RV、RVB、RVS、RVV 型聚氯乙烯绝缘软线

该系列电线供各种交流、直流移动电器、电工仪表、电器设备及自动化装置接线用(图 2-7 ~ 图 2-8)。其线芯长期允许温度不超过 +65℃;安装温度不低于 -15℃。截面为 0.06mm² 及以下的电线,只适于用做低压设备内部接线。技术数据见表 2-8 ~ 表 2-11。

型 号 及 名 称　　　　**表 2-8**

型　　号	名　　　称	主　要　用　途
RV	铜芯聚氯乙烯绝缘软线	供交流 250V 及以下各种移动电器接线用
RVB	铜芯聚氯乙烯绝缘平型软线	
RVS	铜芯聚氯乙烯绝缘绞型软线	
RVV	铜芯聚氯乙烯绝缘聚氯乙烯护套软线	同上,额定电压为 500V 及以下

排列型式及芯数 表 2-9

型　号	芯　数	排列型式	截面范围(mm^2)
RV	1		0.012~6
RVV	2、3、4		0.012~6
RVV	5、6、7		0.012~2.5
RVV	10、12、14、16、19		0.012~1.5
RVB	2	平　型	0.012~2.5
RVS	2	绞　型	0.012~2.5

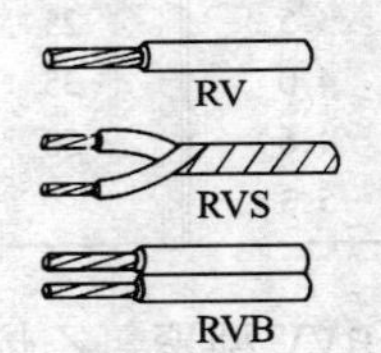

图 2-7　RV、RVS、RVB 型电线

RV 型一芯、RVB 型二芯平型及 RVS 型二芯绞型软线 表 2-10

标称截面	RV	RVB	RVS
(mm^2)	外径(mm)	外径(mm)	外径(mm)
0.12	1.4	1.6×3.2	3.2
0.2	1.6	2.0×4.0	4.0
0.3	1.9	2.1×4.2	4.2
0.4	2.1	2.3×4.6	4.6
0.5	2.2	2.4×4.8	4.8
0.75	2.7	2.9×5.8	5.8
1.0	2.9	3.1×6.2	6.2
1.5	3.2	3.4×6.8	6.8
2.0	4.1	4.1×8.2	8.2
2.5	4.5	4.5×9.0	9.0
4	5.3		
6	6.7		

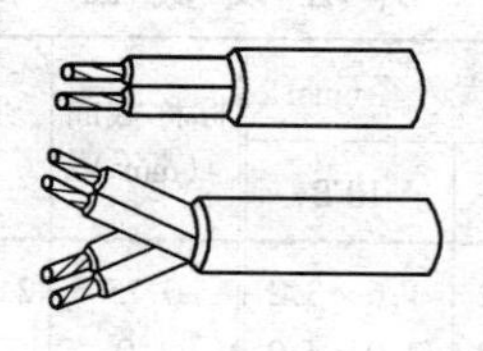

图 2-8　RVV 型电线

RVV 型护套软线　　表 2-11

标称截面 (mm^2)	芯数及外径 (mm)										
	2芯（椭圆）	2芯（圆）	3芯	4芯	5芯	6、7芯	10芯	12芯	14芯	16芯	19芯	24芯
0.12	3.1×4.5	4.5	4.7	5.1	5.0	5.5	6.8	7.0	7.4	7.8	8.6	10.2
0.2	3.3×4.9	4.9	5.1	5.5	5.5	6.0	7.6	7.8	8.7	9.1	9.6	11.4
0.3	3.6×5.5	5.5	5.8	6.3	6.4	7.0	9.3	9.6	10.1	10.6	11.2	13.8
0.4	3.9×5.9	5.9	6.3	6.8	7.0	7.6	10.1	10.4	11.0	11.6	12.2	15.1
0.5	4.0×6.2	6.2	6.5	7.1	7.3	7.9	10.6	10.9	11.5	12.1	12.8	15.7
0.75	4.5×7.2	7.2	7.6	8.3	9.1	9.9	12.6	13.4	14.2	14.9	15.7	18.9
1.0	4.6×7.5	7.5	7.9	9.1	9.5	10.4	13.7	14.1	14.9	15.9	16.6	19.9
1.5	5.0×8.2	8.2	9.1	9.9	10.4	11.4	15.0	15.5	16.3	17.3	18.2	21.9
2.0	6.3×10.3	10.3	11.0	12.0	12.8	14.4						
2.5	6.7×11.2	11.2	11.9	13.1	14.3	15.7						
4	7.5×12.9	12.9	14.1	15.5	—	—						
6	9.4×16.1	16.1	17.1	18.9	—	—						

（3）RFB、RFS 型丁腈聚氯乙烯复合物绝缘软线

该产品简称复合物绝缘软线，供交流 250V 及以下和直流 500V 及以下的各种移动电器、无线电设备和照明灯座等接线用。

RFB 为复合物绝缘平型软线，RFS 为复合物绝缘绞型软线，线芯的长期允许工作温度为 +70℃。技术数据见表 2-12。

外径及截面　　表 2-12

标称截面 (mm^2)	线芯结构 (mm)	最大外径(mm)		标称截面 (mm^2)	线芯结构 (mm)	最大外径(mm)	
		RFS	RFB			RFS	RFB
0.12	2×7/0.15	3.2	1.6×3.2	0.75	2×42/0.15	5.8	2.9×5.8
0.2	2×12/0.15	4.0	2.0×4.0	1.0	2×32/0.2	6.2	3.1×6.2
0.3	2×16/0.15	4.2	2.1×4.2	1.5	2×48/0.2	6.8	3.4×6.8
0.4	2×23/0.15	4.6	2.3×4.6	2.0	2×64/0.2	8.2	4.1×8.2
0.5	2×28/0.15	4.8	2.4×4.8	2.5	2×77/0.2	9.6	4.5×9.0

(4)BXF、BLXF、BXR、BLX、BX 型橡皮绝缘电线

该系列电线(简称橡皮线)供交流 500V 及以下,直流 1000V 及以下的电器设备和照明装置配线用。线芯长期允许工作温度不超过 +65℃。

BXF 型氯丁橡皮线具有良好的耐老化性能和不延燃性,并有一定的耐油、耐腐蚀性能,适用于户外敷设见图 2-9。

技术数据见表 2-13 ~ 表 2-19。

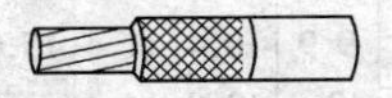

图 2-9　橡皮绝缘电线

型号及名称　　表 2-13

型　号	名　称	主要用途
BLXF BXF	铝芯氯丁橡皮线 铜芯氯丁橡皮线	固定敷设,尤其适用于户外
BXR	铜芯橡皮软线	室内安装,要求柔软时用
BLX BX	铝芯橡皮线 铜芯橡皮线	固定敷设用

芯数及截面 表2-14

型号	芯数	截面范围
BLXF	1	2.5~95
BXF	1	0.75~95
BX	1	0.75~500
	2、3、4	1.0~95
BLX	1	2.5~630
	2、3、4	2.5~120
BXR	1	0.75~400

有接地线线芯截面 表2-15

标称截面（mm^2）			
主线芯	接地线芯	主线芯	接地线芯
1.0、1.5	1.0	50	16
2.5	1.5	70	25
4	2.5	95	35
6	4	120	35
10、16	6	150、185	50
25、35	10		

BXF、BLXF型一芯橡皮线 表2-16

标称截面（mm^2）	线芯结构（mm）	最大外径（mm）	标称截面（mm^2）	线芯结构（mm）	最大外径（mm）
0.75	1/0.97	3.4	16	7/1.70	8.7
1.0	1/1.13	3.5	25	7/2.12	10.1
1.5	1/1.37	3.7	35	7/2.5	11.8
2.5	1/1.76	4.1	50	19/1.83	13.6
4	1/2.24	4.6	70	19/2.12	15.7
6	1/2.73	5.6	95	19/2.5	17.7
10	7/1.33	7.0			

BX、BLX 型一芯橡皮线　　表 2-17

标称截面 (mm^2)	线芯结构 (mm)	最大外径 (mm)	标称截面 (mm^2)	线芯结构 (mm)	最大外径 (mm)
0.75	1/0.97	4.4	50	19/1.83	14.7
1.0	1/1.13	4.5	70	19/2.21	16.4
1.5	1/1.37	4.8	95	19/2.5	19.5
2.5	1/1.76	5.2	120	37/2.0	20.2
4	1/2.24	5.8	150	37/2.24	22.3
6	1/2.73	6.3	185	37/2.5	24.7
10	7/1.33	8.1	240	61/2.24	27.9
16	7/1.70	9.4	300	61/2.5	30.8
25	7/2.12	11.2	400	61/2.85	34.5
35	7/2.5	12.4			

BX、BLX 型多芯橡皮线　　表 2-18

标 称 截 面 (mm^2)	2　芯	3　芯	4　芯
	最大外径(mm)	最大外径(mm)	最大外径(mm)
1.0	8.7	9.2	10.1
1.5	9.2	9.7	10.7
2.5	10.1	10.7	11.7
4	11.1	11.8	13.0
6	12.2	13.0	14.3
10	15.8	16.9	18.7
16	18.3	19.5	21.7
25	21.9	23.5	26.1
35	24.4	26.2	29.1
50	28.9	31.0	34.6
70	32.3	34.7	38.7
95	38.5	41.4	46.1
120	39.9	42.9	47.8

BXR 型 软 线 表 2-19

标称截面 (mm^2)	最大外径 (mm)	标称截面 (mm^2)	最大外径 (mm)	标称截面 (mm^2)	最大外径 (mm)
0.75	4.5	16	10.1	150	24.9
1.0	4.7	25	12.6	185	27.3
1.5	5.0	35	13.8	240	30.8
2.5	5.6	50	15.8	300	34.6
4	6.2	70	18.4	400	38.8
6	6.8	95	21.4		
10	8.2	120	22.2		

(5)RXS、RX 型橡皮绝缘棉纱编织软线

该产品适用于交流 250V 及以下、直流 500V 及以下的室内干燥场所,供各种移动式日用电器设备和照明灯座与电源连接用。线芯长期允许工作温度不超过 +65℃。技术数据见表 2-20 ~ 表 2-21。

型 号 及 名 称 表 2-20

型 号	名 称	主 要 用 途
RXS RX	橡皮绝缘棉纱编织双绞软线 橡皮绝缘棉纱总编织软线	灯头、灯座之间连接,各种移动日用电器、家用电子设备连接用

(6)FVN 型聚氯乙烯绝缘尼龙护套电线(图 2-10)

该电线系铜芯镀锡聚氯乙烯绝缘尼龙护套电线,用于交流 250V 及以下、直流 500V 及以下的低压线路中。线芯长期允许工作温度为 -60 ~ +80℃,在相对湿度为 98%条件下使用时环境温度应小于 +45℃。技术数据见表 2-22。

软 线 外 径 表 2-21

标称截面 (mm²)	线芯结构 (mm)	最大外径(mm)		
		RXS	RX	
			2 芯	3 芯
0.2	12/0.15	5.8	5.1	5.4
0.3	16/0.15	6.0	5.3	5.6
0.4	23/0.15	6.4	5.7	6.1
0.5	28/0.15	6.6	6.0	6.3
0.75	42/0.15	8.1	7.4	7.9
1.0	32/0.20	8.4	7.7	8.2
1.5	43/0.20	9.0	8.4	8.9
2.0	64/0.20	9.9	9.2	9.9

图 2-10 FVN 型电线

电 线 外 径 表 2-22

标称截面(mm²)	电线外径(mm)	标称截面(mm²)	电线外径(mm)
0.3	1.9	4	4.8
0.4	2.1	5	5.1
0.5	2.15	6	5.6
0.6	2.2	8	6.0
0.75	2.3	10	7.1
1.0	2.5	13	7.6
1.2	2.6	16	9.0
1.5	2.9	20	9.4
2.0	3.4	25	10.4
2.5	3.9	35	11.6
3	4.0	50	14.0

(7)电力和照明用聚氯乙烯绝缘软线(图 2-11 ~ 图 2-22)

该产品采用各种不同的铜线芯、绝缘及护套，能耐酸、碱、盐和许多溶剂的腐蚀，能经得起潮湿和霉菌作用，并具有阻燃性能，还可以制成多种颜色有利于接线操作及区别线路。技术数据见表2-23～表2-35。

标记号、名称及应用范围　　　　表2-23

标记号	电压等级(V)	名　　称	应用范围
21	300/500	单芯聚氯乙烯绝缘无护套内接线用软线	该产品适用于交流额定电压300/500V和300/300V及以下的各种电气装置、仪器仪表、电讯设备、电力及照明等安装接线用 适用于环境温度和导体负载温升相结合不超过+70℃和短路时导体最高温度不超过+160℃的场所 使用温度：-30～+70℃ 敷设温度：不低于-15℃
23	300/500	两芯绞合聚氯乙烯绝缘无护套内接线用软线	
24	300/300	两芯平形聚氯乙烯绝缘软线	
25	300/300	两芯方形平行聚氯乙烯绝缘软线	
26	300/300	两芯平行聚氯乙烯绝缘和聚氯乙烯护套轻型软线	
27	300/300	两芯圆形聚氯乙烯绝缘和聚氯乙烯护套轻型软线	
28	300/300	三芯圆形聚氯乙烯绝缘和聚氯乙烯护套轻型软线	
41	300/500	两芯平形聚氯乙烯绝缘和聚氯乙烯护套普通软线	
42	300/500	两芯圆形聚氯乙烯绝缘和聚氯乙烯护套普通软线	
43	300/500	三芯圆形聚氯乙烯绝缘和聚氯乙烯护套普通软线	
44	300/500	四芯圆形聚氯乙烯绝缘和聚氯乙烯护套普通软线	
45	300/500	五芯圆形聚氯乙烯绝缘和聚氯乙烯护套普通软线	

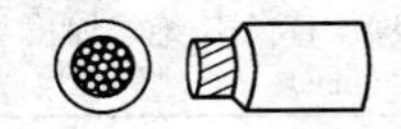

图2-11　标记号21

300/500V　标记号 21　　　　　表 2-24

标记号	标称截面 (mm^2)	根数/直径 (mm)	绝缘厚度 (mm)	最大外径 (mm)	近似净重 (kg/km)
2103	0.5	16/0.20	0.6	2.5	9
2104	0.75	24/0.20	0.6	2.8	12
2105	1.0	32/0.20	0.6	2.9	15

注:线芯识别颜色:绿/黄、蓝或其他。

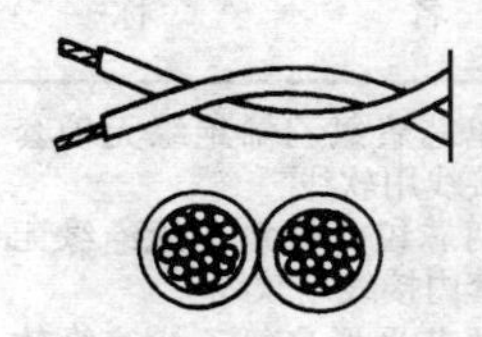

图 2-12　标记号 23

300/500V　标记号 23　　　　　表 2-25

标记号	标称截面 (mm^2)	根数/直径 (mm)	绝缘厚度 (mm)	最大外形尺寸 (mm)	近似净重 (kg/km)
2303	2×0.5	16/0.20	0.6	2×2.5	19
2304	2×0.75	24/0.20	0.6	2×2.8	25
2305	2×1.0	32/0.20	0.6	2×2.9	31

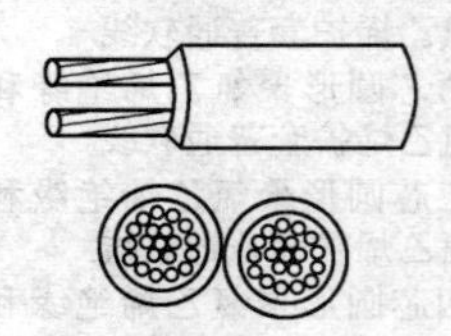

图 2-13　标记号 24

300/300V　标记号 24　　　　　表 2-26

标记号	标称截面 (mm^2)	根数/直径 (mm)	绝缘厚度 (mm)	最大外形尺寸 (mm)	近似净重 (kg/km)
2403-2	2×0.5	28/0.15	0.8	3.0×6.0	23
2404-2	2×0.75	42/0.15	0.8	3.2×6.4	29

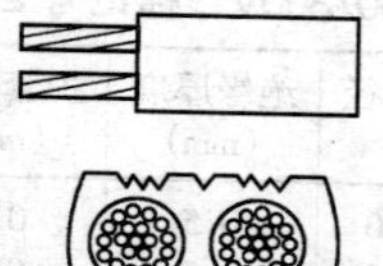

图 2-14　标记号 25

300/300V　标记号 25　　表 2-27

标记号	标称截面（mm^2）	根数/直径（mm）	绝缘厚度（mm）	最大外形尺寸（mm）	近似净重（kg/km）
2503	2×0.5	28/0.15	0.8	2.9×5.4	24
2504	2×0.75	42/0.15	0.8	3.2×5.9	30

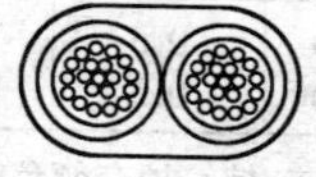

图 2-15　标记号 26

300/500V　标记号 26　　表 2-28

标记号	标称截面（mm^2）	根数/直径（mm）	绝缘厚度（mm）	护套厚度（mm）	最大外形尺寸（mm）	近似净重（kg/km）
2603	2×0.5	16/0.20	0.5	0.6	3.6×5.6	29
2604	2×0.75	24/0.20	0.5	0.6	3.9×6.2	36

注：线芯识别颜色：蓝、棕。护套颜色：白、灰。

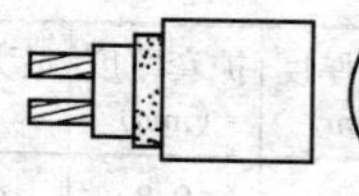

图 2-16　标记号 27

300/300V　标记号 27　　表 2-29

标记号	标称截面(mm^2)	根数/直径(mm)	绝缘厚度(mm)	护套厚度(mm)	最大外径(mm)	近似净重(kg/km)
2703	2×0.5	16/0.20	0.5	0.6	5.6	32
2704	2×0.75	24/0.20	0.5	0.6	6.2	40

注:线芯识别颜色:蓝、棕。护套颜色:白、灰。

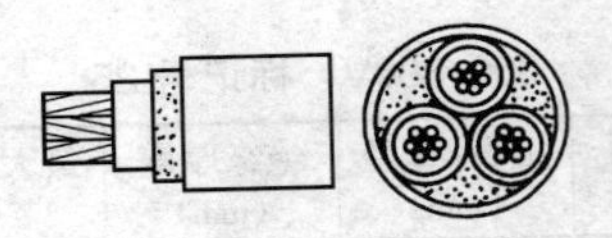

图 2-17　标记号 28

300/300V　标记号 28　　表 2-30

标记号	标称截面(mm^2)	根数/直径(mm)	绝缘厚度(mm)	护套厚度(mm)	最大外径(mm)	近似净重(kg/km)
2803	3×0.5	16/0.20	0.5	0.6	5.9	41
2804	3×0.75	24/0.20	0.5	0.6	6.5	50

注:线芯识别颜色:绿/黄、蓝、棕。护套颜色:白、灰。

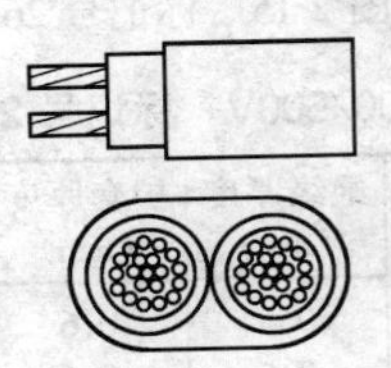

图 2-18　标记号 41

300/500V　标记号 41　　表 2-31

标记号	标称截面(mm^2)	根数/直径(mm)	绝缘厚度(mm)	护套厚度(mm)	最大外形尺寸(mm)	近似净重(kg/km)
4104	2×0.75	24/0.20	0.6	0.8	4.6×7.1	45

注:线芯识别颜色:蓝、棕。护套颜色:白、灰。

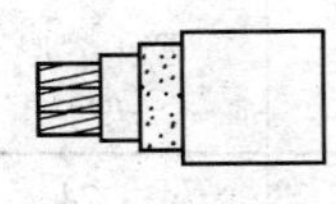
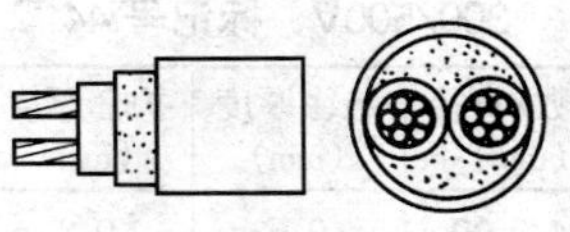

图 2-19　标记号 42

300/500V　标记号 42　　　　表 2-32

标记号	标称截面（mm^2）	根数/直径（mm）	绝缘厚度（mm）	护套厚度（mm）	最大外径（mm）	近似净重（kg/km）
4204	2×0.75	24/0.20	0.6	0.8	7.1	50
4205	2×1.0	32/0.20	0.6	0.8	7.4	57
4206	2×1.25	40/0.20	0.7	0.8	8.4	71
4207	2×1.5	30/0.25	0.7	0.8	8.4	76
4208	2×2.5	50/0.25	0.8	1.0	10.3	119

注:线芯识别颜色:蓝、棕。护套颜色:白、灰。

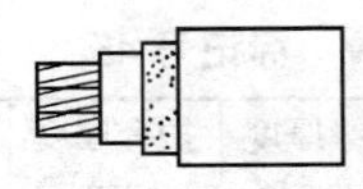

图 2-20　标记号 43

300/500V　标记号 43　　　　表 2-33

标记号	标称截面（mm^2）	根数/直径（mm）	绝缘厚度（mm）	护套厚度（mm）	最大外径（mm）	近似净重（kg/km）
4304	3×0.75	24/0.20	0.6	0.8	7.5	64
4305	3×1.0	32/0.20	0.6	0.8	7.8	74
4306	3×1.25	40/0.20	0.7	0.9	9.1	96
4307	3×1.5	30/0.25	0.7	0.9	9.1	120
4308	3×2.5	50/0.25	0.8	1.1	11.2	160

注:线芯识别颜色:绿/黄、蓝、棕。护套颜色:白、灰。

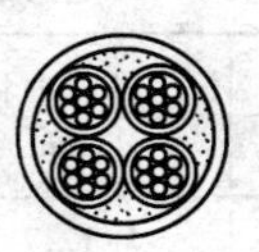

图 2-21　标记号 44

300/500V　标记号 44　　　　表 2-34

标记号	标称截面 (mm^2)	根数/直径 (mm)	绝缘厚度 (mm)	护套厚度 (mm)	最大外径 (mm)	近似净重 (kg/km)
4404	4×0.75	24/0.20	0.6	0.8	8.2	79
4405	4×1.0	32/0.20	0.6	0.9	8.8	95
4407	4×1.5	30/0.25	0.7	1.0	10.2	132
4408	4×2.5	50/0.25	0.8	1.1	12.2	200

注:线芯识别颜色:绿/黄、黑、蓝、棕。护套颜色:白、灰。

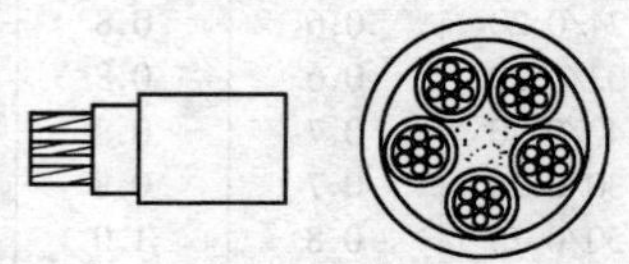

图 2-22　标记号 45

300/500V　标记号 45　　　　表 2-35

标记号	标称截面 (mm^2)	根数/直径 (mm)	绝缘厚度 (mm)	护套厚度 (mm)	最大外径 (mm)	近似净重 (kg/km)
4504	5×0.75	24/0.20	0.6	0.9	9.1	99
4505	5×1.0	32/0.20	0.6	0.9	9.5	115
4507	5×1.5	30/0.25	0.6	1.1	11.3	164
4508	5×2.5	50/0.25	0.8	1.2	13.6	248

注:线芯识别颜色:绿/黄、黑、蓝、棕。护套颜色:白、灰。

2.1.2　电线穿管

1. 电线管

见表 2-36。

电 线 管 规 格　　　　表 2-36

公称口径		外　径 (mm)	壁　厚 (mm)	重　量 (kg/m)
mm	英　寸			
13	½″	12.7	1.24	0.34
16	⅝″	15.87	1.6	0.43

续表

公称口径		外径 (mm)	壁厚 (mm)	重量 (kg/m)
mm	英寸			
20	¾″	19.05	1.6	0.53
25	1″	25.4	1.6	0.72
32	1¼″	31.75	1.6	0.90
38	1½″	38.1	1.6	1.13
50	2″	50.8	1.6	1.47

2. 自熄塑料电线管及配件

自熄塑料管及配件以改性聚氯乙烯作材质,电性能优良,耐腐性、自熄性能良好,并且韧性大,曲折不易断裂。其全套组件的连接只须用胶粘剂粘接,与金属管材比较,减轻了重量,降低了造价,色泽鲜艳,具有防火、绝缘、耐腐、材轻、美观、价廉、便于施工等优点。

电线管技术数据:①抗拉强度:36.678MPa;②抗弯强度:60.838MPa;③抗冲击强度:5.783~6.256MPa;④软化温度:75℃;⑤体积电阻:$6.4\times10^{14}\Omega\cdot cm$;⑥击穿电压:28.3kV/mm;⑦直径及长度:见表2-37。

配件规格见表2-38。

外形及安装尺寸:见图2-23~图2-28与表2-39~表2-44。

PVC型直径及长度 **表2-37**

型号与规格	外径 (mm)	内径 (mm)	管壁厚 (mm)	每根长度 (m)	备注
PVC-016	16	12.4	1.8	4	安装采用扩口承插胶粘的连接方法,并有接线盒、灯头箱、入盒接头、弯头、束节、胶粘剂配套
PVC-019	19	15	2.0		
PVC-025	25	20.6	2.2		
PVC-032	32	27	2.5		
PVC-040	40	34	3.0		
PVC-050	50	43.5	3.2		

配套件规格 　表 2-38

名称	型号	规格(mm)	备注
接线盒	A型 B型	1# 2# 3#	用硬质聚氯乙烯塑料制成,"A"型接线盒配装浙江青田县电器厂生产的暗开关、插座;"B"型配装 CDB 规定生产的面板
灯头接线盒	小号 大号		用硬质聚氯乙烯塑料制成,小号用于一般灯具出线,大号专为中间穿吊钩安装风扇或花灯用
直角弯头	PVC 弯头	$\phi16 \sim \phi50$	用改性增强聚氯乙烯自熄性塑料制成,用于布线转弯处
束节	PVC 束节	$\phi16 \sim \phi50$	用聚氯乙烯塑料制成,用于管子与管子接头处
入盒接头		$\phi16 \sim \phi25$	用聚氯乙烯塑料制成,用于管线进接线盒,能一孔多用,替代老的入盒接头、护套圈
胶粘剂			用于管与管、管与管件之间的连接,使用时将工件表面擦净、涂布胶粘剂再承插粘合,3~10min 后方能移动,用后盖紧,注意防火,密闭贮存

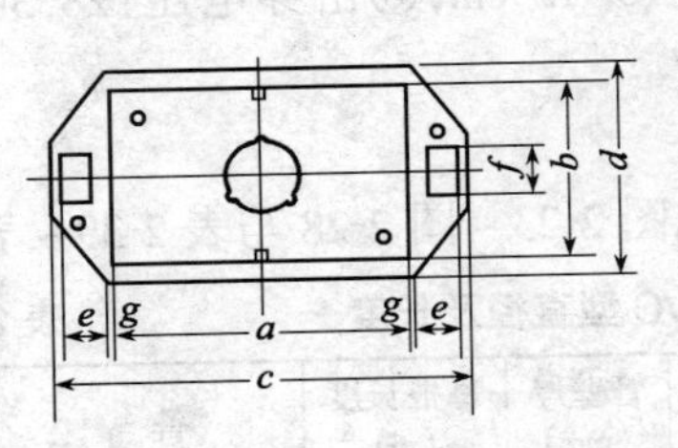

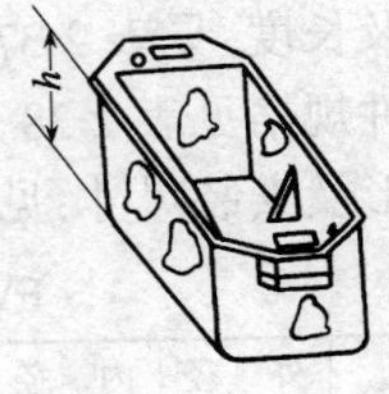

图 2-23　A 型接线盒安装尺寸(用于暗开关及暗插座)

A 型接线盒安装尺寸 　表 2-39

规格	尺寸 (mm)							
	a	b	c	d	e	f	g	h
1#	39	60	65	65	9	15	1	45

续表

规　格	尺　寸　(mm)							
	a	*b*	*c*	*d*	*e*	*f*	*g*	*h*
2#	63	59	90	69	9.5	15	1	45
3#	93	60	120	66	11.5	15	1	44

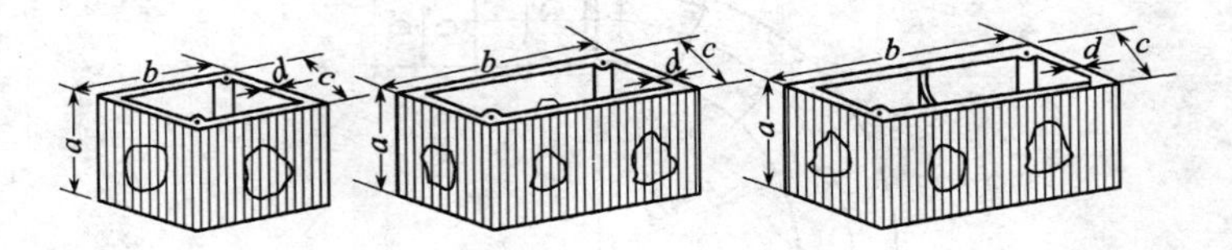

图 2-24　B 型接线盒安装尺寸

B 型接线盒安装尺寸　　表 2-40

规　格	尺　寸(mm)			
	a	*b*	*c*	*d*
1#	50	65	65	3
2#	50	90	65	3
3#	50	115	65	3

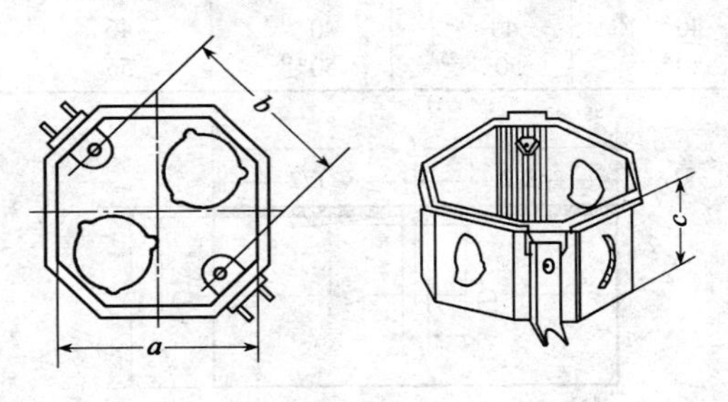

图 2-25　灯头接线盒安装尺寸

灯头接线盒安装尺寸　　　　表 2-41

规格	尺寸 (mm)		
	a	*b*	*c*
小号	80	61	45
大号	85	73	45

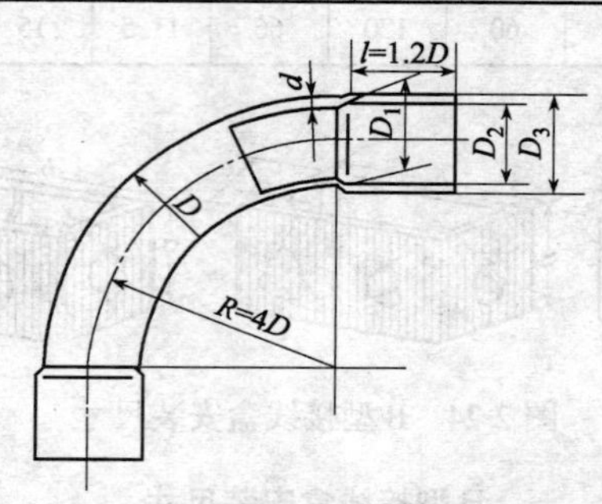

图 2-26　直角弯头安装尺寸

直角弯头安装尺寸　　　　表 2-42

规格	尺寸 (mm)				
	D	D_1	D_2	D_3	d
$\phi16$	$16^{\pm0.2}$	$16^{-0.25}$	$16^{+0.25}$	19.5	$1.8^{+0.2}$
$\phi19$	$19^{\pm0.25}$	$19^{-0.25}$	$19^{+0.05}$	23	$2^{+0.2}$
$\phi25$	$25^{\pm0.25}$	$25^{-0.25}$	$25^{+0.25}$	29	$2.2^{+0.30}$
$\phi32$	$32^{\pm0.25}$	$32^{-0.25}$	$32^{+0.25}$	37	$2.1^{+0.3}$
$\phi40$	$40^{\pm0.25}$	$40^{-0.3}$	$40^{+0.3}$	46	$3^{+0.4}$
$\phi50$	$50^{\pm0.25}$	$50^{-0.25}$	$50^{+0.3}$	56	$3.2^{+0.4}$

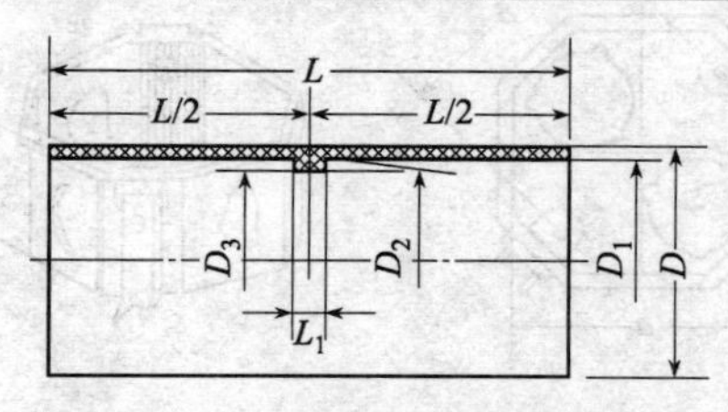

图 2-27　束节安装

束节安装尺寸 **表 2-43**

规格	尺寸 (mm)					
	D	D_1	D_2	D_3	L	L_1
$\phi16$	$20^{\pm0.2}$	$16^{+0.25}_{+0.1}$	$16^{-0.1}_{-0.25}$	$12.4^{+0.2}$	40	2
$\phi19$	$23^{\pm0.2}$	$19^{+0.25}_{+0.1}$	$19^{-0.1}_{-0.25}$	$15^{+0.2}$	50	2
$\phi25$	$29.4^{\pm0.2}$	$52^{+0.25}_{+0.1}$	$25^{-0.1}_{-0.25}$	$20.6^{+0.2}$	65	2
$\phi32$	$37^{\pm0.2}$	$32^{+0.25}_{+0.1}$	$32^{-0.1}_{-0.35}$	$27^{+0.2}$	80	2
$\phi40$	$46^{\pm0.3}$	$40^{+0.3}_{+0.15}$	$40^{-0.15}_{-0.35}$	$34^{+0.2}$	100	3
$\phi50$	$56^{\pm0.4}$	$50^{+0.4}_{+0.1}$	$50^{-0.2}_{-0.4}$	$53.6^{+0.2}$	125	3

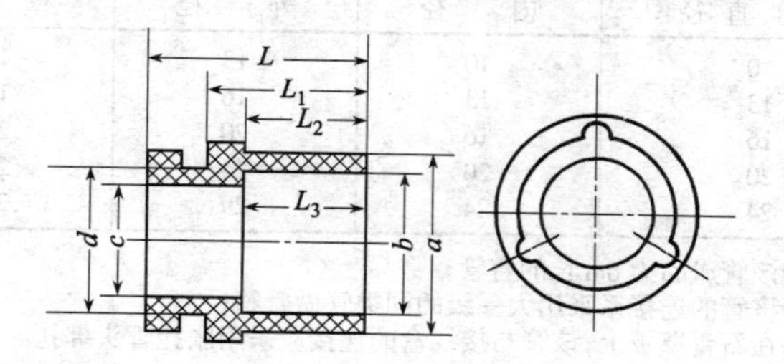

图 2-28 入盒接头安装尺寸

入盒接头安装尺寸 **表 2-44**

规格	尺寸 (mm)							
	a	b	c	d	L	L_1	L_2	L_3
$\phi16$	21	16	12.4	25	23	19	15	16
$\phi19$	24	19	15	25	26	22	18	19
$\phi25$	30	25	20.6	25	32	28	24	25

3. 聚乙烯电线管及地面接线盒

该电线管供水泥地坪或混凝土构件内暗敷或明敷保护照明线路用。

技术数据:见表 2-45 ~ 表 2-46。

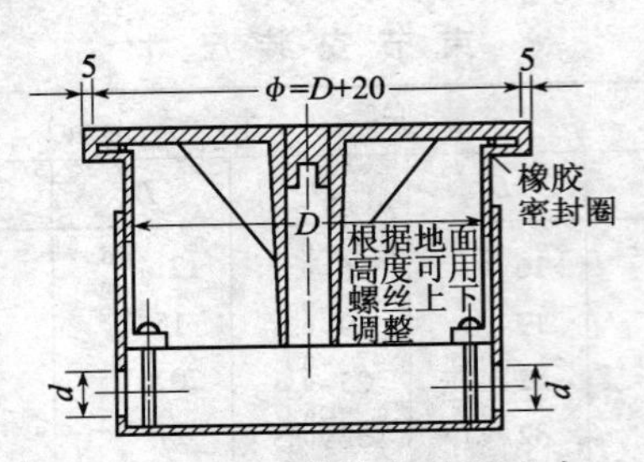

图 2-29 地面接线盒外形尺寸

聚乙烯电线管规格尺寸表(mm) 表 2-45

标称直径	内径	外径	壁厚
10	10	13	1.5
13	13	16	1.5
16	16	20	2.0
20	20	24	2.0
24	24	29	2.5

注:①该管成品为 6m 长的直管;
②该管的连接系采用大一级的同类管做管箍;
③在石膏壁板上,该管与接线盒的连接应采用胀扎管头绑扎。

地面接线盒规格尺寸表(mm) 表 2-46

型号	D	d
小号	100	20
中号	150	25
大号	200	32

2.2 照明装置

2.2.1 电光源

1. 白炽灯泡

白炽灯泡是利用钨丝通电加热而发光的一种热辐射光源。它结构简单,使用方便。

技术数据:见表 2-47 ~ 表 2-52 及图 2-30 ~ 图 2-32。

表 2-47

普通照明灯泡数据

灯泡型号	额定值			极限值		主要尺寸（mm）					平均寿命（h）	灯头型号
	电压（V）	功率（W）	光通量（流明）	功率（W）	光通量（lm）	最大直径 D	螺旋式灯头 L	螺旋式灯头 H	插口式灯头 L	插口式灯头 H		
PZ220-15	220	15	110	16.1	91	61	107±3	—	105.5±3	—	1000	E27/27-1 或 2C22/25-2
PZ220-25		25	220	26.5	183							
PZ220-40		40	350	42.1	291							
PZ220-60		60	630	62.9	523							
PZ220-100		100	1250	104.5	1038	71	125±4	90±4	123.5±4	88.5±4		E27/27-1 E27/35-2 或 2C22/25-2
PZ220-150		150	2090	156.5	1777	81	170±4	130±5	168.5±5	128.5±5		
PZ220-200		200	2920	208.5	2482							
PZ220-300		300	4610	312.5	3919	111.5	235±6	180±6	—	—		E40/45-1
PZ220-500		500	8300	520.5	7055	131.5	275±6	210±6	—	—		
PZ220-1000		1000	18600	1040.5	15810	151.5	300±9	225±8	—	—		

(1)普通照明灯泡：显色性好，广泛应用于工业与民用建筑及日常生活的照明。但其发光效率较低(7.3～18.6lm/W)，色温为2560～3050°K，色表不够好。

(2)双螺旋普通照明灯泡：广泛应用于工农业生产和日常生活中。双螺旋就是把单螺旋灯丝再绕成螺旋状。因工艺较复杂，价格稍高，目前规格较少。

双螺旋普通照明灯泡数据　　表2-48

灯泡型号	电压(V)	功率(W)	光通量(lm)	平均寿命(h)	主要尺寸(mm)		灯头型号
					最大直径	全长	
PZ220-40 PZ220-60 PZ220-100	220	40 60 100	415 715 1350	1000	61	110	E27/27 B22d/25×26

2. 反射型普通照明灯泡

是采用聚光型玻壳制造。玻壳圆锥部分的内表面蒸镀有一层反射性很好的镜面铝膜。因而灯光集中，适用于灯光广告牌、商店、橱窗、展览馆、工地等需要光线集中照射的场合。

反射型普通照明灯泡数据　　表2-49

灯泡型号	电压(V)	功率(W)	光通量(lm)	中心光强(新烛光)	主要尺寸(mm)		平均寿命(h)	灯头型号
					最大直径(*D*)	全长(*L*)		
PZF220-15	220	15			50	84	1000	B22d/25×26
PZF220-25		25			64	102		B22d/25×26
PZF220-100		100	925	180(2×60°)	81	120		E27/35×30
PZF220-300		300	3410	780(2×30°)	127	175		E27/35×30
PZF220-500		500	6140	420(2×10°)	154	236		E40/45

注：上海亚明、杭州灯泡厂等生产。

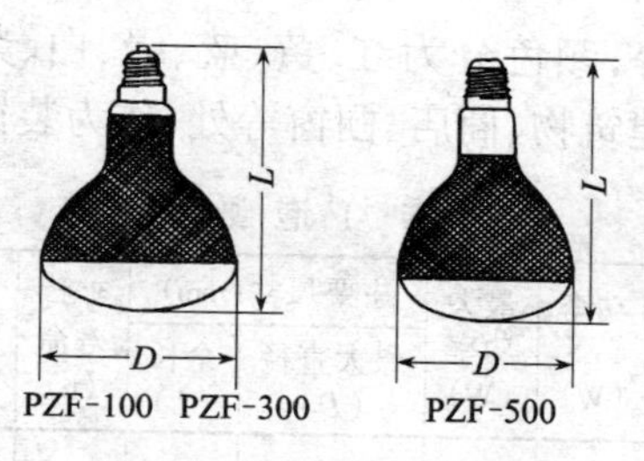

图 2-30 PZF 灯泡外形图

3. 蘑菇形普通照明灯泡

主要用于日常生活照明,也可作装饰照明用。灯泡用全磨砂、乳白色的玻壳制造。

蘑菇形普通照明灯泡数据 表 2-50

灯泡型号	电压（V）	功率（W）	光通量（lm）	平均寿命（h）	主要尺寸(mm)		灯头型号
					最大直径（D）	全长（L）	
PZM220-15	220	15	107	1000	56	95	E27/27 B22d/25×26
PZM220-25		25	213	1000	56	95	
PZM220-40		40	326	1000	56	95	
PZM220-60		60	630	1300	61	107	

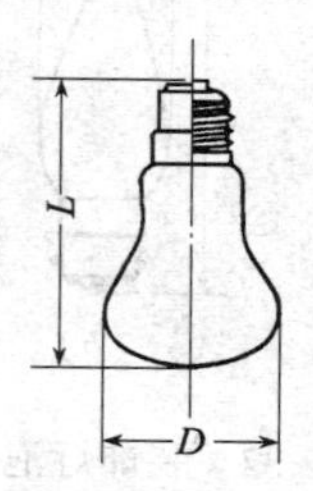

图 2-31 蘑菇形普通灯泡外形

4. 装饰灯泡

采用各种彩色玻壳制成,其种类有磨砂、彩色透明、彩色瓷料及内涂色等，颜色分为红、黄、蓝、绿、白、紫等，色彩均匀鲜艳。可用在建筑物、商店、橱窗等处，作为装饰照明用。

装饰灯泡数据　　表 2-51

灯泡型号	电压 (V)	功率 (W)	最大功率 (W)	主要尺寸(mm) 最大直径 (D)	全长 (L)	平均寿命 (h)	灯头型号	图号
ZS-220-15	220	15	16.1	61	107 ± 3	1000	E27/27 或 B22d/25 × 26	(3)
ZS-220-25		25	26.5					
ZS-220-40		40	42.1					
ZS-220-60		60	62.9					
ZS-220-100		100	104.5					
ZS-220-10A		10	11.5	41	66	1500		(1)
ZS-220-10B		10	11.5	37	100			(2)
ZS-220-15A		15	16.5	41	66			(1)
ZS-220-15B		15	16.5	37	100			(2)
ZS-220-15C		15	16.5	61	110			(3)
ZS-220-25B		25	26.5	37	100			(2)
ZS-220-25C		25	26.5	61	110			(3)

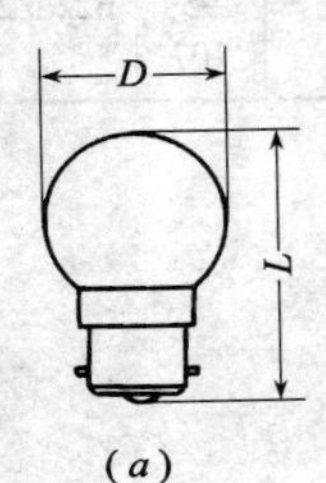

(a)

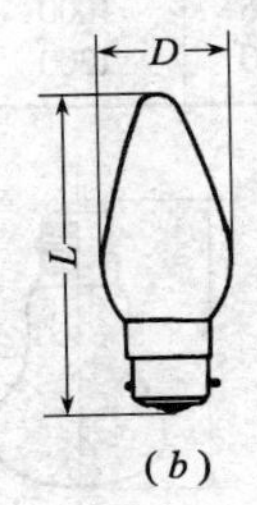

(b)

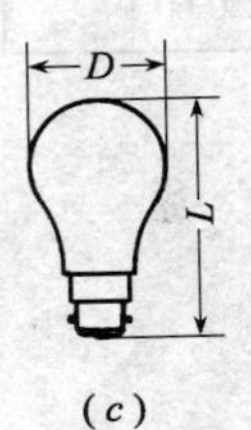

(c)

图 2-32　装饰灯泡外形

5. 彩色灯泡

采用各色的透明、瓷料、内涂色玻壳制成。应用于建筑物、商店橱窗、展览馆、喷泉瀑布等场所装饰照明。

彩色灯泡数据　　表 2-52

灯泡型号	电压（V）	功率（W）	平均寿命（h）	主要尺寸(mm)		灯头型号	图号
				最大直径（D）	全长（L）		
CS220-15 CS220-25 CS220-40	220	15 25 40	1000	61	107	E27/27 B22d/25×26	(1)
CS220-100		100		81	120	E27/35×30	(2)
CS220-500		500		127	205	E27/65×45	(3)

6. 荧光灯管

普通荧光灯为热阴极预热式低气压汞蒸气放电灯，与普通白炽灯相比，具有发光效率高（约为普通白炽灯的四倍）、寿命长、用电省等优点。

技术数据：见表 2-53 ~ 表 2-56 及图 2-33 ~ 图 2-34。

(1)直管荧光灯管：适用于工厂、学校、机关、商店及家庭作室内照明。荧光灯的内壁涂以不同的荧光粉，根据需要可做成不同的光色，发出白光、冷白光、暖白光及各种彩色的光线。

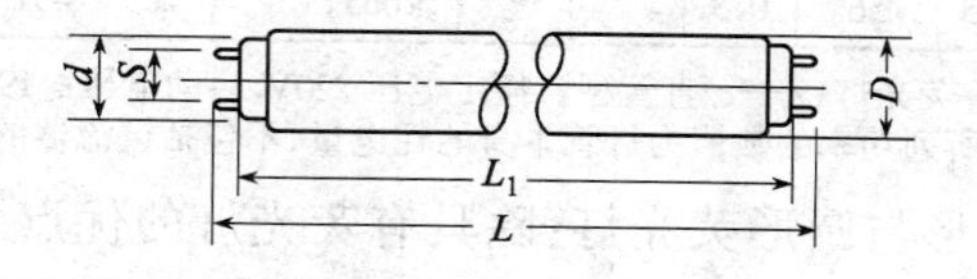

图 2-33　荧火灯外形

直管荧光灯管数据　　表 2-53

灯管型号	功率（W）	工作电压（V）	工作电流（A）	启动电流（A）	灯管压降（V）	光通量（lm）	平均寿命（h）	主要尺寸(mm)			灯头型号
								直径（D）	全长（L）	管长（L_1）	
YZ4RR	4	35	0.11			70	700	16	150	134	G5

续表

灯管型号	功率(W)	工作电压(V)	工作电流(A)	启动电流(A)	灯管压降(V)	光通量(lm)	平均寿命(h)	主要尺寸(mm) 直径(D)	全长(L)	管长(L_1)	灯头型号
YZ6RR	6	55	0.14			160	1500	16	226	210	G5
YZ8RR	8	60	0.15			250			302	288	
YZ10RR	10	45	0.25			410		26	345	330	G13
YZ15RR	15	51	0.33	0.44	52	580	3000	38.5	451	437	
YZ20RR	20	57	0.37	0.50	60	930			604	389	
YZ30RR	30	81	0.405	0.56	89	1550	5000		909	894	
YZ40RR	40	103	0.45	0.65	108	2400			1215	1200	
YZ85RR	85	120 ± 10	0.80			4250	2000	40.5	1778	1763.8	
YZ125RR	125	149 ± 15	0.94			6250			2389.1	2374.9	
YZ100RR	100		1.50	1.80	90	5000		38	1215	1200	
YZ6RR	6	50	0.135			≥200		15	227	211	
YZ8RR	8	60	0.145			≥300		15	302	286	
YZ10RR 粗	10	50	0.25			≥410		25	345	330	
YZ10RR 细	10										
YZ12RR	12	91	0.16			≥580		18.5	500	484	
YZ15RR	15	56	0.3			≥665		25	451	436	

注：Y——荧光灯；Z——直管型。额定电压 220V，启动电压≤190V。
表中所列功率的数值为灯管本身的耗电量，不包括镇流器的耗电量。

(2)U 形与圆形荧光灯：除具有荧光灯的优点外，尚有照明均匀及造型美观等优点，现已广泛使用在远洋巨轮、机车车厢、展览馆等。

荧光灯管光色与型号对照表 **表 2-54**

光色	日光 6500°K	冷白光 4500°K	暖白光 2900°K	绿	红	蓝	橙红	黄
型号	RR-40	RL-40	RN-40	RC-40	RH-40	RP-40	RS-40	RW-40

注：表中以 40W 为例，其余类推。

U 形与圆形荧光灯数据　　　　表 2-55

型号	功率 (W)	外形尺寸 (mm)						额定参数				平均寿命 (h)
		C	D_1	L	L_1	ϕ	d	起动电流 (mA)	工作电流 (mA)	灯管压降 (V)	光通量 (lm)	
URR-30	30			417	410	38	20	560	350	89	1550	
URR-40	40			626	619	38	20	650	410	108	2200	
CRR-20	20	207	145			32		500	350	60	930	2000
CRR-30	30	308	244			32		560	350	89	1350	
CRR-40	40	397	333			32		650	410	108	2200	
YU15RR	15			170±5	163±5	25±1.5	≤130	440	300	50	405	
YU30RR	30			415±5	408±5	25±1.5	≤130	560	360	108	1165	1000
YH20RR	20	≤227	175^{+1}_{-5}					500	300	78	698	

(3)低温快速起动荧光灯：灯的管壁涂有一条快速起动线，灯管接通电源后可即刻起跳燃点，光通高、寿命长、无频闪现象。适用于工业与民用建筑、场地照明，该灯与相应灯具配合作为化工等行业的防爆照明用。

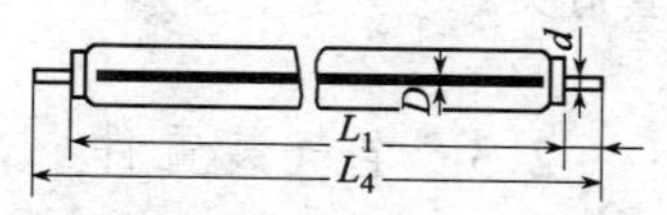

图 2-34　低温快速起动荧光灯外形

低温快速起动日光灯数据　　　　表 2-56

灯管型号	电压 (V)	功率 (W)		光通量 (lm)		工作电流 (A)	工作电压 (V)	平均寿命 (h)	外形尺寸 (mm)			
		额定值	极限值	额定值	极限值				全长 L	直径 D	灯脚直径 d	灯脚长 l
dsyz40RL	220	40	42.5	2300	1850	0.42	110±10	5500	1218	38～40.5	6	18
dsyz20RL		20	21.5	950	760	0.23	57±7	4000	610			

2.2.2　灯具

近年来，我国灯具工业的生产发展很快，目前灯具产品除了工业与民用建筑的通用型灯具外，现已生产有新光源的配套灯具、高效率灯具、民用建筑装饰灯具、晶体玻璃灯具、各种类型组合式新型灯具等，由于厂家众多，型号品种很多，在这里不作一一介绍，只介绍其分类。

灯具的分类：

(1)壁灯类；

(2)花吊灯类；

(3)吸顶灯类；

(4)柱灯类；

(5)荧光灯类；

(6)投光灯类；

(7)工厂灯类；

(8)应急信号标志灯类；

(9)台灯落地灯类；

(10)住宅成套灯类。

2.3 电气装置件

2.3.1 开关与插座

1. 组合用活装开关、插座电器装置件规格代号表，见表2-57～表2-60。

2. 80、86系列通用开关、按钮、出线口编号见表2-61。

3. 80系列活装式开关、插座、面板组合编号见表2-62～表2-67。

4. 86系列活装式开关、插座、面板组合编号见表2-68～表2-72。

5. 86系列固定开关、插座、面板组合编号表见表2-73～表2-77。

6. 80、86系列开关、插座、面板接线盒盖板编号见表2-78(*a*)、(*b*)。接线盒盖板见图2-35。

表 2-57

符号及代号	1	2	3	4
图形示意				
名　　称	单控拉线开关	双控拉线开关	单控跷板开关	双控跷板开关
规　　格	250V6A	250V6A	250V6A	250V6A
编　　号	HZ1001	HZ1002	HZ1003	HZ1004
符号及代号	16	 12、13	 14	 15
图形示意		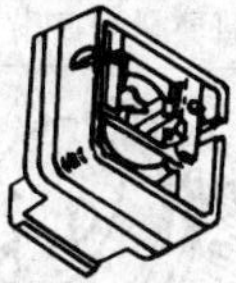	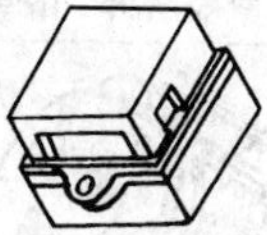	
名　　称	电铃开关	节能定时开关	拉线式多控开关	按钮式多控开关
规　　格	250V6A	250V6A	250V6A	250V6A
编　　号	HZ1005	HZ1006	HZ1007	HZ1008

注:代号作为活装式开关、插座、面板组合。编号作编组参考之用,见 JD7-201～305。

表 2-58

符号及代号	11	5	6	7
图形示意				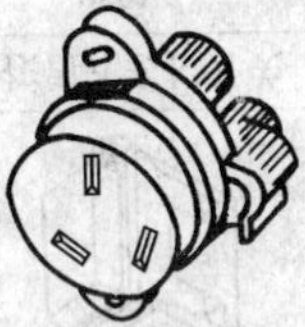
名　　称	平灯口桃罩	单相二极普通插座	单相二极安全插座	单相三极普通插座
规　　格	容量由设计定	250V10A	250V6A	250V10A
编　　号	—	HZ1101	HZ1102	HZ1103
符号及代号	8	7	8	9
图形示意	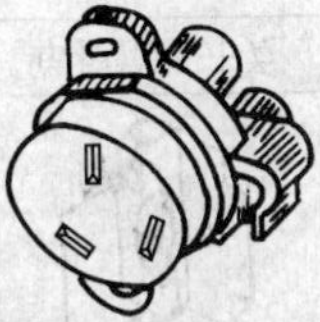			
名　　称	单相三极安全插座	单相三极普通插座	单相三极安全插座	T 型二极插座
规　　格	250V10A	250V10A	250V15A	250V15A
编　　号	HZ1104	HZ1105	HZ1106	HZ1107

表 2-59

符号及代号	10	21	22	23
图形示意				
名　称	三相四极普通插座	单相二极防脱锁紧型插座	单相三极防脱锁紧型插座	三相四极防脱锁紧型插座
规　格	380V15A	250V10A	250V10A	380V15A
编　号	HZ1108	HZ1109	HZ1110	HZ1111
符号及代号	—	—	—	—
图形示意				
名　称	二极防脱锁紧型配套插头	三极防脱锁紧型配套插头	四极防脱锁紧型配套插头	T型二极插头
规　格	250V10A	250V10A	380V15A	50V10A
编　号	HZ1201	HZ1202	HZ1203	HZ1204

表 2-60

符号及代号	—	—	—	—
图形示意			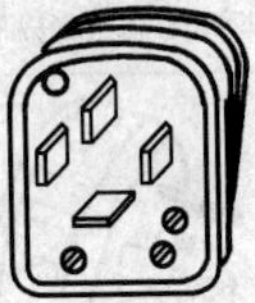	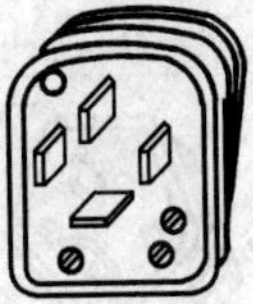
名　　称	单相二极插头	单相三极插头	三相四极插头	三相四极插头
规　　格	250V10A	250V10A、15A	380V15A	380V25A
编　　号	HZ1205	HZ1206	HZ1207	HZ1208

符号及代号	—	—	—
图形示意	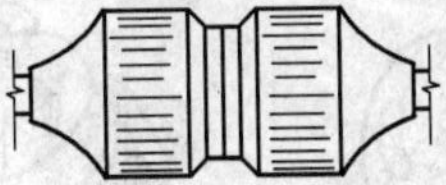	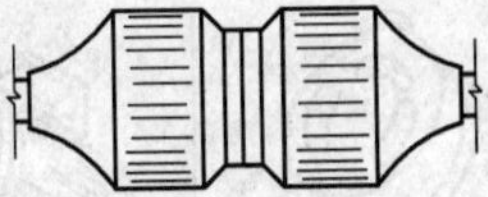	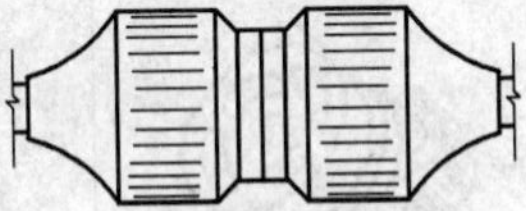
名　　称	二极防脱紧锁型护套线连接插头	三极防脱紧锁型护套线连接插头	四级防脱紧锁型护套线连接插头
规　　格	250V10A	250V10A	380V15A
编　　号	HZ1301	HZ1302	HZ1303

表 2-61

面板图形	面板规格(mm)		配装接线盒安装孔距	装置件内容代号及数量											编号
	高×宽	安装孔距		12	13	14	15	16	17	18					
	80×80	50	50	—	—	—	—	1	—	—					HZ1051
	86×86	60.3	60.3	—	—	—	—	1	—	—					HZ1052
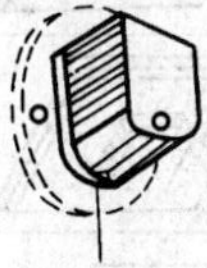	明配线工程采用时装于木或塑料、台上			1	—	—	—	—	—	—					HZ1053
	80×100	71	71	—	1	—	—	—	—	—					HZ1054
	80×126	96	96	—	1	—	—	—	—	—					HZ1055
	80×100	71	71	—	1	—	—	—	—	—					HZ1056
	80×126	96	96	—	1	—	—	—	—	—	—				HZ1057

表 2-62

面板图形	面板规格(mm)		配装接线盒安装孔距	装置件内容代号及数量											编号
	高×宽	安装孔距		12	13	14	15	16	17	18	1	2	3	4	
	80×80	50	50	—	—	—	1	—	—	—	—	—	—	—	HZ1058
	80×100	71	71	—	—	1	—	—	—	—	—	—	—	—	HZ1059
	80×100	71	71	—	—	—	2	—	—	—	—	—	—	—	HZ1060
				—	—	—	1	—	—	—	—	—	1	—	HZ1061
				—	—	—	1	—	—	—	—	—	—	1	HZ1062
	80×126	96	96	—	—	—	3	—	—	—	—	—	—	—	HZ1063
				—	—	—	2	—	—	—	—	—	1	—	HZ1064
				—	—	—	2	—	—	—	—	—	—	1	HZ1065
				—	—	—	1	—	—	—	—	—	2	—	HZ1066
	80×150	121	121	—	—	—	4	—	—	—	—	—	—	—	HZ1067
				—	—	—	2	—	—	—	—	—	2	—	HZ1068
				—	—	—	2	—	—	—	—	—	—	2	HZ1069
				—	—	—	1	—	—	—	—	—	3	—	HZ1070

表 2-63

面板图形	面板规格(mm)		配装接线盒安装孔距	装置件内容代号及数量											编号
	高×宽	安装孔距		1	2	3	4	5	6	7	8	9	10	11	
	80×80	50	50	1	—	—	—	—	—	—	—	—	—	—	HZ2001
				—	1	—	—	—	—	—	—	—	—	—	HZ2002
				—	—	1	—	—	—	—	—	—	—	—	HZ2003
				—	—	—	1	—	—	—	—	—	—	—	HZ2004
	80×100	71	71	2	—	—	—	—	—	—	—	—	—	—	HZ2005
				—	2	—	—	—	—	—	—	—	—	—	HZ2006
				—	—	2	—	—	—	—	—	—	—	—	HZ2007
				—	—	—	2	—	—	—	—	—	—	—	HZ2008
				1	1	—	—	—	—	—	—	—	—	—	HZ2009
				—	—	1	1	—	—	—	—	—	—	—	HZ2010
	80×126	96	96	3	—	—	—	—	—	—	—	—	—	—	HZ2011
				—	3	—	—	—	—	—	—	—	—	—	HZ2012
				—	—	3	—	—	—	—	—	—	—	—	HZ2013
				—	—	—	3	—	—	—	—	—	—	—	HZ2014
				2	1	—	—	—	—	—	—	—	—	—	HZ2015
				—	—	2	1	—	—	—	—	—	—	—	HZ2016
				1	2	—	—	—	—	—	—	—	—	—	HZ2017
				—	—	1	2	—	—	—	—	—	—	—	HZ2018
				—	—	—	—	—	—	—	—	—	—	—	HZ2019

表 2-64

面板图形	面板规格(mm)		配装接线盒安装孔距	装置件内容代号及数量											编号
	高×宽	安装孔距		1	2	3	4	5	6	7	8	9	10	11	
	80×150	121	121	4	—	—	—	—	—	—	—	—	—	—	HZ2020
				—	4	—	—	—	—	—	—	—	—	—	HZ2021
				—	—	4	—	—	—	—	—	—	—	—	HZ2022
				—	—	—	4	—	—	—	—	—	—	—	HZ2023
				2	2	—	—	—	—	—	—	—	—	—	HZ2024
				—	—	2	2	—	—	—	—	—	—	—	HZ2025
				1	3	—	—	—	—	—	—	—	—	—	HZ2026
				—	—	1	3	—	—	—	—	—	—	—	HZ2027
				3	1	—	—	—	—	—	—	—	—	—	HZ2028
				—	—	3	1	—	—	—	—	—	—	—	HZ2029
	80×170	140	140	—	—	5	—	—	—	—	—	—	—	—	HZ2030
				—	—	—	5	—	—	—	—	—	—	—	HZ2031
				—	—	3	2	—	—	—	—	—	—	—	HZ2032
				—	—	2	3	—	—	—	—	—	—	—	HZ2033
				—	—	4	1	—	—	—	—	—	—	—	HZ2034

表 2-65

面板图形	面板规格(mm)		配装接线盒安装孔距	装置件内容代号及数量											编号
	高×宽	安装孔距		1	2	3	4	5	6	7	8	9	10	11	
	165×220	185	185	—	—	8	—	—	—	—	—	—	—	—	HZ2035
				—	—	—	8	—	—	—	—	—	—	—	HZ2036
				—	—	4	4	—	—	—	—	—	—	—	HZ2037
				—	—	6	2	—	—	—	—	—	—	—	HZ2038
	165×220	185	185	—	—	10	—	—	—	—	—	—	—	—	HZ2039
				—	—	—	10	—	—	—	—	—	—	—	HZ2040
				—	—	5	5	—	—	—	—	—	—	—	HZ2041
				—	—	6	4	—	—	—	—	—	—	—	HZ2042
				—	—	4	6	—	—	—	—	—	—	—	HZ2043
	80×80	50	50	—	—	—	—	1	—	—	—	—	—	—	HZ2044
				—	—	—	—	—	1	—	—	—	—	—	HZ2045
				—	—	—	—	—	—	1	—	—	—	—	HZ2046
				—	—	—	—	—	—	—	1	—	—	—	HZ2047
				—	—	—	—	—	—	—	—	1	—	—	HZ2048
	80×100	71	71	—	—	—	—	—	—	—	—	—	1	—	HZ2049

表 2-66

面板图形	面板规格(mm) 高×宽	面板规格(mm) 安装孔距	配装接线盒安装孔距	装置件内容代号及数量 1	2	3	4	5	6	7	8	9	10	11	编号
	80×126	96	96	—	—	—	—	2	—	—	—	—	—	—	HZ2050
				—	—	—	—	—	2	—	—	—	—	—	HZ2051
				—	—	—	—	—	—	2	—	—	—	—	HZ2052
				—	—	—	—	—	—	—	2	—	—	—	HZ2053
				—	—	—	—	—	—	—	—	2	—	—	HZ2054
				—	—	—	—	—	—	—	—	—	2	—	HZ2055
				—	—	—	—	1	1	—	—	—	—	—	HZ2056
				—	—	—	—	—	—	1	1	—	—	—	HZ2057
				—	—	—	—	—	1	—	1	—	—	—	HZ2058
	80×170	140	140	—	—	—	—	3	—	—	—	—	—	—	HZ2059
				—	—	—	—	—	3	—	—	—	—	—	HZ2060
				—	—	—	—	—	—	3	—	—	—	—	HZ2061
				—	—	—	—	—	—	—	3	—	—	—	HZ2062
				—	—	—	—	—	—	—	—	3	—	—	HZ2063
				—	—	—	—	—	—	—	—	—	3	—	HZ2064
				—	—	—	—	2	—	1	—	—	—	—	HZ2065
				—	—	—	—	1	—	2	—	—	—	—	HZ2066
				—	—	—	—	—	2	—	1	—	—	—	HZ2067
				—	—	—	—	—	1	—	2	—	—	—	HZ2068

表 2-67

面板图形	面板规格(mm)		配装接线盒安装孔距	装置件内容代号及数量											编号
	高×宽	安装孔距		1	2	3	4	5	6	7	8	9	10	11	
	80×126	96	96	1	—	—	—	—	—	—	—	—	—	1	HZ2069
				—	1	—	—	—	—	—	—	—	—	1	HZ2070
				—	—	—	—	—	—	—	—	—	—	—	HZ2071
	80×126	96	96	1	—	—	—	1	—	—	—	—	—	—	HZ2072
				1	—	—	—	—	1	—	—	—	—	—	HZ2073
				1	—	—	—	—	—	1	—	—	—	—	HZ2074
				1	—	—	—	—	—	—	1	—	—	—	HZ2075
				—	—	1	—	1	—	—	—	—	—	—	HZ2076
				—	—	1	—	—	1	—	—	—	—	—	HZ2077
				—	—	1	—	—	—	1	—	—	—	—	HZ2078
				—	—	1	—	—	—	—	1	—	—	—	HZ2079
	80×150	121	121	—	—	2	—	—	1	—	—	—	—	—	HZ2080
				—	—	2	—	—	—	—	1	—	—	—	HZ2081
				2	—	—	—	1	—	—	—	—	—	—	HZ2082
				2	—	—	—	—	—	1	—	—	—	—	HZ2083
	80×150	121	121	1	—	—	—	2	—	—	—	—	—	—	HZ2084
				1	—	—	—	—	—	2	—	—	—	—	HZ2085
				—	—	1	—	—	2	—	—	—	—	—	HZ2086
				—	—	1	—	—	—	—	2	—	—	—	HZ2087

表 2-68

面板图形	面板规格(mm)		配装接线盒安装孔距	装置件内容代号及数量											编号
	高×宽	安装孔距		12	13	14	15	16	17	18	21	22	23		
	80×100	71	71	—	—	—	—	—	—	—	1	—	—		HZ2088
				—	—	—	—	—	—	—	—	1	—		HZ2089
				—	—	—	—	—	—	—	—	—	1		HZ2090
	80×126	96	96	—	—	—	—	—	—	—	2	—	—		HZ2091
				—	—	—	—	—	—	—	—	2	—		HZ2092
				—	—	—	—	—	—	—	1	1	—		HZ2093
				—	—	—	—	—	—	—	—	—	2		HZ2094

表 2-69

面板图形	面板规格(mm)		配装接线盒安装孔距	装置件内容代号及数量											编号
	高×宽	安装孔距		1	2	3	4	5	6	7	8	9	10	11	
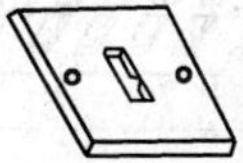	86×86	60.3	60.3	1	—	—	—	—	—	—	—	—	—	—	HZ3001
				—	1	—	—	—	—	—	—	—	—	—	HZ3002
				—	—	1	—	—	—	—	—	—	—	—	HZ3003
				—	—	—	1	—	—	—	—	—	—	—	HZ3004
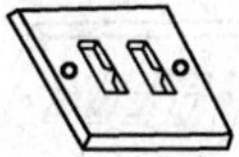	86×86	60.3	60.3	2	—	—	—	—	—	—	—	—	—	—	HZ3005
				—	2	—	—	—	—	—	—	—	—	—	HZ3006
				—	—	2	—	—	—	—	—	—	—	—	HZ3007
				—	—	—	2	—	—	—	—	—	—	—	HZ3008
				1	1	—	—	—	—	—	—	—	—	—	HZ3009
				—	—	1	1	—	—	—	—	—	—	—	HZ3010
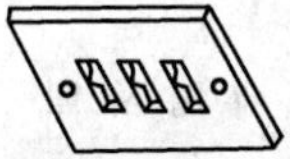	86×126	96	96	3	—	—	—	—	—	—	—	—	—	—	HZ3011
				—	3	—	—	—	—	—	—	—	—	—	HZ3012
				—	—	3	—	—	—	—	—	—	—	—	HZ3013
				—	—	—	3	—	—	—	—	—	—	—	HZ3014
				2	1	—	—	—	—	—	—	—	—	—	HZ3015
				—	—	2	1	—	—	—	—	—	—	—	HZ3016
				1	2	—	—	—	—	—	—	—	—	—	HZ3017
				—	—	1	2	—	—	—	—	—	—	—	HZ3018

表 2-70

面板图形	面板规格(mm) 高×宽	面板规格(mm) 安装孔距	配装接线盒安装孔距	装置件内容代号及数量 1	2	3	4	5	6	7	8	9	10	11	编号
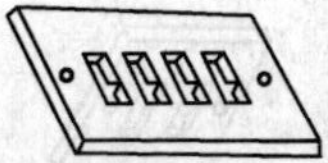	86×146	121	121	4	—	—	—	—	—	—	—	—	—	—	HZ3019
				—	4	—	—	—	—	—	—	—	—	—	HZ3020
				—	—	4	—	—	—	—	—	—	—	—	HZ3021
				—	—	—	4	—	—	—	—	—	—	—	HZ3022
				2	2	—	—	—	—	—	—	—	—	—	HZ3023
				—	—	2	2	—	—	—	—	—	—	—	HZ3024
				1	3	—	—	—	—	—	—	—	—	—	HZ3025
				—	—	1	3	—	—	—	—	—	—	—	HZ3026
				3	1	—	—	—	—	—	—	—	—	—	HZ3027
				—	—	3	1	—	—	—	—	—	—	—	HZ3028
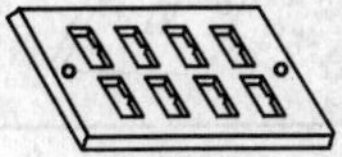	165×220	185	185	—	—	8	—	—	—	—	—	—	—	—	HZ3029
				—	—	—	8	—	—	—	—	—	—	—	HZ3030
				—	—	4	4	—	—	—	—	—	—	—	HZ3031
				—	—	6	2	—	—	—	—	—	—	—	HZ3032
	165×220	185	185	—	—	10	—	—	—	—	—	—	—	—	HZ3033
				—	—	—	10	—	—	—	—	—	—	—	HZ3034
				—	—	5	5	—	—	—	—	—	—	—	HZ3035
				—	—	6	4	—	—	—	—	—	—	—	HZ3036
				—	—	4	6	—	—	—	—	—	—	—	HZ3037

表 2-71

面板图形	面板规格(mm)		配装接线盒安装孔距	装置件内容代号及数量											编号
	高×宽	安装孔距		1	2	3	4	5	6	7	8	9	10	11	
	86×86	60.3	60.3	—	—	—	—	1	—	—	—	—	—	—	HZ3038
				—	—	—	—	—	1	—	—	—	—	—	HZ3039
				—	—	—	—	—	—	1	—	—	—	—	HZ3040
				—	—	—	—	—	—	—	1	—	—	—	HZ3041
				—	—	—	—	—	—	—	—	1	—	—	HZ3042
				—	—	—	—	—	—	—	—	—	—	—	HZ3043
	86×126	96	96	—	—	—	—	2	—	—	—	—	—	—	HZ3044
				—	—	—	—	—	2	—	—	—	—	—	HZ3045
				—	—	—	—	—	—	2	—	—	—	—	HZ3046
				—	—	—	—	—	—	—	2	—	—	—	HZ3047
				—	—	—	—	—	—	—	—	2	—	—	HZ3048
				—	—	—	—	—	—	—	—	—	2	—	HZ3049
				—	—	—	—	1	—	—	—	—	—	—	HZ3050
				—	—	—	—	—	—	1	—	—	—	—	HZ3051
				—	—	—	—	—	1	—	1	—	—	—	HZ3052

表 2-72

面板图形	面板规格(mm)		配装接线盒安装孔距	装置件内容代号及数量											编号
	高×宽	安装孔距		1	2	3	4	5	6	7	8	9	10	11	
	86×126	96	96	1	—	—	—	—	—	—	—	—	—	1	HZ3053
				—	1	—	—	—	—	—	—	—	—	1	HZ3054
				—	—	—	—	—	—	—	—	—	—	—	HZ3055
	86×126	96	96	1	—	—	—	1	—	—	—	—	—	—	HZ3056
				1	—	—	—	—	1	—	—	—	—	—	HZ3057
				1	—	—	—	—	—	1	—	—	—	—	HZ3058
				1	—	—	—	—	—	—	1	—	—	—	HZ3059
				—	—	1	—	1	—	—	—	—	—	—	HZ3060
				—	—	1	—	—	1	—	—	—	—	—	HZ3061
	86×170	140	140	—	—	—	—	3	—	—	—	—	—	—	HZ3062
				—	—	—	—	—	3	—	—	—	—	—	HZ3063
				—	—	—	—	—	—	3	—	—	—	—	HZ3064
				—	—	—	—	—	—	—	3	—	—	—	HZ3065
				—	—	—	—	—	—	—	—	3	—	—	HZ3066
				—	—	—	—	—	—	—	—	—	3	—	HZ3067
				—	—	—	—	2	—	1	—	—	—	—	HZ3068
				—	—	—	—	1	—	2	—	—	—	—	HZ3069
				—	—	—	—	—	2	—	1	—	—	—	HZ3070
				—	—	—	—	—	—	—	—	—	—	—	HZ3071

表2-73

面板图形	面板规格(mm)		配装接线盒安装孔距	装置件内容代号及数量											编号
	高×宽	安装孔距		12	13	14	15	16	17	18	21	22	23		
	86×86	60.3	60.3	—	—	—	—	—	—	—	1	—	—		HZ3072
				—	—	—	—	—	—	—	—	1	—		HZ3073
				—	—	—	—	—	—	—	—	—	1		HZ3074
	86×126	96	96	—	—	—	—	—	—	—	2	—	—		HZ3075
				—	—	—	—	—	—	—	—	2	—		HZ3076
				—	—	—	—	—	—	—	1	1	—		HZ3077
				—	—	—	—	—	—	—	—	—	2		HZ3078

表 2-74

面板图形	面板规格(mm)		配装接线盒安装孔距(mm)	装置件内容及数量											编号
	高×宽	安装孔距													
				伏	250	250	50	250	250	250	250	380	250		
				安	10	10	10	10	10	10 15	10 15	15 25	10		
	86×86	60.3	60.3		1	—	—	—	—	—	—	—	—	—	HZ4001
					—	1	—	—	—	—	—	—	—	—	HZ4002
	86×86	60.3	60.3		2	—	—	—	—	—	—	—	—	—	HZ4003
					—	2	—	—	—	—	—	—	—	—	HZ4004
					1	1	—	—	—	—	—	—	—	—	HZ4005
	86×86	60.3	60.3		3	—	—	—	—	—	—	—	—	—	HZ4006
					—	3	—	—	—	—	—	—	—	—	HZ4007
					1	2	—	—	—	—	—	—	—	—	HZ4008
					2	1	—	—	—	—	—	—	—	—	HZ4009
	86×86	60.3	60.3		—	—	1	—	—	—	—	—	—	—	HZ4010
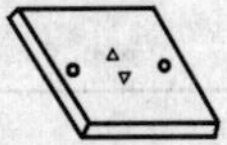	86×86	60.3	60.3		—	—	—	1	—	—	—	—	—	—	HZ4011

表 2-75

面板图形	面板规格(mm)		配装接线盒安装孔距(mm)	装置件内容及数量																	编号
	高×宽	安装孔距		伏	250	250	50	250	250	250		250		380		250					
				安	10	10	10	10	10	10	15	10	15	15	25	10					
	86×86	60.3	60.3	—	—	—	—	—	1	—	—	—	—	—	—	—	—				HZ4012
	86×86	60.3	60.3	—	—	—	—	—	—	1	—	—	—	—	—	—	—				HZ4013
	86×86	60.3	60.3	—	—	—	—	—	—	—	—	1	—	—	—	—	—				HZ4014
	86×86	60.3	60.3	—	—	—	—	—	—	—	1	—	—	—	—	—	—				HZ4015
	86×86	60.3	60.3	—	—	—	—	—	—	—	—	—	1	—	—	—	—				HZ4016

表 2-76

面板图形	面板规格(mm)		配装接线盒安装孔距(mm)	装置件内容及数量														编号
	高×宽	安装孔距																
				伏	250	250	50	250	250	250		250		380		250		
				安	10	10	10	10	10	10	15	10	15	15	25	10		
	86×146	121	121	—	—	—	—	—	—	2	—	—	—	—	—	—	—	HZ4017
	86×146	121	121	—	—	—	—	—	—	—	—	2	—	—	—	—	—	HZ4018
	86×146	121	121	—	—	—	—	—	—	—	2	—	—	—	—	—	—	HZ4019
	86×146	121	121	—	—	—	—	—	—	—	—	—	2	—	—	—	—	HZ4020
	86×86	60.3	60.3	—	—	—	—	1	—	1	—	—	—	—	—	—	—	HZ4021

表 2-77

面板图形	面板规格(mm)		配装接线盒安装孔距(mm)	装置件内容及数量														编号
	高×宽	安装孔距																
				伏	250	250	50	250	250	250		250		380		250		
				安	10	10	10	10	10	10	15	10	15	15	25	10		
	86×86	60.3	60.3	—	—	—	—	—	1	—	—	1	—	—	—	—	—	HZ4022
	86×86	60.3	60.3	—	1	—	—	—	—	13 A 1	—	—	—	—	—	—	—	HZ4023
	86×86	60.3	60.3	—	—	—	—	—	—	—	—	—	—	1	—	—	—	HZ4024
	86×86	60.3	60.3	—	—	—	—	—	—	—	—	—	—	—	1	—	—	HZ4025
	110×70	85	85	—	—	—	1	—	—	—	—	—	—	—	—	1	—	HZ4026

表 2-78(a)

面板图形	面板规格(mm)		配装接线盒安装孔距(mm)	装置件内容及数量														编号
	高×宽	安装孔距																
				伏	250	250	50	250	250	250		250		380		250		
				安	10	10	10	10	10	10	15	10	15	15	25	10		
	117×70	85	85	—	—	—	—	—	—	—	1	—	—	—	—	1	—	HZ4027
	117×70	46×85	46×85	—	—	—	—	—	—	—	2	—	—	—	—	2	—	HZ4028
	86×86	60.3	60.3	1 —	— 1	— —	— —	— —	— —	— —	— —	— —	— —	— —	— —	— —	— —	HZ4029 HZ4030
	86×86	60.3	60.3	2 — 1	— 2 1	— — —	— — —	— — —	— — —	— — —	— — —	— — —	— — —	— — —	— — —	— — —	— — —	HZ4031 HZ4032 HZ4033

7. 金属接线盒见图 2-36，规格尺寸及编号见表 2-79。

接线盒盖板编号　表 2-78(*b*)

型号	孔距 L(mm)	编　号
S81	50	HZ8001
S82	60.3	HZ8002
S83	71	HZ8003
S84	96	HZ8004
S85	121	HZ8005
S86	140	HZ8006

图 2-35　接线盒盖板

金属接线盒规格尺寸(mm)及编号　表 2-79

型号	安装孔距 L	外形尺寸			敲落孔孔径及数量			编　号
		A	B	H	窄　面	宽　面	底　面	
T51	50	68	68	50	$1\times\phi22$	$1\times\phi22$	$1\times\phi22$	HZ5001
T52	60.3	75	75	50	$2\times\phi22$	$2\times$ $\phi22$ $\phi27$	$1\times\phi22$	HZ5002
T53	71	86	68	50	$1\times\phi22$	$3\times$ $\phi22\times2$ $\phi27\times1$	$1\times\phi22$	HZ5003
T54	96	120	68	50	$1\times\phi22$	$3\times$ $\phi22\times2$ $\phi27\times1$	$2\times$ $\phi22$ $\phi27$	HZ5004
T55	121	136	68	50	$1\times\phi22$	$3\times$ $\phi22$ $\phi27$ $\phi32$	$2\times$ $\phi22$ $\phi27$	HZ5005
T56	140	154	68	50	$1\times\phi22$	$3\times$ $\phi22$ $\phi27$ $\phi32$	$2\times$ $\phi22$ $\phi27\times2$	HZ5006

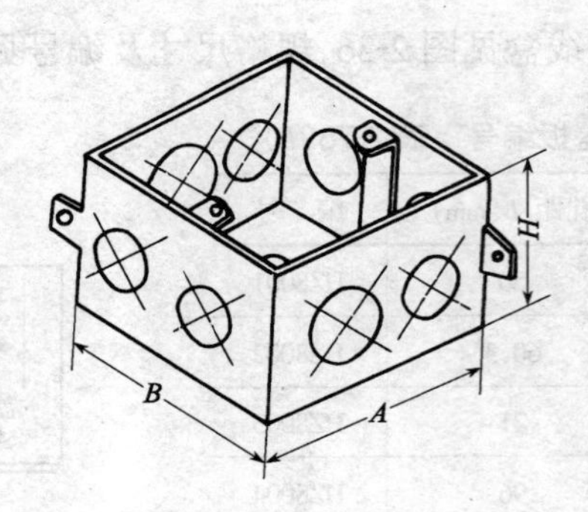

图 2-36　接线盒外形

8. 难燃型聚氯乙烯接线盒规格尺寸及编号表

(1) Ⅰ型接线盒见表 2-80，图 2-37。

(2) Ⅱ型接线盒见表 2-81，图 2-38。

Ⅰ型接线盒规格尺寸(mm)及编号表　　表 2-80

型号	安装孔距 L	外形尺寸			敲落孔孔径及数量			编　号
		A	B	H	窄　面	宽　面	底　面	
S61	50	68	68	50	1 × φ22	1 × φ22	1 × φ22	HZ6001
S62	60.3	75	75	50	1 × φ22	2 × φ22 φ29	1 × φ22	HZ6002
S63	71	86	68	50	1 × φ22	3 × φ22 × 2 φ29 × 1	1 × φ22	HZ6003
S64	96	120	68	50	1 × φ22	3 × φ22 × 2 φ35 × 1	2 × φ22 φ29	HZ6004
S65	121	136	68	50	1 × φ22	3 × φ22 × 1 φ35 × 2	2 × φ22 φ29	HZ6005
S66	140	154	68	50	1 × φ22	3 × φ22 × 1 φ45 × 2	2 × φ22 φ35	HZ6006

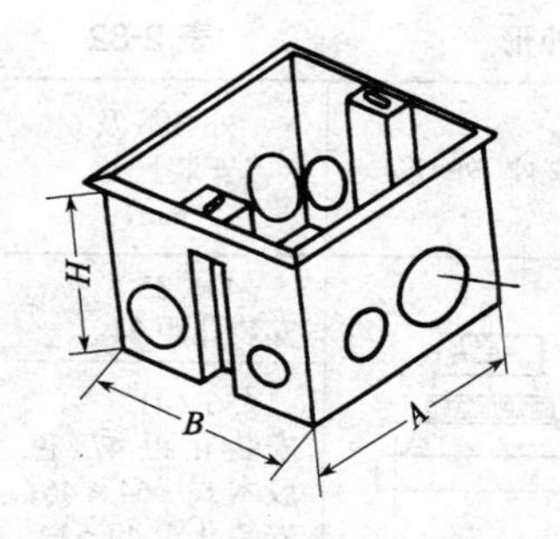

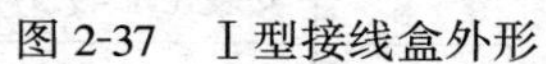

图 2-37 Ⅰ型接线盒外形

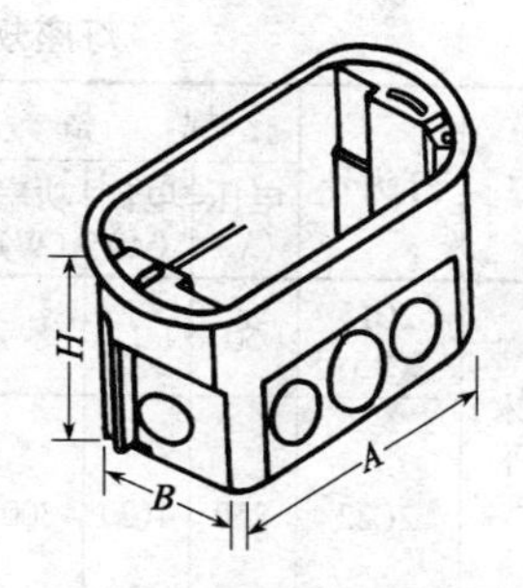

图 2-38 Ⅱ型接线盒外形

Ⅱ型接线盒规格尺寸(mm)及编号表　　表 2-81

型号	安装孔距 L	外形尺寸			敲落孔孔径及数量			编　号
		A	B	H	窄　面	宽　面	底　面	
S71	50	ϕ68		60	1×ϕ22	1×ϕ22	1×ϕ22	HZ7001
S72	60.3	ϕ75		60	1×ϕ22	2× ϕ22 ϕ29	1×ϕ22	HZ7002
S73	71	86	68	60	1×ϕ22	3× ϕ22×2 ϕ29×1	1×ϕ22	HZ7003
S74	96	120	68	60	1×ϕ22	3× ϕ22×2 ϕ35×1	2× ϕ22 ϕ29	HZ7004
S75	121	136	68	60	1×ϕ22	3× ϕ22×1 ϕ35×2	2× ϕ22 ϕ29	HZ7005
S76	140	154	68	60	1×ϕ22	3× ϕ22×1 ϕ45×2	2× ϕ22 ϕ35	HZ7006

2.3.2 灯座

灯座规格及外形,见表 2-82。

灯座规格及外形　　表 2-82

名称	灯头号	规格			灯座外形	外形及安装尺寸（mm）
		电压（V）	电流（A）	功率（W）		
胶木插口平灯座	2C15 2C15A	50	1			$\phi40\times35$ 安装孔距 34
	2C22	250	4(3)	300		$\phi56\times41$ 安装孔距 47（色胶木式 $\phi64\times46$，安装孔距 49.5）
胶木插口平灯座（白色）	2C22	250	3	300		$\phi64\times50$ 安装孔距 49.5
胶木螺口平灯座（可附三钉抓子）	E27	250	3	300		$\phi54\times50$ 安装孔距 34
胶木螺口平灯座	E12	250	1			$\phi35\times23$ 安装孔距 27
瓷螺口平灯座（可附三钉抓子）	E27	250	3	300		$\phi56\times55$ 安装孔距 34

续表

名称	灯头号	规格			灯座外形	外形及安装尺寸（mm）
		电压（V）	电流（A）	功率（W）		
斜平装式胶木插口灯座（白、棕色）	2C22	250	3	300		$\phi64\times56$ 安装孔距 49.5
斜平装式胶木插口灯座（白、棕色）	2C22	250	3	300		$\phi64\times64$ 安装孔距 49.5
附拉线开关式胶木螺口平灯座（长嘴式）	E27	250	4（2.5）	300	长嘴式	$\phi56\times67$ 安装孔距 47
附拉线开关式胶木螺口平灯座（附管二极变光）	E27	250		40		$\phi56\times67$ 安装孔距 47
附拉线开关式胶木螺口平灯座	E27	250	4	300		$\phi52\times62$ 安装孔距 47

续表

名　称	灯头号	规　格			灯座外形	外形及安装尺寸(mm)
		电压(V)	电流(A)	功率(W)		
胶木螺口平灯座(附灯开关及插座)	E27	250	4	300	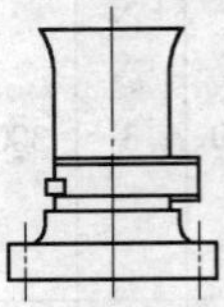	$\phi56\times72$
胶木插口吊灯座	2C15 2C15A	50	2.5		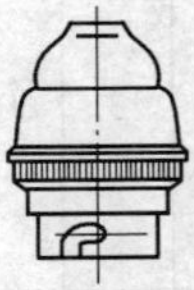	$\phi25\times40$
	2C22	250	4(3)	300		$\phi32\times46$ (色胶木式 $\phi34\times46$)
胶木插口吊灯座(白、棕色)	2C22	250	3	300	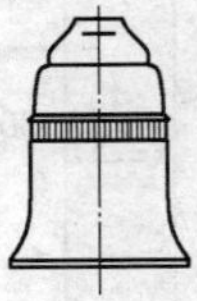	$\phi43\times64$(棕色) $\phi40\times56$(白色)
胶木插口吊灯座(白色)	2C22	250	4	300		$\phi39\times58$
胶木插口吊灯座(附开关)	2C22	250	3	300	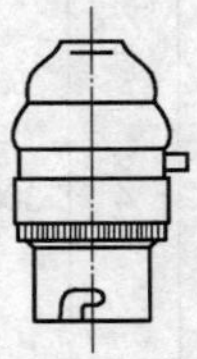	$\phi43\times76$

续表

名称	灯头号	规格			灯座外形	外形及安装尺寸（mm）
		电压（V）	电流（A）	功率（W）		
胶木螺口吊灯座	E27	250	4	300	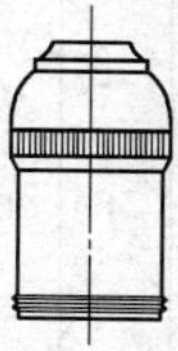	$\phi 37 \times 57$
胶木螺口安全吊灯座	E27	250	4	300		$\phi 45 \times 65$
胶木螺口吊灯座（附三钉抓子）	E27	250	4	300	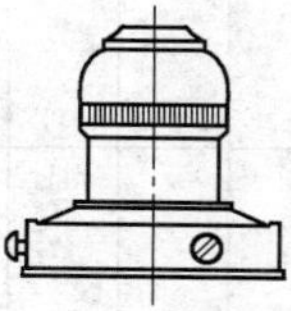	$\phi 65 \times 66$
胶木螺口吊灯座（附开关）	E27	250	4	300	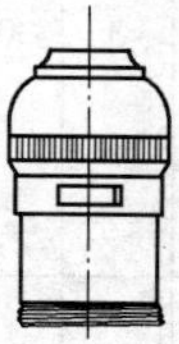	$\phi 39 \times 71$
胶木螺口吊灯座（附灯开关及插座）	E27	250	4	300	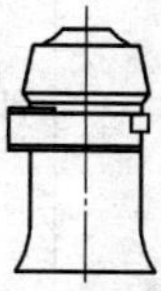	$\phi 40 \times 74$

续表

名称	灯头号	规格			灯座外形	外形及安装尺寸（mm）
		电压（V）	电流（A）	功率（W）		
防雨胶木螺口吊灯座	E27	250	4	300		$\phi40.5\times57$
胶木插螺口两用灯座	2C-22 E27	250	4	300		$\phi35\times67$
胶木管接式插口灯座	2C-22	250	3	300		$\phi34\times56$ $M=10$
胶木管接式插口灯座（白色）	2C-22	250	3	300		$\phi40\times56$ $M=10$

续表

名称	灯头号	规格			灯座外形	外形及安装尺寸（mm）
		电压（V）	电流（A）	功率（W）		
胶木管接式螺口灯座	E27	250	4	300		$\phi 39 \times 76$ $M = 10$
胶木管接式螺口灯座	E14	250	1			$\phi 27 \times 60$ $M = 6$
胶木管接式螺口灯座（附拉链开关）	E27	250	4	300		$\phi 38 \times 72$ $M = 10$
胶木管接式螺口灯座（附灯开关及插座）	E27	250	4	300		$\phi 40 \times 78$ $M = 10$
瓷质管接式螺口灯座	E27	250	3	30		$\phi 40 \times 72$ $M = 10$

续表

名称	灯头号	规格			灯座外形	外形及安装尺寸(mm)
		电压(V)	电流(A)	功率(W)		
瓷质管接式螺口灯座	E40	250	10	1000		$\phi64\times118$ $M=15$
悬吊式铝壳瓷螺口灯头	E27	250	3	300		$\phi60\times148$
悬吊式铝壳瓷螺口灯头	E40	250	10	1000		$\phi90\times255$
铝壳瓷螺口灯头	E27	250	3	300		$\phi60\times75$ $M=16$

续表

名称	灯头号	规格			灯座外形	外形及安装尺寸（mm）
		电压（V）	电流（A）	功率（W）		
荧光灯座(白色)		250	2.5	100		ϕ45 ×（29.5, 32.5）× 54 安装孔距 25
荧光灯座		250	2.5	100		ϕ44 ×（25, 33）× 54 安装孔距 25
起辉器座		250	2.5	100		40 × 30 × 12 安装孔距 29, 19.3 50 × 32 × 12 安装孔距 36.5
灯具内用三极拉线开关		250	3			48 × 24 × 20 安装孔距 38

注：①插口白炽灯座的一般型号为 DC，螺口白炽灯座的一般型号为 DE，荧光灯座的一般型号为 JD。

②插口灯头号意义：　　　　③螺口灯头号意义：

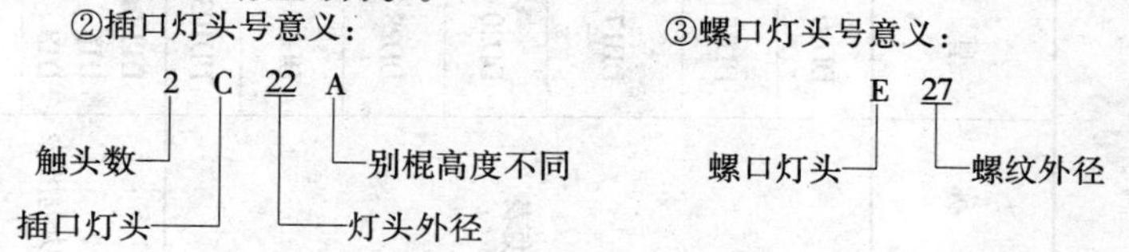

2.3.3 交流电度表（DD、DT、DX、DS 型）

交流电度表数据见表 2-83。

交流电度表数据 表 2-83

名称	型号	精度(级)	额定电流(A)/额定电压(V)	每相耗功 电流线圈(VA)/电压线圈(V)
单相电度表	DD10	2.0	2.5 (5), 5 (10), 10 (20), 20 (40), 40 (80) / 220	—/1.5
	DD15*	2.0	1, 2, 5, 10 / 220	—/1.5
	DD17	2.0	苏州产：1, 2.5, 5, 10/220 上海产：2.5 (5), 5 (10), 10 (20), 30 (60) / 100, 110, 127, 200, 220, 240	—/1.5
	DD20*	2.0	2, 5, 10 / 220	
	DD28	2.0	1 (2), 2 (4), 5 (10), 10 (20), 20 (40) / 220	0.6/1.1
	DD28-1	2.0	5 (20), 10 (40), 20 (80) / 220	—/2.0
	DD103	2.0	3 (9), 5 (15), 10 (30) / 220	—/1.5
三相四线有功电度表	DT1/a* DT6 DT8	2.0	5, 10, 25, 40, 80 (DT6 只有 5, 10, 15) / 380/220	—/1.5
	DT10*	2.0	3×5 / 380/220	—/2.0

续表

名称	型号	精度(级)	额定电流(A) / 额定电压(V)	每相耗功 电流线圈(VA) / 电压线圈(V)
三相四线无功电度表	DX9*	3.0	3×5 / 3×380,3×100	
	DX10-1*	3.0	3×5 / 3×380,3×100	— / 3.0
三相三线有功电度表	DS8* DS10 DS1/a	2.0	上海产:5,10,25;青岛产:3×5 / 3×380,3×100　3×220	— / 1.5
三相三线无功电度表	DX8* DX15	3.0	DX8:3×5,DX15:5、10 / DX8:3×380、3×100,DX15:380、110、100	

注:①DD28 型单相电度表为全国统一设计产品。

②电度表按接入方式有直接式和经电流互感器接入式(表中有*者),订货时须加注明。

③额定电流栏中括号内的数字,为最大额定电流。

④长新电表厂 DT1/a 型(直接接入式),只有 5、10、20、40A;DS1/a 型只有 5、10、20A。

⑤DD103 型单相表是感应式宽量程仪表,适用重负荷电能计量。

⑥三相三线 100V,须配用二次侧电压为 100V 的电压互感器。

⑦工作频率:50Hz 工作环境;室内温度:-10~+50℃;相对湿度:≤85%。

2.4 电气材料的运输及保管

2.4.1 运输

电气材料在运输时要轻拿轻放，以免损坏灯具、灯泡等玻璃制品，同时要注意防雨雪、防潮、防挤压。

2.4.2 保管

电气材料要存放入库，防日晒、雨淋。灯管、灯泡、灯具要用箱装，垛高不高于1.2m，垛底要高出地面20cm。开关、面板要防潮、防污染。要分门别类、分生产厂家保管。

3 水暖卫工程材料

3.1 给水工程材料

3.1.1 管材及管件

1. 管材

见表 3-1~表 3-3。

热轧无缝钢管(GB 8162—87、GB 8163—87)　　表 3-1

外径 (mm)	壁厚 (mm)										
	2.5	3	3.5	4	4.5	5	5.5	6	6.5	7	7.5
	理论重量 (kg/m)										
32	1.82	2.15	2.46	2.76	3.05	3.33	3.59	3.85	4.09	4.32	4.53
38	2.19	2.59	2.98	3.35	3.72	4.07	4.41	4.73	5.05	5.35	5.64
42	2.44	2.89	3.32	3.75	4.16	4.56	4.95	5.33	5.69	6.04	6.38
45	2.62	3.11	3.58	4.04	4.49	4.93	5.36	5.77	6.17	6.56	6.94
50	2.93	3.48	4.01	4.54	5.05	5.55	6.04	6.51	6.97	7.42	7.86
54	—	3.77	4.36	4.93	5.49	6.04	6.58	7.10	7.61	8.11	8.60
57	—	3.99	4.62	5.23	5.83	6.41	6.93	7.55	8.09	8.63	9.16
60	—	4.22	4.88	5.52	6.16	6.78	7.39	7.99	8.58	9.15	9.71
63.5	—	4.48	5.18	5.87	6.55	7.21	7.87	8.51	9.14	9.75	10.36
68	—	4.81	5.57	6.31	7.05	7.77	8.48	9.17	9.86	10.53	11.19
70	—	4.96	5.74	6.51	7.27	8.01	8.75	9.47	10.18	10.88	11.56
73	—	5.18	6.00	6.81	7.60	8.38	9.16	9.91	10.66	11.39	12.11
76	—	5.40	6.26	7.10	7.93	8.75	9.56	10.36	11.14	11.91	12.67
83	—	—	6.86	7.79	8.71	9.62	10.51	11.39	12.26	13.12	13.96
89	—	—	7.38	8.38	9.38	10.36	11.33	12.28	13.22	14.15	15.07

续表

外径（mm）	壁厚（mm）										
	2.5	3	3.5	4	4.5	5	5.5	6	6.5	7	7.5
	理论重量（kg/m）										
95	—	—	7.90	8.98	10.04	11.10	12.14	13.17	14.19	15.19	16.18
102	—	—	8.50	9.67	10.82	11.96	13.09	14.21	15.31	16.40	17.48
108	—	—	—	10.26	11.49	12.70	13.90	15.09	16.27	17.43	18.59
114	—	—	—	10.85	12.15	13.44	14.72	15.98	17.23	18.47	19.70
121	—	—	—	11.54	12.93	14.30	15.67	17.02	18.35	19.68	20.99
127	—	—	—	12.13	13.59	15.04	16.48	17.90	19.32	20.71	22.10
133	—	—	—	12.72	14.26	15.78	17.29	18.79	20.28	21.75	23.21
140	—	—	—	—	15.04	16.65	18.24	19.83	21.40	22.96	24.51
146	—	—	—	—	15.70	17.39	19.06	20.72	22.36	23.99	25.62
152	—	—	—	—	16.37	18.13	19.87	21.60	23.32	25.03	26.73
159	—	—	—	—	17.14	18.99	20.82	22.64	24.44	26.24	28.02
168	—	—	—	—	—	20.10	22.04	23.97	25.89	27.79	29.68
180	—	—	—	—	—	21.59	23.67	25.75	27.70	29.86	31.90
194	—	—	—	—	—	23.30	25.60	27.82	30.00	32.28	34.49
203	—	—	—	—	—	—	—	29.15	31.50	33.83	36.16
219	—	—	—	—	—	—	—	31.52	34.06	36.60	39.12
245	—	—	—	—	—	—	—	—	38.23	41.08	43.93
273	—	—	—	—	—	—	—	—	42.64	45.92	49.10
299	—	—	—	—	—	—	—	—	—	—	53.91
325	—	—	—	—	—	—	—	—	—	—	58.72
351	—	—	—	—	—	—	—	—	—	—	—
377	—	—	—	—	—	—	—	—	—	—	—
402	—	—	—	—	—	—	—	—	—	—	—
426	—	—	—	—	—	—	—	—	—	—	—
450	—	—	—	—	—	—	—	—	—	—	—
（465）	—	—	—	—	—	—	—	—	—	—	—
480	—	—	—	—	—	—	—	—	—	—	—

续表

外径(mm)	壁厚(mm)									
	8	8.5	9	9.5	10	11	12	13	14	15
	理论重量(kg/m)									
32	4.73	—	—	—	—	—	—	—	—	—
38	5.92	—	—	—	—	—	—	—	—	—
42	6.70	7.02	7.32	7.60	7.89	—	—	—	—	—
45	7.30	7.65	7.99	8.32	8.63	—	—	—	—	—
50	8.29	8.70	9.10	9.49	9.86	—	—	—	—	—
54	9.07	9.54	9.99	10.43	10.85	11.67	—	—	—	—
57	9.67	10.17	10.65	11.13	11.59	12.48	13.32	14.11	—	—
60	10.26	10.79	11.32	11.83	12.33	13.29	14.21	15.07	15.88	—
63.5	10.95	11.53	12.10	12.65	13.19	14.24	15.24	16.19	17.09	—
68	11.84	12.47	13.09	13.71	14.30	15.46	16.57	17.63	18.64	19.60
70	12.23	12.89	13.54	14.17	14.80	16.01	17.16	18.27	19.33	20.35
73	12.82	13.52	14.20	14.88	15.54	16.82	18.05	19.24	20.37	21.45
76	13.42	14.15	14.87	15.58	16.28	17.63	18.94	20.20	21.40	22.56
83	14.80	15.62	16.42	17.22	18.00	19.53	21.01	22.44	23.82	25.15
89	15.98	16.87	17.76	18.63	19.48	21.16	22.79	24.36	25.89	27.37
95	17.16	18.13	19.09	20.03	20.96	22.79	24.56	26.29	27.96	29.59
102	18.54	19.60	20.64	21.67	22.69	24.69	26.62	28.53	30.38	32.18
108	19.73	20.86	21.97	23.08	24.17	26.31	28.41	30.46	32.45	34.40
114	20.91	22.11	23.30	24.48	25.65	27.94	30.19	32.38	34.52	36.62
121	22.29	23.58	24.86	26.12	27.37	29.84	32.26	34.62	36.94	39.21
127	23.48	24.84	26.19	27.53	28.85	31.47	34.03	36.55	39.01	41.43
133	24.66	26.10	27.52	28.93	30.33	33.10	35.81	38.47	41.08	43.65
140	26.04	27.56	29.07	30.57	32.06	34.99	37.88	40.71	43.50	46.24
146	27.22	28.82	30.41	31.98	33.54	36.62	39.66	42.64	45.57	48.46
152	28.41	30.08	31.74	33.39	35.02	38.25	41.43	44.56	47.64	50.68
159	29.79	31.55	33.29	35.02	36.75	40.15	43.50	46.80	50.06	53.27
168	31.56	33.43	35.29	37.13	38.97	42.59	46.17	49.69	53.17	56.59
180	33.93	35.98	37.95	39.94	41.92	45.84	49.72	53.54	57.31	61.03
194	36.69	38.89	41.06	43.22	45.38	49.64	53.86	58.02	62.14	66.21
203	38.47	40.77	43.05	45.33	47.59	52.08	56.52	60.91	65.25	69.54
219	41.63	44.12	46.61	49.08	51.54	56.42	61.26	66.04	70.77	75.46
245	46.76	49.57	52.38	55.17	57.95	63.48	68.95	74.37	79.75	83.08
273	52.28	55.44	58.59	61.73	64.86	71.07	77.24	83.35	89.42	95.43
299	57.41	60.89	64.36	67.82	71.27	78.13	84.93	91.69	98.39	105.05

续表

外径 (mm)	壁厚 (mm)									
	8	8.5	9	9.5	10	11	12	13	14	15
	理论重量 (kg/m)									
325	62.54	66.34	70.13	73.92	77.68	85.18	92.63	100.02	107.37	114.67
351	67.67	71.79	75.90	80.01	84.10	92.23	100.32	108.36	116.35	124.29
377	—	—	81.67	86.10	90.51	99.28	108.02	116.69	125.33	133.90
402	—	—	87.22	91.95	96.67	106.06	115.41	124.71	133.95	143.15
426	—	—	92.55	97.57	102.59	112.58	122.52	132.40	142.24	152.03
450	—	—	97.88	103.20	108.50	119.08	130.61	140.09	150.52	160.91
(465)	—	—	101.20	106.71	112.20	123.15	134.05	144.90	155.70	166.46
480	—	—	104.53	110.22	115.90	127.22	139.49	149.71	160.88	172.00
500	—	—	108.97	114.91	120.83	132.65	145.41	156.12	167.79	179.40
530	—	—	115.63	121.94	128.23	140.78	154.29	165.74	178.14	190.50
(550)	—	—	120.07	126.62	133.10	146.21	159.20	172.15	185.05	197.90
560	—	—	122.29	128.97	135.63	148.92	163.16	175.36	188.50	201.60
600	—	—	131.17	138.34	145.50	159.77	174.00	188.18	202.31	216.39
630	—	—	137.82	145.36	152.89	167.91	183.88	197.80	212.67	227.49

外径 (mm)	壁厚 (mm)									
	16	17	18	19	20	22	(24)	25	(26)	28
	理论重量 (kg/m)									
32	—	—	—	—	—	—	—	—	—	—
38	—	—	—	—	—	—	—	—	—	—
42	—	—	—	—	—	—	—	—	—	—
45	—	—	—	—	—	—	—	—	—	—
50	—	—	—	—	—	—	—	—	—	—
54	—	—	—	—	—	—	—	—	—	—
57	—	—	—	—	—	—	—	—	—	—
60	—	—	—	—	—	—	—	—	—	—
63.5	—	—	—	—	—	—	—	—	—	—
68	20.52	—	—	—	—	—	—	—	—	—
70	21.31	—	—	—	—	—	—	—	—	—
73	22.49	23.48	24.41	25.30	—	—	—	—	—	—
76	23.67	24.73	25.75	26.71	—	—	—	—	—	—
83	26.44	27.67	28.85	29.99	—	—	—	—	—	—
89	28.80	30.18	31.52	32.80	34.03	36.35	38.47	—	—	—
95	31.17	32.70	34.18	35.61	36.99	39.60	42.02	—	—	—

续表

外 径 (mm)	壁 厚 (mm)									
	16	17	18	19	20	22	(24)	25	(26)	28
	理 论 重 量 (kg/m)									
102	33.93	35.63	37.29	38.89	40.44	43.40	46.16	—	—	—
108	36.30	38.15	39.95	41.70	43.40	46.66	49.71	51.17	52.58	55.24
114	38.67	40.66	42.61	44.51	46.36	49.91	53.27	54.87	56.42	59.38
121	41.43	43.60	45.72	47.79	49.81	53.71	57.41	59.18	60.91	64.21
127	43.80	46.12	48.38	50.61	52.77	56.96	60.96	62.88	64.76	68.36
133	46.16	48.63	51.05	53.41	55.73	60.22	64.51	66.58	68.61	72.50
140	48.93	51.56	54.15	56.69	59.18	64.02	68.65	70.90	73.09	77.33
146	51.29	54.08	56.82	59.50	62.14	67.27	72.20	74.60	76.94	81.48
152	53.66	56.59	59.48	62.32	65.10	70.53	75.76	78.30	80.79	85.62
159	56.42	59.53	62.58	65.60	68.55	74.33	79.90	82.61	85.27	90.45
168	59.97	63.31	66.59	69.81	72.99	79.21	85.22	88.16	91.04	96.67
180	64.71	68.33	71.91	75.43	78.92	85.71	92.33	95.56	98.74	104.95
194	70.23	74.20	78.12	81.99	85.28	93.32	100.61	104.19	107.71	114.62
203	73.78	77.97	82.12	86.21	90.26	98.20	105.94	109.74	113.49	120.83
219	80.10	84.68	89.22	93.71	98.15	106.88	115.41	119.60	123.74	131.88
245	90.35	95.58	100.76	105.89	110.97	120.98	130.80	135.63	140.41	149.83
273	101.40	107.32	113.19	119.01	124.78	136.17	147.37	152.89	158.37	169.17
299	111.66	118.22	124.73	131.19	137.60	150.28	162.76	168.92	175.04	187.12
325	121.92	129.12	136.27	143.37	150.43	164.38	178.14	184.95	191.71	205.07
351	132.18	140.02	147.81	155.56	163.25	178.49	193.53	200.98	208.38	223.04
377	142.44	150.92	159.35	167.74	176.07	192.59	208.92	217.01	225.05	240.98
402	152.30	161.40	170.45	179.45	188.10	206.16	223.72	232.42	241.08	258.24
426	161.77	171.46	181.10	190.70	200.25	219.18	237.92	247.22	256.46	274.82
450	171.24	181.52	191.76	201.94	212.08	232.20	252.12	262.01	271.85	291.38
(465)	177.16	187.81	198.41	208.97	219.37	240.34	261.00	271.26	281.47	301.74
480	183.08	194.10	205.07	216.00	226.87	248.47	269.88	280.51	291.09	312.10
500	190.97	202.48	213.95	225.37	236.74	259.32	281.72	292.84	303.91	325.91
530	202.80	215.06	227.27	239.42	251.53	275.60	299.47	311.33	323.14	346.62
(550)	210.70	223.44	236.14	248.79	261.40	286.45	311.31	323.66	335.97	360.43
560	214.64	227.64	240.58	253.48	266.33	291.88	317.23	—	—	—
600	230.42	244.40	258.34	272.22	286.06	313.58	340.90	—	—	—
630	242.26	256.98	271.65	286.28	300.85	329.85	358.66	—	—	—

续表

外 径 (mm)	壁 厚 (mm)								
	30	32	(34)	(35)	36	(38)	40	(42)	(45)
	理 论 重 量 (kg/m)								
127	71.76	—	—	—	—	—	—	—	—
133	76.20	79.70	—	—	—	—	—	—	—
140	81.38	85.22	88.88	90.63	92.33	—	—	—	—
146	85.82	89.96	93.91	95.81	97.66	—	—	—	—
152	90.26	94.69	98.94	100.99	102.98	—	—	—	—
159	95.43	100.22	104.81	107.03	109.20	—	—	—	—
168	102.09	107.32	112.35	114.80	117.19	121.83	126.26	130.50	136.50
180	110.97	116.79	122.41	125.15	127.84	133.07	138.10	142.93	149.81
194	121.33	127.84	134.15	137.24	140.27	146.19	151.91	157.43	165.35
203	127.99	134.94	141.70	145.00	148.26	154.62	160.78	166.75	175.33
219	139.82	147.57	155.11	158.81	162.46	169.61	176.57	183.33	193.10
245	159.06	168.08	176.91	181.25	185.54	193.98	202.22	210.25	221.94
273	179.77	190.18	204.58	204.73	214.84	224.90	234.76	244.43	258.56
299	199.01	210.70	222.19	227.86	233.58	244.58	255.48	266.18	281.86
325	218.24	231.21	243.99	250.30	256.56	268.94	281.12	293.11	310.72
351	237.48	251.73	265.79	272.74	279.64	293.31	306.77	320.04	339.57
377	256.71	272.25	287.58	295.18	302.73	317.67	332.44	346.97	368.42
402	275.21	291.97	308.55	316.76	324.92	341.10	357.08	372.86	396.16
426	292.96	310.91	328.69	337.47	346.23	363.59	380.75	397.72	422.80
450	310.72	329.85	348.77	358.19	367.53	386.08	404.42	422.57	449.43
(465)	321.81	341.69	361.37	371.13	380.85	400.13	419.22	438.11	466.07
480	332.91	353.53	373.94	384.08	394.17	414.19	436.02	453.64	482.72
500	347.71	369.31	390.71	401.34	411.92	432.93	453.74	474.35	504.91
530	369.90	392.93	415.87	427.23	438.55	461.04	483.34	505.43	538.20
(550)	384.70	406.76	432.64	444.50	456.31	479.79	503.06	526.15	560.40

外 径 (mm)	壁 厚 (mm)							
	(48)	50	56	60	63	(65)	70	75
	理 论 重 量 (kg/m)							
194	—	—	—	—	—	—	—	—
203	183.47	188.65	—	—	—	—	—	—
219	202.41	208.38	—	—	—	—	—	—
245	233.18	240.44	—	—	—	—	—	—

续表

外径 (mm)	壁厚 (mm)							
	(48)	50	56	60	63	(65)	70	75
	理论重量 (kg/m)							
273	272.45	281.12	—	—	—	—	—	—
299	297.10	307.02	335.57	353.62	366.64	375.08	395.30	414.29
325	327.88	339.08	371.48	392.09	407.04	416.75	440.34	462.28
351	358.66	371.13	407.38	430.56	447.43	458.43	485.24	510.46
377	389.45	403.19	442.29	469.03	484.82	500.10	529.98	558.55
402	419.02	434.02	477.81	506.02	526.66	540.18	573.10	604.79
426	447.43	463.61	510.96	541.53	563.95	578.65	614.56	649.21
450	475.84	493.20	544.10	577.04	601.24	617.12	655.96	693.55
(465)	493.59	511.70	564.81	599.24	624.54	641.16	681.84	721.31
480	511.35	530.19	585.53	621.43	632.84	665.20	707.74	749.05
500	535.02	554.85	613.15	651.02	678.91	697.26	742.27	786.04
530	570.53	591.84	654.58	695.41	725.52	745.35	794.05	841.52
(550)	594.21	616.50	682.19	725.00	756.59	777.41	828.58	878.51
560	—	—	—	—	—	—	—	—

注:①括号内的尺寸不推荐使用。钢管通常长度为 3~12m。
②GB 8162—87 为结构用无缝钢管;GB 8163—87 为输送流体用无缝钢管。

冷拔或冷轧精密无缝钢管(GB 3639—83)　　表 3-2

外径 (mm)	壁厚 (mm)										
	0.5	(0.8)	1.0	(1.2)	1.5	(1.8)	2.0	(2.2)	(2.5)	(2.8)	3.0
	理论重量 (kg/m)										
4	0.0432	0.0631	0.0740	—	—	—	—	—	—	—	—
5	0.0555	0.083	0.099	—	—	—	—	—	—	—	—
6	0.068	0.103	0.123	0.142	—	—	—	—	—	—	—
8	0.092	0.142	0.173	0.167	0.240	0.275	0.296	0.315	0.339	—	—
10	0.117	0.181	0.222	0.260	0.314	0.363	0.395	0.423	0.401	—	—
12	0.142	0.221	0.271	0.320	0.388	0.452	0.493	0.532	0.586	0.635	0.666

续表

外径(mm)	壁厚(mm)										
	0.5	(0.8)	1.0	(1.2)	1.5	(1.8)	2.0	(2.2)	(2.5)	(2.8)	3.0
	理论重量(kg/m)										
14	0.166	0.260	0.321	0.379	0.462	0.541	0.592	0.640	0.709	0.772	0.814
15	0.178	0.280	0.345	0.408	0.499	0.585	0.641	0.694	0.771	0.841	0.888
16	0.191	0.300	0.370	0.438	0.536	0.629	0.691	0.747	0.832	0.910	0.962
18	0.215	0.339	0.419	0.497	0.610	0.717	0.789	0.856	0.956	1.05	1.11
20	0.240	0.379	0.469	0.556	0.684	0.806	0.888	0.965	1.08	1.19	1.26
22	0.252	0.418	0.518	0.616	0.758	0.895	0.986	1.07	1.20	1.33	1.41
25	0.289	0.477	0.592	0.704	0.869	1.03	1.13	1.24	1.39	1.53	1.63
(26)	0.30	0.50	0.62	0.73	0.91	1.07	1.18	1.29	1.45	1.60	1.70
28	0.33	0.54	0.67	0.79	0.98	1.16	1.28	1.40	1.57	1.74	1.85
30	0.35	0.58	0.72	0.85	1.05	1.25	1.38	1.51	1.70	1.88	2.00
32	0.38	0.62	0.76	0.91	1.13	1.34	1.48	1.62	1.82	2.02	2.15
35	0.41	0.67	0.84	1.00	1.24	1.47	1.63	1.78	2.00	2.22	2.37
38	0.45	0.73	0.91	1.09	1.35	1.61	1.78	1.94	2.19	2.43	2.59
40	0.47	0.77	0.96	1.15	1.42	1.69	1.87	2.05	2.31	2.56	2.74
42	—	—	1.01	1.21	1.50	1.79	1.97	2.16	2.44	2.70	2.89

外径(mm)	壁厚(mm)											
	(3.5)	4.0	(4.5)	5.0	(5.5)	6.0	(7.0)	8.0	(9.0)	10	11	12.5
	理论重量(kg/m)											
4	—	—	—	—	—	—	—	—	—	—	—	—
5	—	—	—	—	—	—	—	—	—	—	—	—
6	—	—	—	—	—	—	—	—	—	—	—	—
8	—	—	—	—	—	—	—	—	—	—	—	—
10	—	—	—	—	—	—	—	—	—	—	—	—
12	—	—	—	—	—	—	—	—	—	—	—	—
14	—	—	—	—	—	—	—	—	—	—	—	—
15	—	—	—	—	—	—	—	—	—	—	—	—
16	1.08	1.18	—	—	—	—	—	—	—	—	—	—
18	1.25	1.38	—	—	—	—	—	—	—	—	—	—
20	1.42	1.58	1.72	1.85	—	—	—	—	—	—	—	—
22	1.60	1.77	1.94	2.10	—	—	—	—	—	—	—	—

续表

外径 (mm)	壁厚 (mm)											
	(3.5)	4.0	(4.5)	5.0	(5.5)	6.0	(7.0)	8.0	(9.0)	10	11	12.5
	理论重量 (kg/m)											
25	1.86	2.07	2.28	2.47	—	—	—	—	—	—	—	—
(26)	1.94	2.17	2.39	2.59	2.78	2.96	—	—	—	—	—	—
28	2.11	2.37	2.61	2.84	3.05	3.26	—	—	—	—	—	—
30	2.29	2.56	2.83	3.08	3.32	3.55	—	—	—	—	—	—
32	2.46	2.76	3.05	3.33	3.59	3.85	—	—	—	—	—	—
35	2.72	3.06	3.38	3.70	4.00	4.29	4.83	—	—	—	—	—
38	2.98	3.35	3.72	4.07	4.41	4.74	5.35	5.92	—	—	—	—
40	3.15	3.55	3.94	4.32	4.68	5.03	5.70	6.31	—	—	—	—
42	3.32	3.75	4.16	4.56	4.95	5.33	6.04	6.71	7.32	7.89	—	—

外径 (mm)	壁厚 (mm)											
	0.5	(0.8)	1.0	(1.2)	1.5	(1.8)	2.0	(2.2)	(2.5)	(2.8)	3.0	(3.5)
	理论重量 (kg/m)											
45	—	—	1.09	1.30	1.61	1.91	2.12	2.32	2.62	2.91	3.11	3.58
48	—	—	1.16	1.38	1.72	2.05	2.27	2.48	2.81	3.11	3.33	3.84
50	—	—	1.21	1.44	1.79	2.14	2.37	2.59	2.93	3.25	3.48	4.01
55	—	—	1.38	1.59	1.98	2.36	2.614	2.865	3.24	3.60	3.85	4.44
60	—	—	1.45	1.74	2.16	2.58	2.86	3.13	3.55	3.94	4.22	4.88
63	—	—	1.53	1.83	2.27	2.71	3.01	3.30	3.72	4.15	4.44	5.13
70	—	—	1.70	2.04	2.53	3.02	3.35	3.68	4.16	4.63	4.96	5.74
76	—	—	1.85	2.21	2.76	3.29	3.65	4.00	4.53	5.05	5.40	6.26
80	—	—	1.95	2.33	2.90	3.47	3.84	4.22	4.77	5.32	5.69	6.60
90	—	—	—	—	3.27	3.91	4.34	4.76	5.39	6.01	6.43	7.47
100	—	—	—	—	—	4.35	4.83	5.30	6.00	6.70	7.17	8.32
110	—	—	—	—	—	—	5.32	5.84	6.62	7.39	7.92	9.19
120	—	—	—	—	—	—	5.83	6.38	7.24	8.07	8.66	10.06
130	—	—	—	—	—	—	—	—	—	—	9.40	10.92
140	—	—	—	—	—	—	—	—	—	—	10.11	11.80
150	—	—	—	—	—	—	—	—	—	—	10.85	12.65

续表

外径 (mm)	壁厚 (mm)											
	0.5	(0.8)	1.0	(1.2)	1.5	(1.8)	2.0	(2.2)	(2.5)	(2.8)	3.0	(3.5)
	理论重量 (kg/m)											
160	—	—	—	—	—	—	—	—	—	—	—	—
170	—	—	—	—	—	—	—	—	—	—	—	—
180	—	—	—	—	—	—	—	—	—	—	—	—
190	—	—	—	—	—	—	—	—	—	—	—	—
200	—	—	—	—	—	—	—	—	—	—	—	—

外径 (mm)	壁厚 (mm)										
	4.0	(4.5)	5.0	(5.5)	6	(7)	8	(9)	10	11	12.5
	理论重量 (kg/m)										
45	4.04	4.49	4.93	5.36	5.77	6.56	7.30	7.99	8.63	—	—
48	4.34	4.83	5.30	5.76	6.21	7.08	7.89	8.66	9.37	—	—
50	4.54	5.05	5.55	6.04	6.51	7.42	8.29	9.10	9.86	—	—
55	5.03	5.60	6.17	6.71	7.25	8.29	9.27	10.20	11.10	11.94	13.10
60	5.52	6.16	6.78	7.39	7.99	9.15	10.26	11.32	12.33	13.29	14.64
63	5.81	6.49	7.14	7.77	8.41	9.57	10.81	11.96	13.05	14.07	15.57
70	6.51	7.27	8.01	8.75	9.47	10.88	12.23	13.54	14.80	16.01	17.72
76	7.10	7.93	8.75	9.56	10.36	11.91	13.42	14.87	16.28	17.63	19.57
80	7.49	8.37	9.24	10.07	10.91	12.59	14.15	15.71	17.22	18.66	20.81
90	8.47	9.49	10.47	11.42	12.39	14.31	16.11	17.95	19.67	21.43	23.89
100	9.46	10.59	11.71	12.77	13.87	16.03	18.09	20.15	22.19	24.14	26.97
110	10.46	11.70	12.93	14.19	15.40	17.75	20.08	22.50	24.70	26.85	30.05
120	11.44	12.93	14.30	15.51	16.89	19.50	22.10	24.70	27.20	29.57	33.14
130	12.43	13.92	15.48	16.88	18.35	21.20	24.10	26.90	29.70	32.27	36.22
140	13.42	15.05	16.65	18.24	19.83	22.96	26.04	29.08	32.06	34.99	39.30
150	14.39	16.11	17.85	19.55	21.25	24.68	28.01	31.29	34.52	37.71	42.38
160	15.38	17.25	19.09	20.96	22.79	26.41	29.99	33.51	36.99	40.42	45.47
170	16.31	18.35	20.30	22.31	24.27	28.14	31.96	35.73	39.46	43.13	48.55
180	—	—	21.59	23.67	25.75	29.87	33.93	37.95	41.92	45.85	51.63
190	—	—	—	—	27.22	31.59	35.90	40.17	44.39	48.56	54.71
200	—	—	—	—	28.70	33.32	37.88	42.39	46.85	55.63	57.80

注：①括号内的尺寸不推荐使用。
②钢管通常长度为 2～7m。

低压流体输送用镀锌焊接钢管及焊接钢管

（GB 3091—82、GB 3092—82）　　表 3-3

公称口径	外　径	普通钢管		加厚钢管	
（mm）	公称尺寸（mm）	壁　厚（mm）	理论重量（kg/m）	壁　厚（mm）	理论重量（kg/m）
6	10.0	2.00	0.39	2.50	0.46
8	13.5	2.25	0.62	2.75	0.73
10	17.0	2.25	0.82	2.75	0.97
15	21.3	2.75	1.26	3.25	1.45
20	26.8	2.75	1.63	3.50	2.01
25	33.5	3.25	2.42	4.00	2.91
32	42.3	3.25	3.13	4.00	3.78
40	48.0	3.50	3.84	4.25	4.58
50	60.0	3.50	4.88	4.50	6.16
65	75.5	3.75	6.64	4.50	7.88
80	88.5	4.00	8.34	4.75	9.81
100	114.0	4.00	10.85	5.00	13.44
125	140.0	4.50	15.04	5.50	18.24
150	165.0	4.50	17.81	5.50	21.63

注：①公称口径表示近似的内径参考尺寸，它不等于外径减去 2 倍壁厚之差；其外径决定于圆锥管螺纹的尺寸。

②钢管按管端形式，分不带螺纹和带螺纹两种；按表面情况，分焊接钢管（不镀锌）和镀锌焊接钢管两种。

③焊接钢管的通常长度为 4～10m，镀锌焊接钢管的通常长度为 4～9m。

2. 管件（可锻铸铁管路连接件）

可锻铸铁管路连接件，又称可锻铸铁螺纹管件，俗称马铁管子配件、马铁管子零件、马铁零件、马钢零件，简称管件，是管子与管子及管子与阀门之间连接用的一类连接件。适用于输送公称压力不超过 1.6MPa、工作温度不超过 200℃的中性液体或气体的管路上。表面镀锌管件（白铁管件）多用于输水、空气、煤气等管路上；表面不镀锌管件（黑铁管件）多用于输送蒸汽和油品等管路上。管件上的螺纹除锁紧螺母及通丝外接头必须采用圆柱管螺纹外，一般都采用圆锥管螺纹。

(1)外接头(图 3-1)

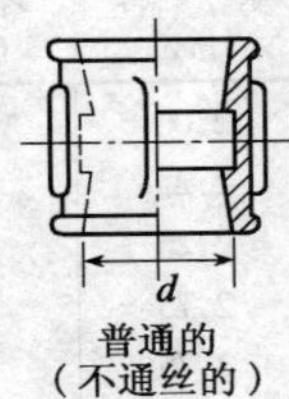

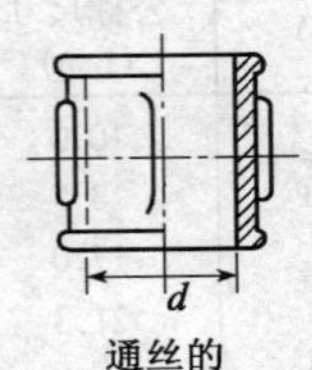

图 3-1　外接头

1)其他名称：外接管、套筒、束结、套管、管子箍、内螺丝、直接头。

2)用途：用来连接两根公称通径相同的管子。通丝外接头常与锁紧螺母和短管子配合，用于时常需要装拆的管路上。

3)规格：公称通径 *DN*(mm)：见表 3-4。

可锻铸铁管路连接件常用规格　　　**表 3-4**

公称通径 *DN* (mm)	管螺纹尺寸代号 *d*	主要结构尺寸 (mm)												
		外接头	通丝外接头	活接头	内接头	锁紧螺母	弯头	三通	四通	月弯	外丝月弯	45°弯头	外方管堵	管帽
		L	*L*	*L*	*L*	*H*	*a*	*a*	*a*	*a*	*a*	*a*	*L*	*H*
6	1/8	22		40	29	6	18			32		16	15	14
8	1/4	26		40	36	8	19			38		17	18	15
10	3/8	29		44	38	9	23			44		19	20	17
15	1/2	34		48	44	9	27			52		21	24	19
20	3/4	38		53	48	10	32			65		25	27	22

续表

公称通径 DN (mm)	管螺纹尺寸代号 d	主要结构尺寸 (mm)												
		外接头	通丝外接头	活接头	内接头	锁紧螺母	弯头	三通	四通	月弯	外丝月弯	45°弯头	外方管堵	管帽
		L	L	L	L	H	a	a	a	a	a	a	L	H
25	1	44		60	54	11	38			82		29	30	25
32	1¼	50		65	60	12	46			100		34	34	28
40	1½	54		69	62	13	48			115		37	37	31
50	2	60		78	68	15	57			140		42	40	35
65	2½	70		86	78	17	69			175		49	46	38
80	3	75		95	84	18	78			205		54	48	40
100	4	85		116	99	22	97			260		65	57	50
125	5	95		132	107	25	113			318		74	62	55
150	6	105		146	119	33	132			375		82	71	62

注:外接头、通丝外接头、活接头、内接头、外方管堵:L = 全长;锁紧螺母、管帽:H = 高度;弯头、月弯、外丝月弯:a = 一端中心轴线至另一端端面距离;三通、四通:a = 一端中心轴线至成 90°夹角的一端端面距离。

(2)异径外接头(图 3-2)

1)其他名称:异径束结、异径管子箍、异径内螺丝、大头小、大小头。

2)用途:用来连接两根公称通径不同的管子,使管路通径缩小。

3)规格:公称通径 DN(mm):见表 3-5 和表 3-6。

(3)活接头(图 3-3)

1)其他名称:活螺丝、连接螺母、由任。

2)用途:与外接头相同,但比它装拆方便,多用于时常需要装拆的管路上。

3)规格:公称通径 DN(mm):见表 3-4。

(4)内接头(图 3-4)

图 3-2 异径外接头

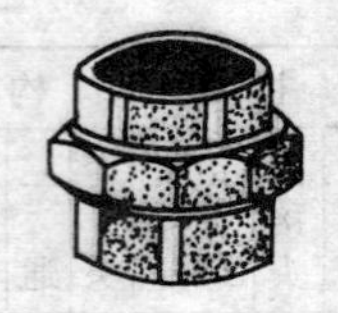

图 3-3 活接头

图 3-4 内接头

1)其他名称:六角内接头、外螺丝、六角外螺丝、外丝古。

2)用途:用来连接两个公称通径相同的内螺纹管件或阀门。

3)规格:公称通径 *DN*(mm):见表 3-4。

(5)内外螺丝(图 3-5)

1)其他名称:补心、管子衬、内外螺母。

2)用途:外螺纹一端配合外接头与大通径管子或内螺纹管件连接;内螺纹一端则直接与小通径管子连接,使管路通径缩小。

3)规格:公称通径 *DN*(mm):见表 3-5。

(6)锁紧螺母(图 3-6)

1)其他名称:根母、防松螺帽、纳之。

2)用途:锁紧通丝外接头或其他管件。

3)规格:公称通径 *DN*(mm):见表 3-4。

(7)弯头(图 3-7)

1)其他名称:90°弯头、直角弯。

图 3-5 内外螺丝

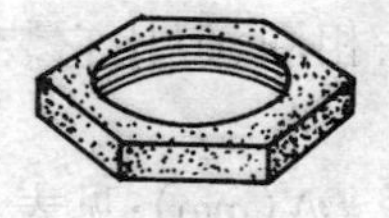

图 3-6 锁紧螺母

图 3-7 弯头

可锻铸铁管路连接件常用规格　　表 3-5

公称通径 *DN* (mm)	管螺纹尺寸代号 $d_1 \times d_2$	主要结构尺寸 (mm)			
		异径外接头	内外螺丝	异径弯头 异径四通 中小异径三通	
		L	*L*	*a*	*b*、*c*
10×8	3/8×1/4	29	23	20	22
15×8	1/2×1/4	35	26	24	24
15×10	1/2×3/8	35	26	26	25
20×8	3/4×1/4		28		
20×20	3/4×3/8	39	28	28	28
20×15	3/4×1/2	39	28	29	30
25×8	1×1/4		31		
25×10	1×3/8	43	31		
25×15	1×1/2	43	31	32	33
25×20	1×3/4	43	31	34	35
32×10	1¼×3/8		34		
32×15	1¼×1/2	49	34	34	38
32×20	1¼×3/4	49	34	38	40
32×25	1¼×1	49	34	40	42
40×10	1½×3/8		35		
40×15	1½×1/2	53	35	35	42
40×20	1½×3/4	53	35	38	43
40×25	1½×1	53	35	41	45
40×32	1½×1¼	53	35	45	48
50×15	2×1/2	59	39	38	48
50×20	2×3/4	59	39	41	49
50×25	2×1	59	39	44	51
50×32	2×1¼	59	39	48	54
50×40	2×1½	59	39	52	55

续表

公称通径 DN (mm)	管螺纹尺寸代号 $d_1 \times d_2$	主要结构尺寸 (mm)			
		异径外接头	内外螺丝	异径弯头 异径四通 中小异径三通	
		L	L	a	b、c
65×15	2½×1/2		44		
65×20	2½×3/4		44		
65×25	2½×1	65	44	48	60
65×32	2½×1¼	65	44	52	62
65×40	2½×1½	65	44	55	62
65×50	2½×2	65	44	60	65
80×15	3×1/2		48		
80×20	3×3/4		48		
80×25	3×1	72	48	50	68
80×32	3×1¼	72	48	55	70
80×40	3×1½	72	48	58	72
80×50	3×2	72	48	62	72
80×65	3×2½	72	48	72	75
100×15	4×1/2		56		
100×20	4×3/4		56		
100×25	4×1		56		
100×32	4×1¼		56	61	86
100×40	4×1½		56	63	86
100×50	4×2	85	56	69	87
100×65	4×2½	85	56	78	90
100×80	4×3	85	56	83	91
125×80	5×3		61		
125×100	5×4	95	61	100	111

续表

公称通径 DN (mm)	管螺纹尺寸代号 $d_1 \times d_2$	主要结构尺寸 (mm)			
		异径外接头	内外螺丝	异径弯头 异径四通 中小异径三通	
		L	L	a	b、c
150×80	6×3		69		
150×100	6×4	105	69	102	125
150×125	6×5	105	69	116	128

注:异径外接头、内外螺丝:L = 全长;异径弯头、异径四通、中小异径三通:a = 小端中心轴线至大端端面距离;b、c = 大端中心轴线至小端端面距离。

2)用途:连接两根公称通径相同的管子,使管路作90°转弯。

3)规格:公称通径 DN(mm):见表3-4。

(8)异径弯头(图3-8)

1)其他名称:异径90°弯头、大小弯。

2)用途:连接两根直径不同的管子,使管路作90°转弯和通径缩小。

3)规格:公称通径 DN(mm):见表3-5。

(9)月弯及外丝月弯(图3-9)

图3-8 异径弯头

月弯

外丝月弯

图3-9 月弯及外丝月弯

1)其他名称:90°月弯、90°肘弯、肘弯。

2)用途:与弯头相同,主要用于弯度较大的管路上。其中外丝月弯需与外接头配合使用,因而供应时通常还附一个外接头。

3)规格:公称通径 *DN*(mm):见表 3-4。

(10)45°弯头(图 3-10)

1)其他名称:直弯、直冲、半弯、135°弯头。

2)用途:连接两根直径相同的管子,使管路作 45°转弯。

3)规格:公称通径 *DN*(mm):见表 3-4。

(11)三通(图 3-11)

其他名称:丁字弯、三叉、三路通、三路天。

用途:供由直管中接出支管用,连接的三根管子公称通径相同。

规格:公称通径 *DN*(mm):见表 3-4。

(12)中小异径三通(图 3-12)

图 3-10　45°弯头

图 3-11　三通

图 3-12　中小异径三通

1)其他名称:中小三通、异径三叉、异径三通、中小天。

2)用途:与三通相似,但从支管接出的管子公称通径小于从直管接出的管子公称通径。

3)规格:公称通径 *DN*(mm):见表 3-5。

(13)中大异径三通(图 3-13)

1)其他名称:中大三通、异径三叉、中大天。

2)用途:与三通相似,但从支管接出的管子公称通径大于从直管接出的管子公称通径。

3)规格:公称通径 *DN*(mm):见表 3-6。

(14)四通(图 3-14)

1)其他名称:四叉、十字接头、十字天。

图 3-13 中大异径三通

图 3-14 四通

可锻铸铁管路连接件主要规格

——中大异径三通 **表 3-6**

公称通径 *DN* (mm)	管螺纹尺寸代号 $d_1 \times d_2$	主要结构尺寸 (mm)		公称通径 *DN* (mm)	管螺纹尺寸代号 $d_1 \times d_2$	主要结构尺寸 (mm)	
		a	*c*			*a*	*c*
15×20	1/2×3/4	30	39	25×40	1×1½	45	41
15×25	1/2×1	33	32	32×40	1¼×1½	48	45
20×25	3/4×1	35	34	32×50	1¼×2	54	46
20×32	3/4×1¼	40	38	40×50	1¼×2	55	52
25×32	1×1¼	42	40	50×65	2×2½	65	60

注:主要结构尺寸:a = 大端中心轴线至小端端面的距离,c = 小端中心轴线至大端端面的距离。

2)用途:用来连接四根公称通径相同,并成垂直相交的管子。

3)规格:公称通径 DN(mm):见表 3-4。

(15)异径四通(图 3-15)

1)其他名称:异径四叉、中小十字天。

2)用途:与四通相似,但管子的公称通径有两种,其中相对的两根管子的公称通径是相同的。

3)规格:公称通径 DN(mm):见表 3-5。

(16)外方管堵(图 3-16)

1)其他名称:塞头、管子塞、管子堵、丝堵、闷头、管堵。

2)用途:用来堵塞管路,以阻止管路中介质泄漏,并可以阻止杂物侵入管路内,通常需与外接头、三通等管件配合使用。

3)规格:公称通径 DN(mm):见表 3-4。

(17)管帽(图 3-17)

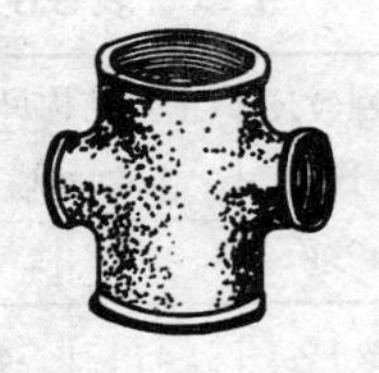

图 3-15　异径四通

图 3-16　外方管堵

图 3-17　管帽

1)其他名称:盖头、管子盖、闷头。

2)用途:用来封闭管路,作用与管堵相同,但管帽可直接旋在管子上,不需要其他管件配合。

3)规格:公称通径 DN(mm):见表 3-4。

3. 管法兰

(1)平焊钢制管法兰及对焊钢制管法兰(图 3-18)

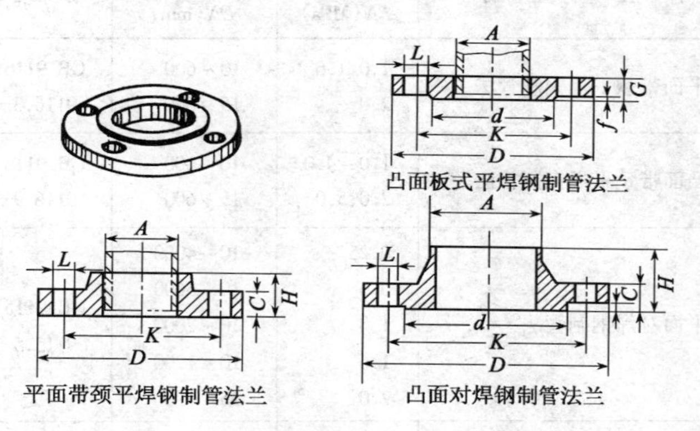

图 3-18　平焊钢制管法兰及对焊钢制管法兰

A—管子外径；C—法兰厚度；H—法兰高度

1)其他名称:平焊钢制管法兰——平焊钢法兰；

对焊钢制管法兰——对焊钢法兰。

2)用途:焊接(平焊或对焊)在钢管两端,用来跟其他带法兰的钢管或阀门、管件进行连接

3)规格:见表 3-7 ~ 表 3-9。

常见焊接钢制管法兰品种、规格表　　　表 3-7

管法兰名称	公称压力 PN(MPa)	公称通径范围 DN(mm)	标准号
平面板式平焊钢制管法兰	0.25,0.6 1.0,1.6	10 ~ 2000 10 ~ 600	GB 9119.1 ~ 9119.4—88
凸面板式平焊钢制管法兰	0.25,0.6 1.0 ~ 4.0	10 ~ 2000 10 ~ 600	GB 9119.5 ~ 9119.10—88

续表

管 法 兰 名 称	公称压力 PN(MPa)	公称通径范围 DN(mm)	标 准 号
平面带颈平焊钢制管法兰	1.0,1.6 2.0	10~600 15~600	GB 9116.1~ 9116.3—88
凸面带颈平焊钢制管法兰	1.0~4.0 2.0,5.0	10~600 15~600	GB 9116.4~ 9116.9—88
平面对焊钢制管法兰	0.25 0.6 1.0 1.6 2.0	10~4000 10~3600 10~2000 10~1200 15~1200	GB 9115.1~ 9115.5—88
凸面对焊钢制管法兰	0.25,0.6 1.0 1.6 2.5 4.0 2.0,5.0	10~3000 10~2000 10~1200 10~1000 10~600 15~600	GB 9115.6~ 9115.13—88
平焊钢法兰(板式平焊钢制管法兰)	0.25 6 1.0,1.6 2.5	10~1600 10~1000 10~600 10~500	JB 81—59
对焊钢法兰	0.25 0.6 1.0,1.6 2.5	10~1600 10~1400 10~1200 10~800	JB 82—59

注:①JB 81—59、JB 82—59 部标准规定的管法兰,由于在我国应用时间较长,影响较大,故列出供参考,其公称压力符号为 *PN*,压力单位为kgf/cm^2,公称通径符号为 *DN*,这里均改按国家标准(GB)的规定,以资统一。

②1MPa(法定单位)=10 巴≈$10kgf/cm^2$。

$DN \leqslant 500$ 管法兰主要尺寸表——国家标准产品　表 3-8

公称通径 DN (mm)	板式平焊钢制管法兰					带颈平焊钢制管法兰											
	公称压力 PN (MPa)																
	≤0.6	1.0	1.6	2.5	4.0	1.0		1.6		2.5		4.0		2.0		5.0	
	主要尺寸 (mm)																
	C	*C*	*C*	*C*	*C*	*C*	*H*	*C*	*H*	*C*	*H*	*C*	*H*	*C*	*H*	*C*	*H*
10	12	14	14	14	14	14	20	14	20	14	22	14	22	—	—	—	—
15	12	14	14	14	14	14	20	14	20	14	22	14	22	11.5	16	14.5	22
20	14	16	16	16	16	16	24	16	24	16	26	16	26	13.0	16	16.0	25
25	14	16	16	16	16	16	24	16	24	16	28	16	28	14.5	17	17.5	27
32	16	18	18	18	18	18	26	18	26	18	30	18	30	16.0	21	19.5	27
40	16	18	18	18	18	18	26	18	26	18	32	18	32	17.5	22	21.0	30
50	16	20	20	20	20	20	28	20	28	20	34	20	34	19.5	25	22.5	33
65	16	20	20	22	22	20	32	20	32	22	38	22	38	22.5	29	25.5	38
80	18	20	20	24	24	20	34	20	34	24	40	24	40	24.0	30	29.0	43
100	18	22	22	26	26	22	40	22	40	24	44	24	44	24.0	33	32.0	48
125	20	22	22	28	28	22	44	22	44	26	48	26	48	24.0	36	35.0	51
150	20	24	24	30	30	24	44	24	44	28	52	28	52	25.5	40	37.0	52
200	22	24	26	32	36	24	44	24	44	30	52	34	52	29.0	44	41.5	62
250	24	26	29	35	42	26	46	26	46	32	60	38	60	30.5	49	48.0	67
300	24	28	32	38	48	26	46	28	46	34	67	42	67	32.0	56	51.0	73
350	26	30	35	42	54	26	53	30	57	38	72	46	72	35.0	57	54.0	76
400	28	32	38	46	60	26	57	32	63	40	78	50	78	37.0	64	57.5	83
450	30	35	42	50	66	28	63	34	68	42	84	50	84	40.0	68	60.5	89
500	32	38	46	56	72	28	67	36	73	44	90	52	90	43.0	73	63.5	95

公称通径 DN (mm)	对焊钢制管法兰													
	公称压力 PN (MPa)													
	≤0.6		1.0		1.6		2.5		4.0		2.0		5.0	
	主要尺寸 (mm)													
	C	*H*	*C*	*H*	*C*	*H*	*C*	*H*	*C*	*H*	*C*	*H*	*C*	*H*
10	12	28	14	35	14	35	14	35	14	35	—	—	—	—
15	12	30	14	35	14	35	14	38	14	38	11.5	48	14.5	52
20	14	32	16	38	16	38	16	40	16	40	13.0	52	16.0	57
25	14	35	16	38	16	38	16	40	16	40	14.5	56	17.5	62
32	16	35	18	40	18	40	18	42	18	42	16.0	57	19.5	65
40	16	38	18	42	18	42	18	45	18	45	17.5	62	21.0	68
50	16	38	20	45	20	45	20	48	20	48	19.5	64	22.5	70

续表

公称通径 DN (mm)	对焊钢制管法兰													
	公称压力 PN (MPa)													
	≤0.6		1.0		1.6		2.5		4.0		2.0		5.0	
	主要尺寸 (mm)													
	C	H	C	H	C	H	C	H	C	H	C	H	C	H
65	16	38	20	45	20	45	22	52	22	52	22.5	70	25.5	76
80	18	42	20	50	20	50	24	58	24	58	24.0	70	29.0	79
100	18	45	22	52	22	52	24	65	24	65	24.0	76	32.0	86
125	20	48	22	55	22	55	26	68	26	68	24.0	89	35.0	98
150	20	48	24	55	24	55	28	75	28	75	25.5	89	37.0	98
200	22	55	24	62	24	62	30	80	34	88	29.0	102	41.5	111
250	24	60	26	68	26	70	32	88	38	105	30.5	102	48.0	117
300	24	62	26	68	28	78	34	92	42	115	32.0	114	51.0	130
350	24	62	26	68	30	82	38	100	46	125	35.0	127	54.0	143
400	24	65	26	72	32	85	40	110	50	135	37.0	127	57.5	146
450	24	65	28	72	34	87	42	110	50	135	40.0	140	60.5	159
500	26	68	28	75	36	90	44	125	52	140	43.0	145	63.5	162

DN≤500管法兰主要尺寸表——部标准产品

公称通径 DN (mm)	平焊钢法兰					对焊钢法兰									
	公称压力 PN (MPa)														
	0.25	0.6	1.0	1.6	2.5	0.25		0.6		1.0		1.6		2.5	
	主要尺寸 (mm)														
	C	C	C	C	C	C	H	C	H	C	H	C	H	C	H
10	10	12	12	14	16	10	25	12	25	12	35	14	35	16	35
15	10	12	12	14	16	10	28	12	30	12	35	14	35	16	35
20	12	14	14	16	18	10	30	12	32	14	38	14	38	16	36
25	12	14	14	18	18	10	30	14	32	14	40	14	40	16	38
32	12	16	16	18	20	10	30	14	35	16	42	16	42	18	45
40	12	16	18	20	22	12	36	14	38	16	45	16	45	18	48
50	12	16	18	22	24	12	36	14	38	16	45	16	48	20	48
65	14	16	20	24	24	12	36	14	38	18	48	18	50	22	52
80	14	18	20	24	26	14	38	16	40	18	50	20	52	22	55
100	14	18	22	26	28	14	40	16	42	20	52	20	52	24	62
125	14	20	24	28	30	14	40	18	44	22	60	22	60	26	68
150	16	20	24	28	30	14	42	18	46	22	60	22	60	28	72
175	16	22	24	28	32	16	46	20	50	22	60	24	60	28	75
200	18	22	24	30	32	16	55	20	55	22	62	24	62	30	80

续表

公称通径 DN (mm)	平焊钢法兰					对焊钢法兰									
	公称压力 PN (MPa)														
	0.25	0.6	1.0	1.6	2.5	0.25		0.6		1.0		1.6		2.5	
	主要尺寸 (mm)														
	C	*C*	*C*	*C*	*C*	*C*	*H*	*C*	*H*	*C*	*H*	*C*	*H*	*C*	*H*
225	20	22	24	30	34	18	55	20	55	22	65	24	68	32	80
250	22	24	26	32	34	20	55	22	60	24	65	26	68	32	85
300	22	24	28	32	36	20	58	22	60	26	65	28	70	36	92
350	22	26	28	34	42	20	58	22	60	26	65	32	78	40	98
400	22	28	30	38	44	20	60	22	62	26	65	36	90	44	115
450	24	28	30	42	48	20	60	22	62	26	70	38	95	46	115
500	24	30	32	48	52	24	62	24	62	28	78	42	98	48	120

注:表中 *PN*≤0.6、1.0、1.6、2.5、4.0 的管法兰,其尺寸是参照原部标准制订的;*PN*2.0、*PN*5.0 及 *PN*≥10.0 的管法兰,其尺寸则是参照美国标准制订的。

DN≤500 焊接钢制管法兰适用管子外径表　　表 3-9

公称通径 DN (mm)	适用管子外径 A(mm)			公称通径 DN (mm)	适用管子外径 A(mm)		
	国家标准		部标准		国家标准		部标准
	Ⅰ 类	Ⅱ 类			Ⅰ 类	Ⅱ 类	
10	17.2	—	14	150	168.3	168.5	159
15	21.3	21.5	18	175	—	—	194
20	26.9	26.5	25	200	219.1	219.0	219
25	33.7	33.5	32	225	—	—	245
32	42.4	42.0	38	250	273.0	273.0	273
40	48.3	48.5	45	300	323.9	324.0	325
50	60.3	60.5	57	350	355.6	355.5	377
65	76.1	73.0	73	400	406.4	406.5	426
80	88.9	89.0	89	450	457.0	457.0	478
100	114.3	114.5	108	500	508.0	508.0	529
125	139.7	141.5	133				

注:Ⅰ类管子外径适用于国家标准中 *PN*≤0.6、1.0、1.6、2.5、4.0 的管法兰,Ⅱ类管子外径适用于国家标准中 *PN*2.0、*PN*5.0 的管法兰。

(2)螺纹管法兰(图 3-19)

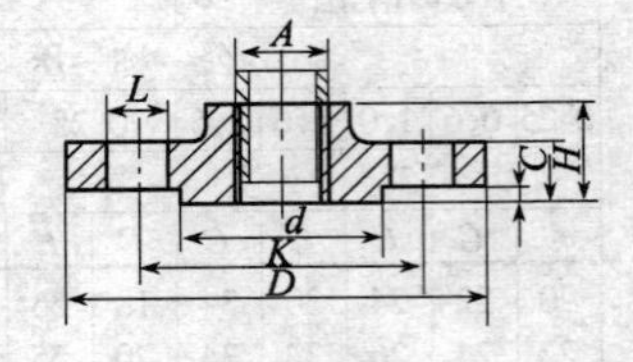

图 3-19 凸面带颈螺纹钢制管法兰

1)其他名称:螺纹法兰、丝扣法兰。

2)用途:用来旋在两端带管螺纹的钢管上,以便与其他带法兰的钢管或阀门、管件进行连接。

3)规格:见表 3-10、表 3-11

凸面带颈螺纹钢制管法兰　　表 3-10

公称压力 *PN*(MPa)		0.6,1.6(也适用于 1.0),2.5											
公称通径 *DN*(mm)		10	15	20	25	32	40	50	65	80	100	125	150
管螺纹尺寸代号		3/8	1/2	3/4	1	1¼	1½	2	2½	3	4	5	6
法兰主要尺寸	厚度 *C*	参见“带颈平焊钢制管法兰规定的厚度 *C* 和高度 *H*”											
	高度 *H*												
	连接及密封面尺寸	参见“国家标准规定的连接及密封面尺寸”											
	适用管子外径 *A*	参见“焊接钢制管法兰适用管子外径表”中“国家标准栏的Ⅰ类管法兰”的规定											

铸铁螺纹法兰　　　　表 3-11

公称通径 DN (mm)	管螺纹尺寸代号	适用管子外径 A	PN(MPa) 0.6 主要尺寸 C	H	1.6 C	H	公称通径 DN (mm)	管螺纹尺寸代号	适用管子外径 A	PN(MPa) 0.6 主要尺寸 C	H	1.6 C	H
		(mm)							(mm)				
10	3/8	17	12	22	14	20	50	2	60	14	30	20	30
15	1/2	21.25	12	22	14	22	65	2½	75.5	14	32	20	34
20	3/4	26.25	12	24	16	24	80	3	88.5	16	34	22	36
25	1	33.5	14	24	16	26	100	4	114	16	38	24	44
32	1¼	42.25	14	28	18	28	125	5	140	18	42	26	46
40	1½	48	14	28	18	28	150	6	165	18	42	—	—

注：表中公称通径（*DN*）、公称压力（*PN*）、主要尺寸（*A*、*C*、*H* 等）的符号和压力单位，均改按国家标准（GB）的规定，以资统一。1MPa（法定单位）≈ 10kgf/cm^2。

3.1.2　阀门及水嘴

1. 阀门

(1)截止阀（图 3-20）

1)其他名称：

内螺纹截止阀——丝口球型、汽门、汽掣；

内螺纹截止阀

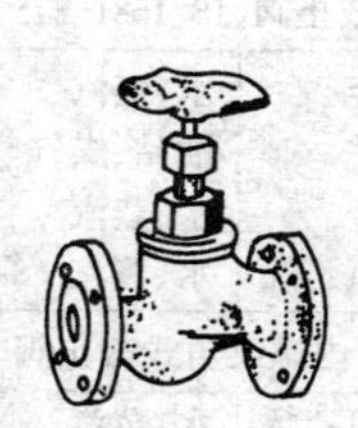
DN≤50

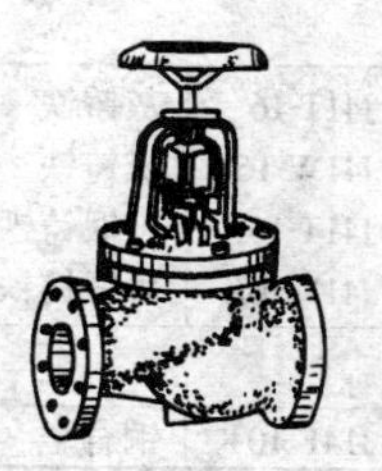
DN≥65

图 3-20　截止阀（法兰连接）

截止阀——法兰截止阀、法兰球型阀、法兰汽门、法兰汽掣；

内螺纹角式截止阀——丝口角式截止阀。

2)用途：装于管路或设备上，用以启闭管路中的介质，是应用比较广泛的一种阀门。角式截止阀适用于管路成 90°相交处。

3)规格：见表 3-12。

截 止 阀 规 格 表 3-12

型　号	阀体材料	密封面材料	适用介质	适用温度(℃)小于等于	公称压力(MPa)	公称通径 DN (mm)
内螺纹截止阀(JB 1681—75)						
J11X-10K	可锻铸铁	橡胶	水	50	1	15~25
J11W-10T	铜合金*	铜合金	水、蒸汽	200	1	8~65
J11F-10T	铜合金*	聚四氟乙烯	水、蒸汽	200	1	8~65
J11T-16K	可锻铸铁	铜合金	水、蒸汽	200	1.6	15~65
J11F-16K	可锻铸铁	聚四氟乙烯	水、蒸汽	200	1.6	15~65
J11H-16K	可锻铸铁	不锈钢	水、蒸汽油品	200	1.6	15~65
J11W-16K	可锻铸铁	可锻铸铁	油品、煤气	100	1.6	15~65
J11T-16	灰铸铁	铜合金	水、蒸汽	200	1.6	15~65
J11W-16	灰铸铁	灰铸铁	油品、煤气	100	1.6	15~65
截止阀(JB 1681—75)						
J41T-16	灰铸铁	铜合金	水、蒸汽	200	1.6	25~150
J41W-16	灰铸铁	灰铸铁	油品、煤气	100	1.6	25~150
J41T-16K	可锻铸铁	铜合金	水、蒸汽	200	1.6	25~50
J41F-16K	可锻铸铁	聚四氟乙烯	水、蒸汽	200	1.6	25~50
内螺纹角式截止阀						
J14F-10T	铜合金	聚四氟乙烯	水、蒸汽	200	1	15~50

注：①阀体材料标有*的截止阀，其结构长度小于标准规定。

②公称通径系列 DN(mm)：8，10，15，20，25，32，40，50，65，80，100，120，150mm。

(2)旋塞阀(图 3-21)

A. 旋塞阀

1)其他名称:

内螺纹旋塞阀——内螺纹填料旋塞、内螺纹直通填料旋塞、轧兰泗汀角、压盖转心门、考克、十字掣;

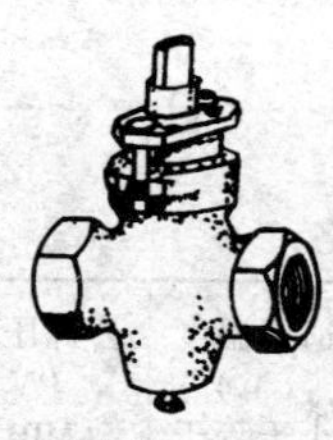

内螺纹连接

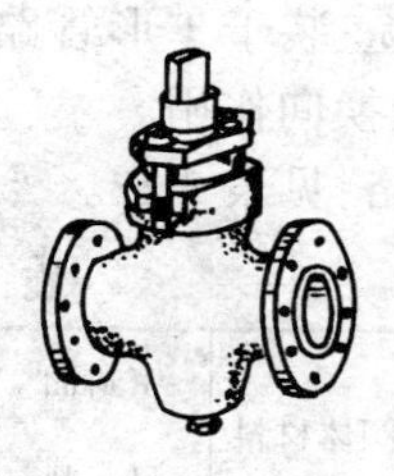

法兰连接

图 3-21 旋塞阀

旋塞阀——法兰填料旋塞、法兰直通填料旋塞、法兰轧兰泗汀角、法兰压盖转心门。

2)用途:装于管路中,用以启闭管路中介质,其特点是开关迅速。

3)规格:见表 3-13。

B. 三通旋塞阀(图 3-22)

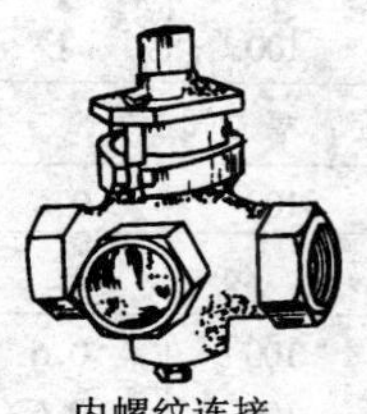

内螺纹连接

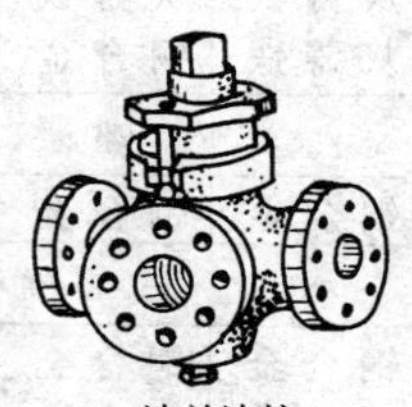

法兰连接

图 3-22 三通旋塞阀

1)其他名称：

内螺纹三通式旋塞阀——内螺纹三通填料旋塞、三路轧兰泗汀角、三路压盖转心门；

三通式旋塞阀——法兰三通填料旋塞、三路法兰轧兰泗汀角、三路法兰压盖转心门。

2)用途：装于T形管路上，除作为管路开关设备用外，并具有分配、换向作用。

3)规格：见表3-13。

旋塞阀规格 **表3-13**

型号	阀体材料	密封面材料	适用介质	适用温度（℃）小于等于	公称压力 *PN*（MPa）	公称通径 *DN*（mm）
内螺纹旋塞阀						
X13W-10T	铜合金	铜合金	水	100	1	15～50
X13W-10	灰铸铁	灰铸铁	煤气、油品	100	1	15～50
X13T-10	灰铸铁	铜合金	水	100	1	15～50
X13W-10K	可锻铸铁	可锻铸铁	煤气、油品	100	1	15～65
旋塞阀						
X43T-6	灰铸铁	铜合金	水	100	0.6	32～150
X43W-6T	铜合金	铜合金	水	100	0.6	32～150
X43W-6	灰铸铁	灰铸铁	煤气、油品	100	0.6	100～150
X43W-10	灰铸铁	灰铸铁	煤气、油品	100	1	25～80
X43T-10	灰铸铁	铜合金	水	100	1	25～80
内螺纹三通旋塞阀						
X14W-6T	铜合金	铜合金	水	100	0.6	15～65
三通旋塞阀						
X44W-6T	铜合金	铜合金	水	100	0.6	25～100
X44T-6	灰铸铁	铜合金	水	100	0.6	25～100
X44W-6	灰铸铁	灰铸铁	煤气、油品	100	0.6	25～100

注：公称通径系列 *DN*(mm)：15，20，25，32，40，50，65，80，100，125，150。

(3)止回阀

A. 升降式止回阀(图 3-23)

内螺纹连接

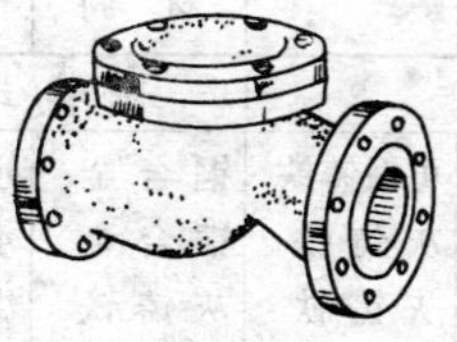

法兰连接

图 3-23 升降式止回阀

1)其他名称:

内螺纹升降式止回阀——升降式逆止阀、直式单流阀、顶水门、横式止回阀。

升降式止回阀——法兰升降式逆止阀、法兰直式单流阀、法兰顶水门。

2)用途:装于水平管路或设备上,以阻止管路、设备中介质倒流。

3)规格:见表 3-14。

止回阀规格(JB 311—75) 表 3-14

型号	阀体材料	密封面材料	适用介质	适用温度(℃)小于等于	公称压力 *PN* (MPa)	公称通径系列 *DN* (mm)
内螺纹升降式止回阀						
H11T-16K	可锻铸铁	铜合金	水、蒸汽	200	16(1.6)	15~65
H11T-16	灰铸铁	铜合金	水、蒸汽	200	16(1.6)	15~65
H11W-16	灰铸铁	灰铸铁	煤气、油品	100	16(1.6)	15~65

续表

型　　号	阀体材料	密封面 材　料	适用介质	适用温度 (℃) 小于等于	公称压力 *PN* (MPa)	公称通径 系列 *DN* (mm)
升　降　式　止　回　阀						
H41T-16K	可锻铸铁	铜合金	水、蒸汽	200	16(1.6)	25～40
H41T-6	灰铸铁	铜合金	水、蒸汽	200	16(1.6)	25～150
H41W-16	灰铸铁	灰铸铁	煤气、油品	100	16(1.6)	25～150
内　螺　纹　旋　启　式　止　回　阀						
H14W-10T	铜合金	铜合金	水、蒸汽	200	10(1)	15～65
H14T-16K	可锻铸铁	铜合金	水、蒸汽	200	16(1.6)	15～65
旋　启　式　止　回　阀						
H44X-10	灰铸铁	橡　胶	水	50	10(1)	50～600
H44T-10	灰铸铁	铜合金	水、蒸汽	200	10(1)	50～600
H44W-10	灰铸铁	灰铸铁	煤气、油品	100	10(1)	50～600

注:公称通径系列 *DN*(mm):15,20,25,32,40,50,65,80,100,125,150,200,250,300,350,400,450,500,600。

B.旋启式止回阀(图 3-24)

内螺纹连接

法兰连接

图 3-24　旋启式止回阀

1)其他名称:

内螺纹旋启式止回阀——铰链逆止阀、铰链直流阀、铰链阀;

旋启式止回阀——法兰铰链逆止阀、法兰铰链直流阀、法兰铰链阀。

2)用途:装于水平或垂直的管路、设备上,以阻止其中介质倒流。

3)规格:见表 3-14。

(4)球阀(图 3-25)

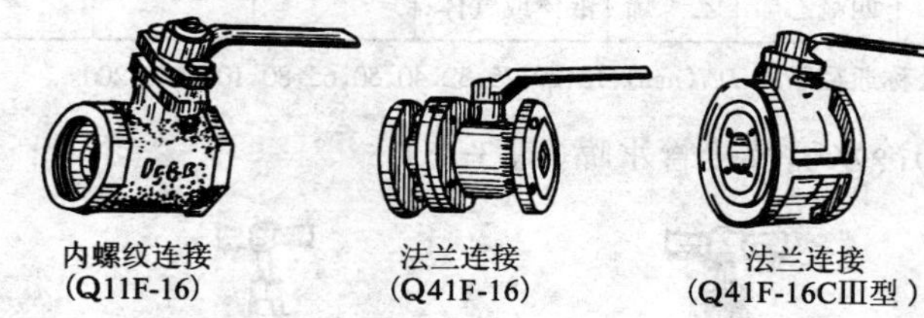

内螺纹连接(Q11F-16)　　法兰连接(Q41F-16)　　法兰连接(Q41F-16CⅢ型)

图 3-25　球阀

1)用途:装于管路上用以启闭管路中介质,其特点是结构简单、开关迅速。

2)规格:见表 3-15。

球阀规格　　表 3-15

型　号	阀体材料	密封面材料	适用介质	适用温度(℃)小于等于	公称压力 *PN* (MPa)	公称通径 *DN* (mm)
内螺纹球阀						
Q11F-16T	铜合金	聚四氟乙烯	水、蒸汽	150	1.6	15~50
Q11F-16	灰铸铁	聚四氟乙烯	水、蒸汽、油品	150	1.6	15~65
球阀						
Q41F-16	灰铸铁	聚四氟乙烯	水、蒸汽、油品	150	1.6	15~200

续表

型　号	阀体材料	密封面 材　料	适用介质	适用温度 (℃) 小于等于	公称压力 *PN* (MPa)	公称通径 *DN* (mm)
Q41F-6CIII	铸钢衬聚 四氟乙烯	聚四氟 乙　烯	酸、碱性 液体或气体	100	0.6	25,40,50

注:公称通径系列 *DN*(mm):15,20,25,32,40,50,65,80,100,150,200。

(5)冷水嘴及接管水嘴(图 3-26)

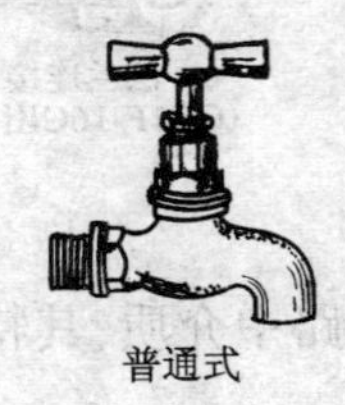
普通式

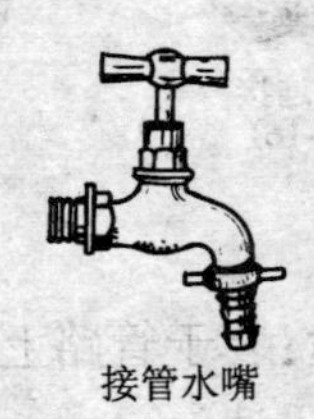
接管水嘴

图 3-26　冷水嘴及接管水嘴

1)其他名称:冷水嘴——自来水龙头、水嘴;

接管水嘴——皮带龙头、接口水嘴、皮带水嘴。

2)用途:装于自来水管路上,作为放水设备。接管水嘴多一个活接头,可连接输水胶管,以便把水输送到较远的地方。

3)规格:见表 3-16。

冷水嘴及接管水嘴规格　　　　表 3-16

阀　体　材　料	适用温度(℃) 小于等于	公称压力 *PN*(MPa)	公称通径系列 *DN*(mm)
可锻铸铁、灰铸铁、铜合金	50	0.6MPa	15,20,25

(6)铜热水嘴(图 3-27)

1)其他名称:铜木柄水嘴、木柄龙头、转心水嘴、搬把水嘴。

2)用途:装在温度≤100℃、公称压力 0.1MPa 的热水锅炉或热水桶上,作为放水设备。

3.1.3 水表

旋翼式冷水水表见图 3-28。

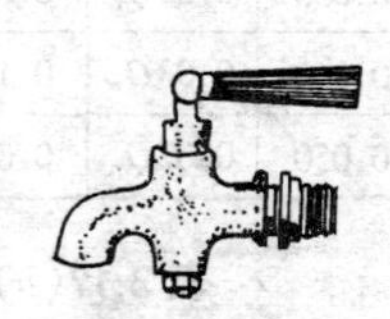

图 3-27 铜热水嘴

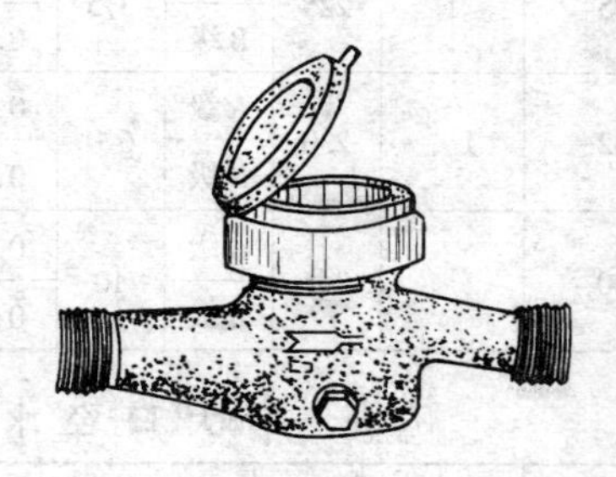

图 3-28 小口径水表

1)其他名称:翼轮速度式水表、液体流量计、水流量计。

2)用途:记录流经自来水管道的水的总量。按水表计数器是否浸水,分湿式和干式两种,一般采用湿式。

3)规格:见表 3-17(*a*)、(*b*)。

小口径水表 表 3-17(*a*)

公称口径(mm)	管螺纹(in)	全长(mm)	计量等级	公称 Q_n	流量 Q (m^3/h)			
					始动 Q_s,小于等于		最小 Q_{min}	分界 Q_i,小于等于
					湿式	干式		
15	1/2	165	A级	1.5	0.014	0.016	$0.03Q_n$	$0.10Q_n$
			B级		0.010	0.012	$0.02Q_n$	$0.08Q_n$

续表

公称口径（mm）	管螺纹（in）	全长（mm）	计量等级	公称 Q_n	流量 Q (m^3/h)			
					始动 Q_s，小于等于		最小 Q_{min}	分界 Q_i，小于等于
					湿式	干式		
20	3/4	195	A级	2.5	0.019	0.020	$0.03Q_n$	$0.10Q_n$
			B级		0.014	0.016	$0.02Q_n$	$0.08Q_n$
25	1	225	A级	3.5	0.023	0.025	$0.03Q_n$	$0.10Q_n$
			B级		0.017	0.020	$0.02Q_n$	$0.08Q_n$
32	1¼	230	A级	6.0	0.032	0.035	$0.03Q_n$	$0.10Q_n$
			B级		0.027	0.030	$0.02Q_n$	$0.08Q_n$
40	1½	245	A级	10	0.056	0.060	$0.03Q_n$	$0.10Q_n$
			B级		0.046	0.050	$0.02Q_n$	$0.08Q_n$

大口径水表　　表3-17(*b*)

公称口径（mm）	连接方式	全长（mm）	最小分度值（m^3），大于等于	流量（m^3/h）				
				特性，小于等于	最大	额定	最小	
							湿式	干式
60	法兰连接	280	0.01	30	15	10	0.40	—
80		370	0.01	70	35	22	1.10	—
100		370	0.01	100	50	32	1.40	—
150		500	0.01	200	100	63	2.40	—

3.2　采暖工程材料

3.2.1　散热器

1. 灰铸铁柱型及细柱型散热器

见图3-29及表3-18、表3-19。

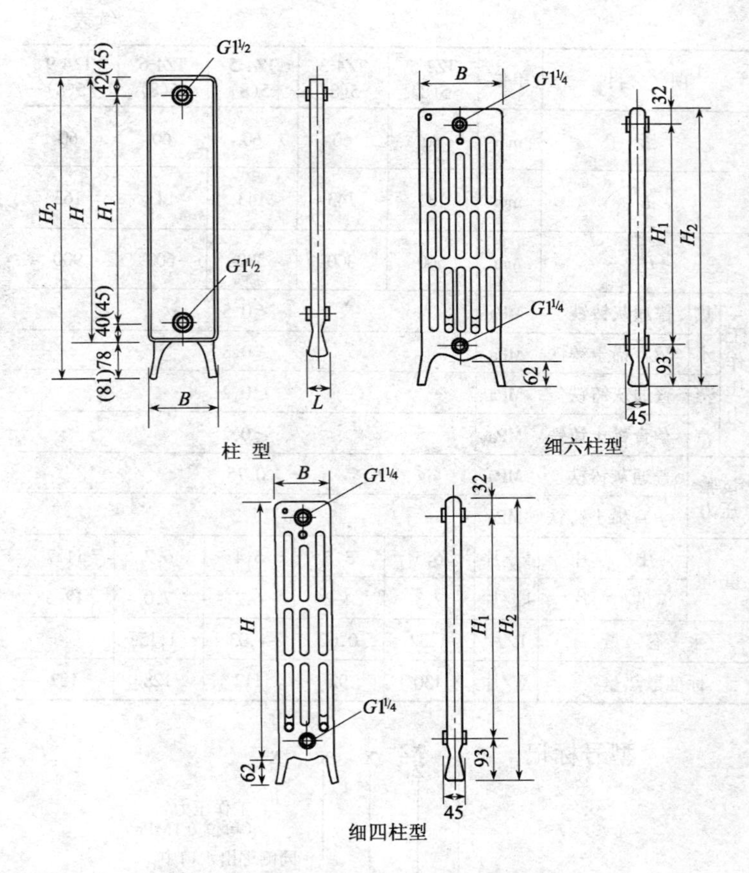

图 3-29 灰铸铁柱型及细柱型散热器

灰铸铁柱型散热器技术性能 **表 3-18**

项　　目	单位	TZ2-5-5(8)	TZ4-3-5(8)	TZ4-5-5(8)	TZ4-6-5(8)	TZ4-9-5(8)
H	mm	582	382	582	682	982
H_2	mm	660	460	660	760	1060

续表

项目			单位	TZ2-5-5(8)	TZ4-3-5(8)	TZ4-5-5(8)	TZ4-6-5(8)	TZ4-9-5(8)
L			mm	80	60	60	60	60
B			mm	132	143	143	143	163
H_1			mm	500	300	500	600	900
工作压力	热水	普通灰铸铁	MPa	≤0.5				
		孕育稀土铸铁	MPa	≤0.8				
	蒸汽	普通灰铸铁	MPa	≤0.2				
		孕育稀土铸铁	MPa	≤0.2				
试验压力		普通灰铸铁	MPa	0.75				
		孕育稀土铸铁	MPa	1.2				
重量		中片	kg/片	6.5	3.5	5.4	6.2	11.7
		足片	kg/片	7.3	4.2	6.2	7.0	12.5
水容量			L/片	1.32	0.62	1.03	1.15	
标准散热量			W/片	130	92	112	128	187

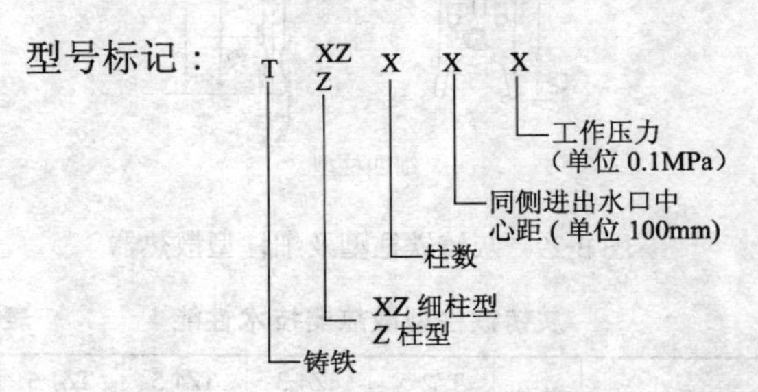

说明：①本表按 JGJ 30.1—86 灰铸铁柱型散热器编制。

②重量按 JGJ 30.1—86 中标准重量。

灰铸铁细柱型散热器技术性能　　表 3-19

项目	单位	TXZ4-4 -5(8)	TXZ4-5 -5(8)	TXZ4-6 -5(8)	TXZ6-6 -5(8)
H	mm	463	563	663	663
H_2	mm	525	625	725	725
B	mm	113	113	113	174
H_1	mm	400	500	600	600
工作压力 普通灰铸铁	MPa	≤0.5			
工作压力 孕育稀土铸铁	MPa	≤0.8			
试验压力 普通灰铸铁	MPa	0.75			
试验压力 孕育稀土铸铁	MPa	1.2			
水容量	L/片	0.42	0.50	0.52	0.76
重量	kg/片	2.93	3.45	4.16	6.22
标准散热量	W/片	78.6	92.3	109.4	153.2

2. 灰铸铁长翼型和圆翼型散热器

见图 3-30 及表 3-20、表 3-21。

长翼型散热器技术性能　　表 3-20

项目	单位	$TC^{0.2}/5^{-4}$	$TC^{0.28}/5^{-4}$
H	mm	595	595
L	mm	200	280
B	mm	115	115
H_1	mm	500	500
重量	kg/m	18	26
水容量	L/片	5.7	8
工作压力	MPa	≤130℃,热水 0.4	蒸汽 0.2
试验压力	MPa	0.6	
标准散热器	W/片	336	444

注:①本表按 JGJ 30.2—86 灰铸铁长翼型散热器编制。
②重量按 JGJ 30.2—86 中标准合格品。

长翼型型号标记:

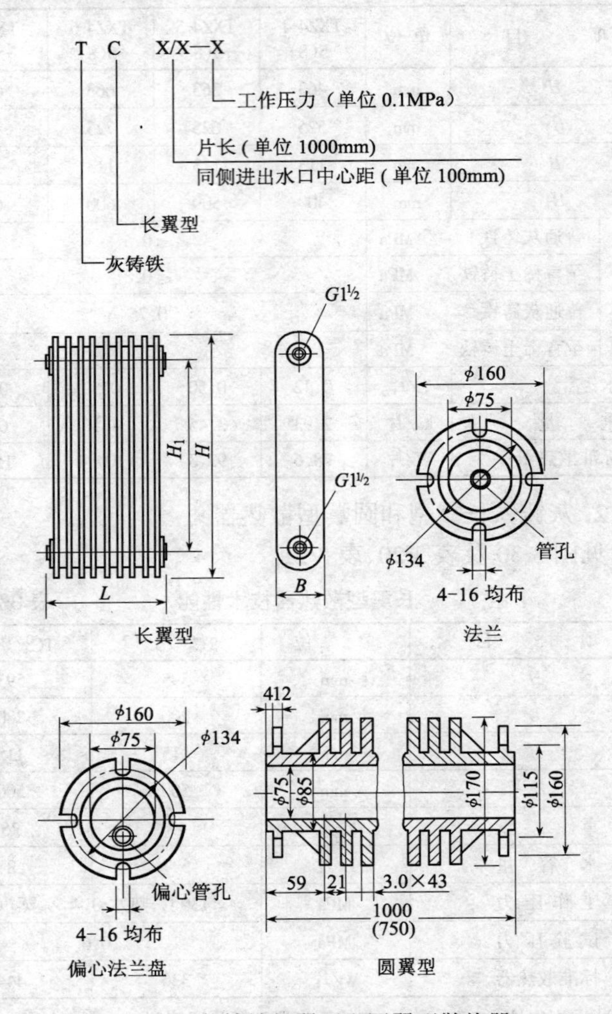

图 3-30　灰铸铁长翼型和圆翼型散热器

圆翼型散热器技术性能 **表 3-21**

项　　目	单　　位	TY 0.75-6(4)	TY 1.0-6(4)
重　　量	kg/根	24.6	30
水 容 量	L/根	3.32	4.42
工作压力	MPa	≤150℃,热水 0.6	蒸汽 0.4
试验压力	MPa	0.9	
标准散热量	W/根	393	550

注:①本表按 JGJ 30.2—86 灰铸铁圆翼型散热器编制。

②重量按 JGJ 30.2—86 中标准合格品。

③水容量按尺寸计算得出。

圆翼型型号标记:

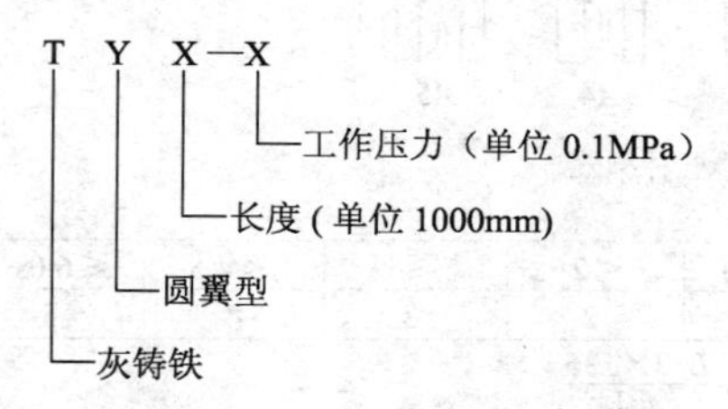

3. 板式散热器

见图 3-31 及表 3-22、表 3-23。

板式散热器尺寸 **表 3-22**

项　目	单　位	A_1	A_2	A_3	A_4	A_5
H	mm	350	450	550	650	950
H_1	mm	300	400	500	600	900
H_2	mm	490	590	690	790	1090

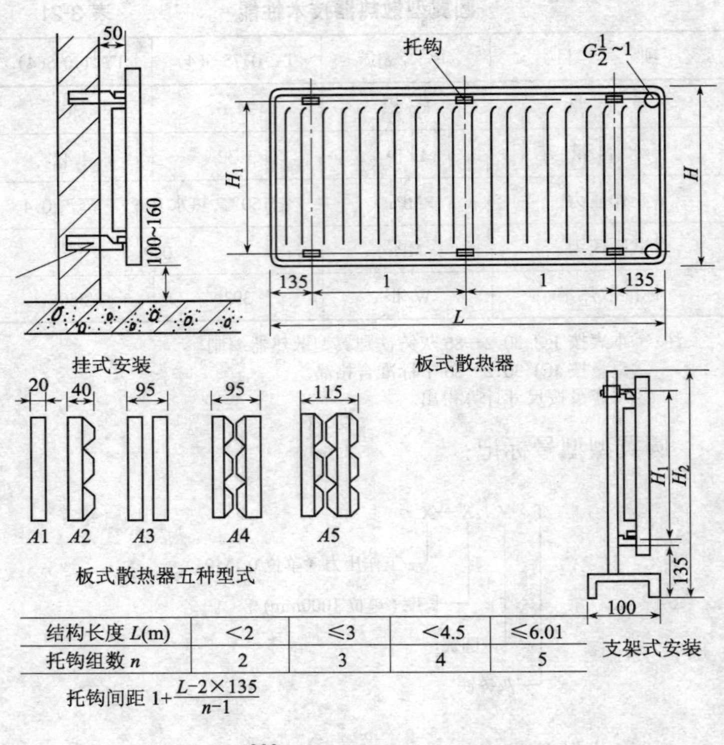

结构长度 L(m)	<2	≤3	<4.5	≤6.01
托钩组数 n	2	3	4	5

托钩间距 $1+\frac{L-2\times135}{n-1}$

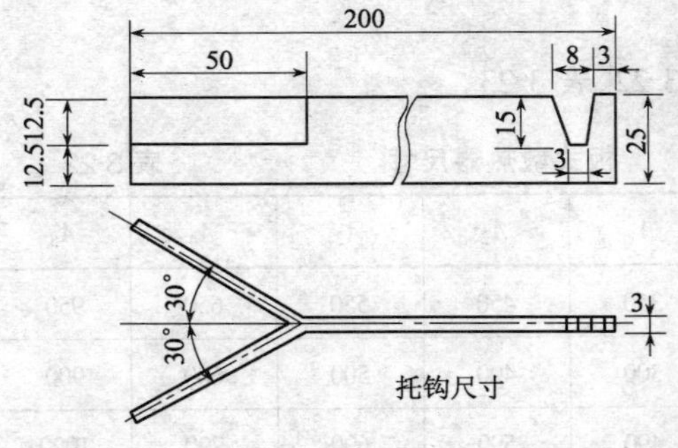

说明：1) 板式散热器长度 L 由设计决定。

2) 热媒含氧量≤0.05kg。

3) 涂层颜色安装形式以及进出水口位置，放气阀数量，订货时加以说明。

图 3-31　板式散热器

板式散热器技术性能　　表 3-23

项目		型式 / 厚度(mm) / 单位	A_1	A_2	A_3	A_4	A_5
			20	40	95	95	115
重量	300	kg/m	7.0	8.2	14.0	16.5	17.7
	400	kg/m	8.8	10.2	17.7	20.8	22.5
	500	kg/m	10.8	12.9	21.8	26.0	28.2
	600	kg/m	12.6	15.3	25.3	30.8	33.5
	900	kg/m	18.2	22.5	36.7	45.4	49.7
水容量	300	L/m	3.5		7.0		
	400	L/m	4.5		8.8		
	500	L/m	5.3		10.6		
	600	L/m	6.3		12.6		
	900	L/m	9.5		19.0		
工作压力		MPa	≤6				
试验压力		MPa	≤9				
标准散热量		W	889	1077	1521	1893	2008

注:标准散热量为长度 970mm、高度 600mm 时的热量。

4. 钢制板型和柱型散热器

见图 3-32 及表 3-24、表 3-25。

钢制板型散热器技术性能　　表 3-24

项目	单位	GBI-S/H_1-P　GBI-D/H_1-P				
H	mm	380	480	580	680	980
H_1	mm	300	400	500	600	900
H_2	mm	130	230	330	430	730
B	mm	50				

续表

项目		单位	GBI-S/H_1-P		GBI-D/H_1-P		
L		mm	600-1800(200进位)				
重量		kg/m					
水容量		L/m					
工作压力(MPa)	1.2～1.3mm板厚		<100℃:0.6		100～150℃:0.46		
	1.4～1.5mm板厚		<100℃:0.8		100～150℃:0.7		
试验压力(MPa)	1.2～1.3mm板厚		0.9				
	1.4～1.5mm板厚		1.2				
标准散热量		W/m	680	825	970	1113	1532

注:本表按 JGJ 29.2—86 钢制板型散器编制。

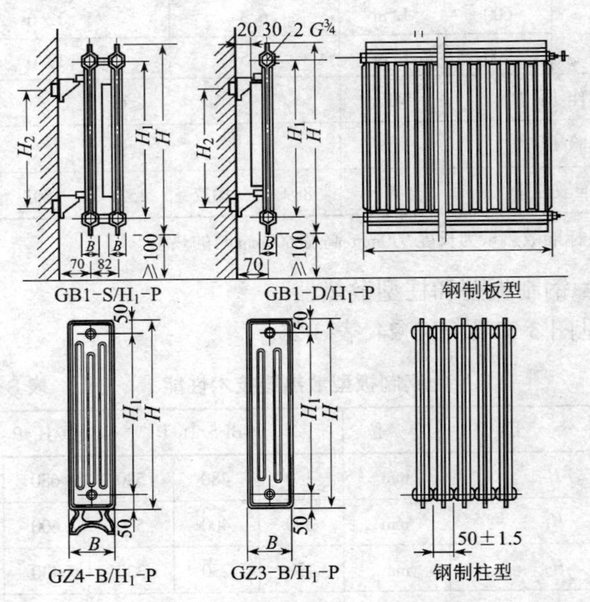

图 3-32　钢制板型和柱型散热器

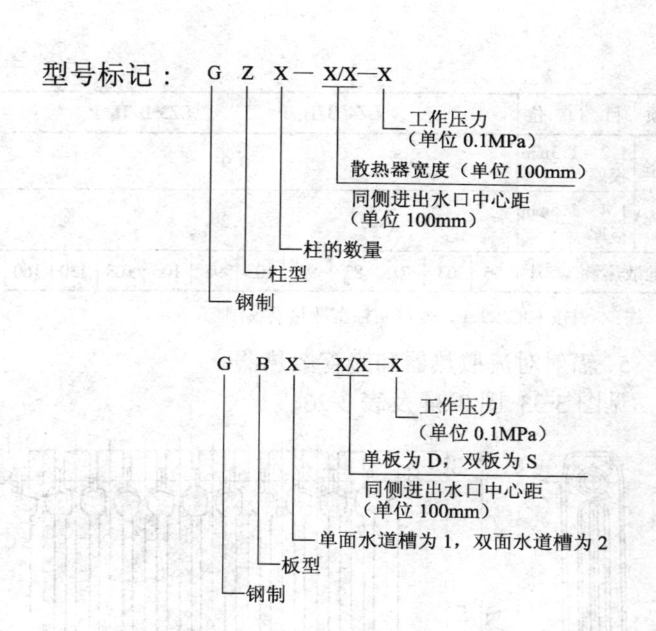

钢制柱型散热器技术性能 表 3-25

项目	单位	$GZ4\text{-}B/H_1\text{-}P$						$GZ3\text{-}B/H_1\text{-}P$					
H	mm	400			600			700			1000		
H_1	mm	300			500			600			900		
B	mm	120	140	160	120	140	160	120	140	160	120	140	160
重量	kg/m	1.26	1.48	1.7	2	2.33	2.66	2.33	2.74	3.08	3.4	4.5	5.6
水容量	L/m	0.68	0.76	0.86	1.0	1.16	1.26	1.1	1.22	1.39	1.94	2.45	3.07
工作压力（MPa）	1.2～1.3mm 板厚	≤100℃：0.6　100～150℃：0.46											
	1.4～1.5mm 板厚	≤100℃：0.8　100～150℃：0.7											

续表

项目		单位	GZ4-B/H_1-P						GZ3-B/H_1-P					
试验压力(MPa)	1.2～1.3mm板厚		0.9											
	1.4～1.5mm板厚		1.2											
标准散热量		W/片	56	63	71	83	93	103	95	106	108	130	160	189

注:本表按 GJG 29.1—86 钢制柱型散热器编制。

5. 辐射对流散热器和光管散热器

见图 3-33、图 3-34 及表 3-26。

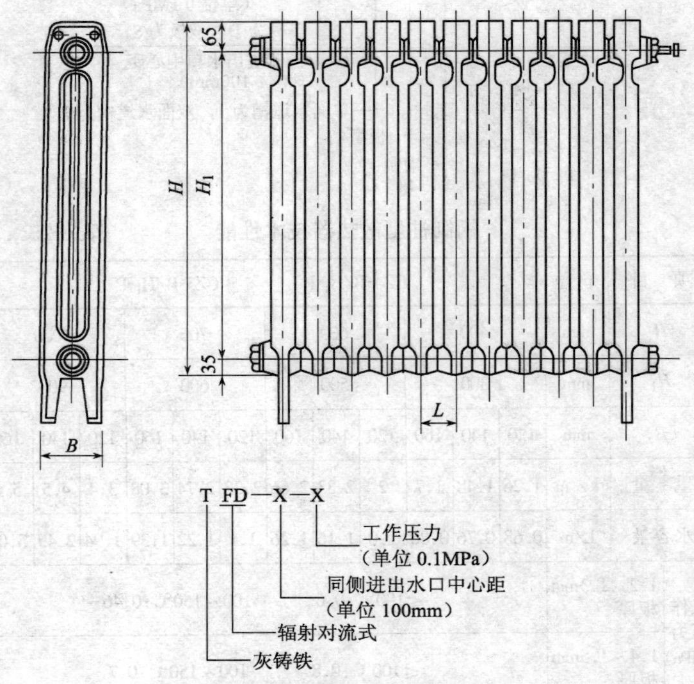

图 3-33　TFD 型辐射对流散热器(一)

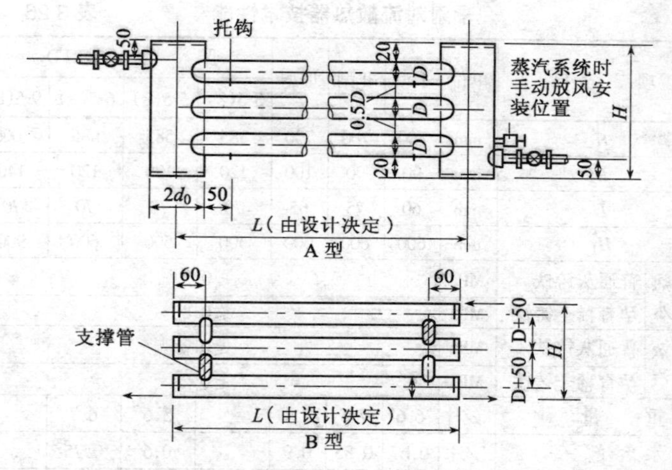

图 3-33　TFD 型辐射对流散热器(二)

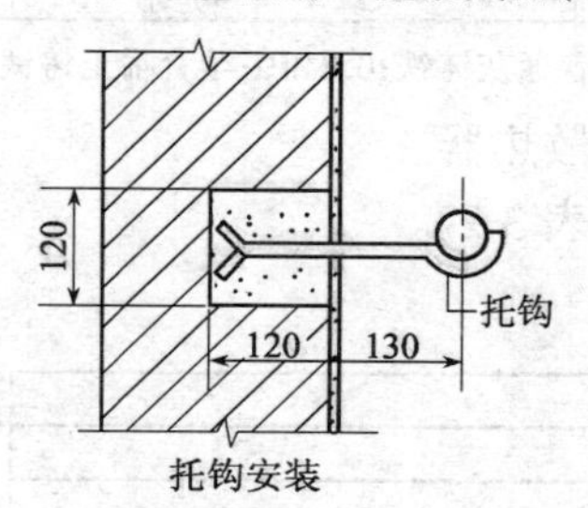

光管散热器尺寸

型　式 \ 管径 / 排数		D76×3.5		D89×3.5		D108×4		D133×4	
		三排	四排	三排	四排	三排	四排	三排	四排
H	A　型	344	458	396	530	472	634	572	772
	B　型	328	454	367	506	424	582	499	682

L:2000,2500,3000,3500,4000,4500,5000,5500,6000 共 9 种。

注:①A 型用于蒸汽热煤。连接:可在散热器的同侧或异侧,最好选用异侧。

②B 型用于热水热媒。连接:三排者异侧,四排者同侧。

图 3-34　光管散热器托钩安装及尺寸

辐射对流散热器技术性能　　　　表 3-26

项目			单位	Ⅰ型	Ⅱ型	Ⅲ型	Ⅳ型（TFD_2）			
							3-5(8)	5-5(8)	6-5(8)	9-5(8)
H			mm	700	700	700	385	585	685	1000
B			mm	90	90	100	120	120	120	140
L			mm	60	75	65	70	70	70	70
H_1			mm	600	600	600	300	500	600	900
工作压力	热水	普通灰铸铁	MPa	≤0.5						
		孕育稀土铸铁	MPa	≤0.8						
	蒸汽	普通灰铸铁	MPa	≤0.2						
		孕育稀土铸铁	MPa	≤0.2						
重量			kg/片	6.6	7.5	7.1		5.6	6.7	
水容量			L/片	0.67	0.85	0.9		0.6	0.75	
标准散热量			W/片	132	163	152		140	162	

注:试验压力——普通灰铸铁:0.8MPa;孕育稀土铸铁:1.2MPa。

6. 钢制扁管散热器

见图 3-35 及表 3-27。

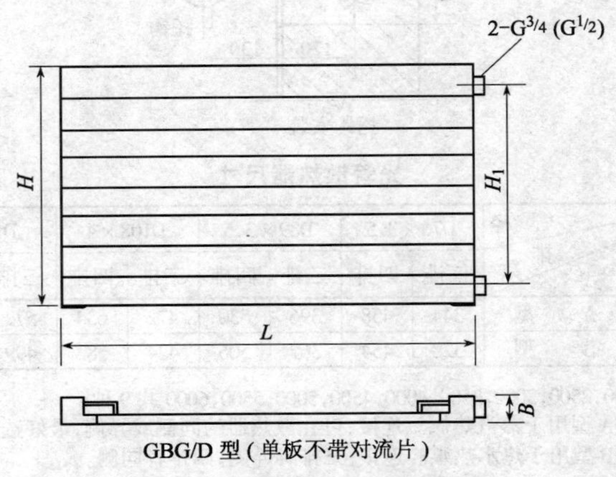

GBG/D 型(单板不带对流片)

图 3-35　钢制扁管散热器(一)

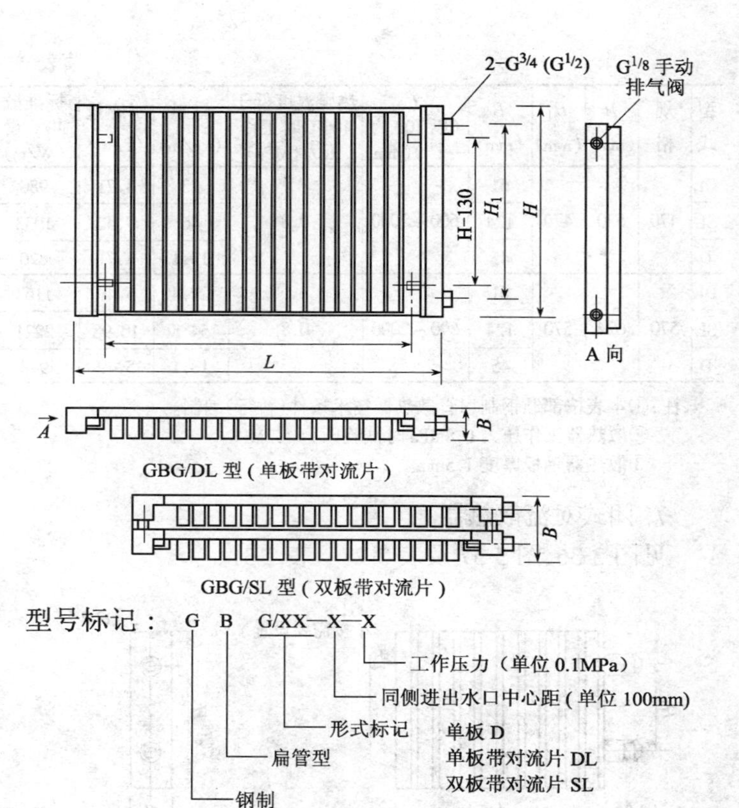

图 3-35　钢制扁管散热器(二)

钢制扁管散热器规格及技术性能　　表 3-27

型式	规格	H (mm)	H_1 (mm)	B (mm)	L (以 100 为一档)(mm)	热媒温度低于100℃时工作压力(MPa)	重量 (kg/m)	水容量 (L/m)	标准散热量 (W/m)
DL	360	416	360	61	600 ~ 2000	0.8	17.5	3.76	915
SL				124			35.0	7.52	1649
D				45			12.1	3.76	596

续表

型式	规格	H (mm)	H_1 (mm)	B (mm)	L (以100为一档)(mm)	热媒温度低于100℃时工作压力(MPa)	重量(kg/m)	水容量(L/m)	标准散热量(W/m)
DL	470	520	470	61	600~2000	0.8	23	4.71	980
SL				124			46	9.42	1933
D				45			15.1	4.71	820
DL	570	624	570	61	600~2000	0.8	27.4	5.49	1163
SL				124			54.8	10.98	2221
D				45			18.1	5.49	978

注:①本表按部颁钢制扁管散热器技术条件(暂行)编制。

②散热器工作压力 0.8MPa 时试验压力 1.2MPa。

③散热器钢板厚度 1.5mm。

7. 闭式对流散热器

见图 3-36、图 3-37 及表 3-28~表 3-31。

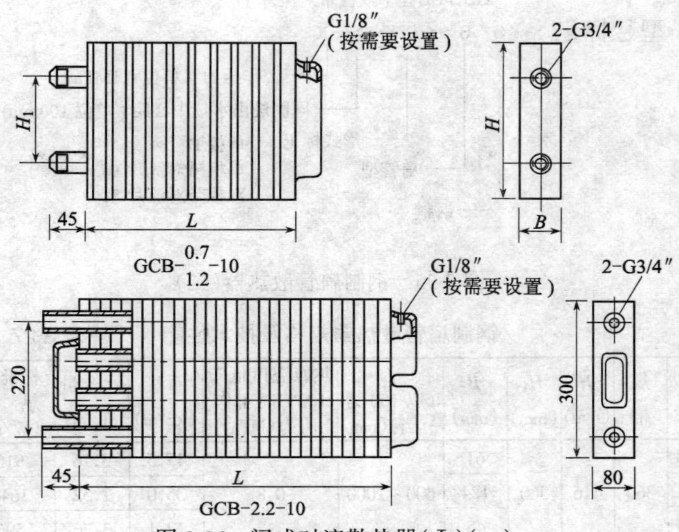

图 3-36 闭式对流散热器(Ⅰ)(一)

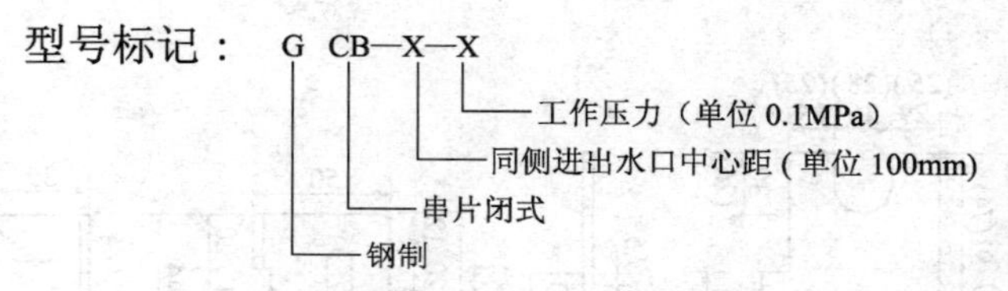

图 3-36　闭式对流散热器（Ⅰ）（二）

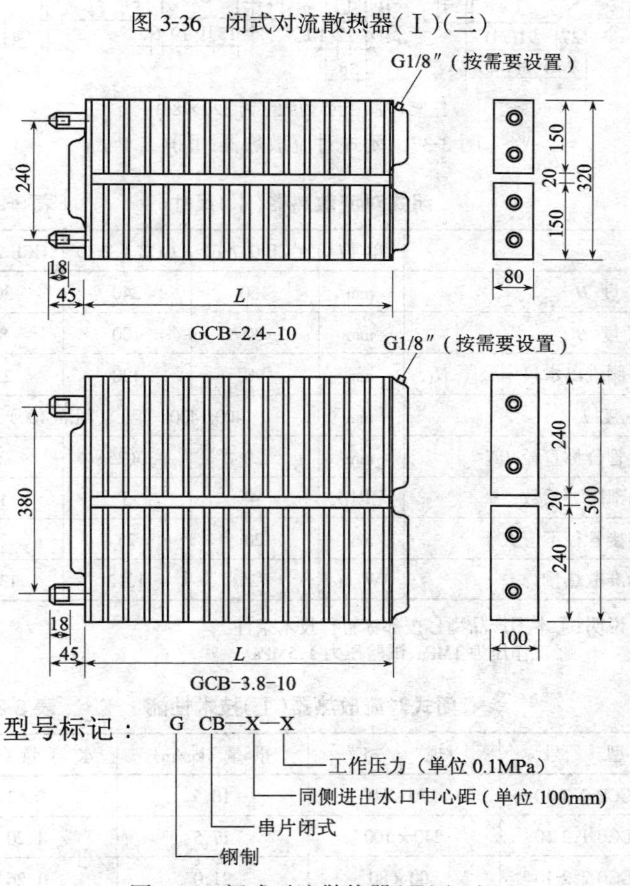

图 3-37　闭式对流散热器（Ⅱ）（一）

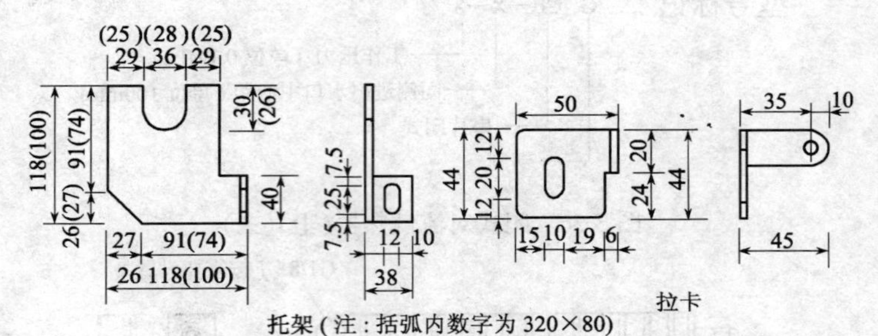

托架(注:括弧内数字为320×80)

图 3-37 闭式对流散热器(Ⅱ)(二)

闭式对流散热器(Ⅰ)尺寸　　　表 3-28

	单 位	GCB-0.7-10	GCB-1.2-10	GCB-2.2-10
高 度 H	mm	150	240	300
宽 度 B	mm	80	100	80
同侧进出水口中心距 H_1	mm	70	120	220
长 度 L	mm	400-1400	(间隔 100)	
接管公称直径 DN	mm	20	20(25)	20
局部阻力系数	无因次	4	5	12
连接管径不应大于	mm	20	25	20
标准散热量	W/m	726	1012	1396

说明:①本图产品型号按部标暂行技术条件。
　　②工作压力 1MPa、试验压力 1.5MPa。

闭式对流散热器(Ⅰ)技术性能　　　表 3-29

型　号	规　格	重 量(kg/m)	水 容 量(L/m)
GCB-0.7-10	150×80	10.5	0.63
GCB-1.2-10	240×100	17.5	1.20
GCB-2.2-10	300×80	21.0	1.26

闭式对流散热器(Ⅱ)尺寸　　表 3-30

	单位	GCB-2.4-10	GCB-3.8-10
高　度	mm	320	500
宽　度	mm	80	100
同侧进出水口中心距	mm	240	380
长度(*L*)	mm	400~1400	间隔(100)
接管公称直径(*DN*)	mm	20	25
局部阻力系数	无因次		
连接管径不应大于	mm	20	25

说明:工作压力 1MPa、试验压力 1.5MPa。

闭式对流散热器(Ⅱ)技术性能　　表 3-31

型　号	规　格	重量(kg/m)	水容量(L/m)
GCB-2.4-10	320×80	21	1.26
GCB-3.8-10	500×100	35	2.94

3.2.2 管材及管件

见给水工程材料之“管材及管件”一节(3.1.1)。

3.2.3 阀门

1. 闸阀

见图 3-38。

(1)其他名称:

内螺纹暗杆楔式单闸板闸阀——闸门阀、水门、闸掣;

暗杆楔式单闸板闸阀——法兰旋转杆闸门阀、法兰闸门阀、法兰水门、法兰闸掣;

明杆平行式双闸板闸阀——法兰升降杆式闸门阀。

(2)用途:装于管路上作启闭(主要是全开、全关)管路及设备中介质用，其特点是介质通过时阻力很小。其中暗杆闸阀的阀杆不作升降运动，适用于高度受限制的地方；明杆闸阀的阀杆作升降运动，只能用于高度不受限制的地方。

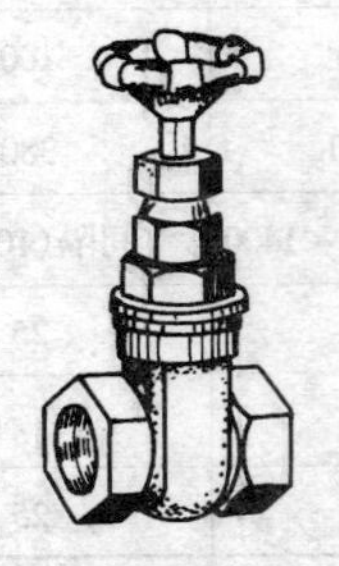
内螺纹连接

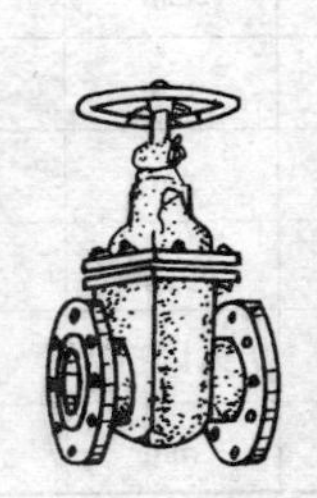
法兰连接

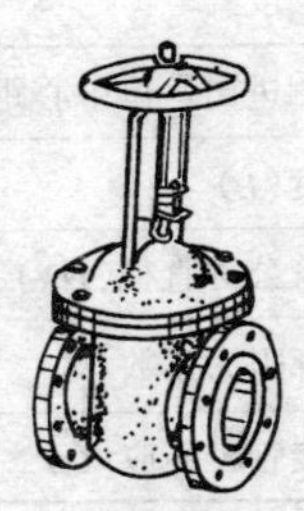
法兰连接

图 3-38 闸阀

（3）规格：见表 3-32。

闸 阀 规 格　　表 3-32

型　号	阀体材料	密封面材　料	适用介质	适用温度（℃），小于等于	公称压力 PN（MPa）	公称通径 DN（mm）
内 螺 纹 暗 杆 楔 式 闸 阀						
Z15W-10T	铜合金	铜合金	水	100	1	15～80
Z15T-10	灰铸铁	铜合金	水	100	1	15～80
Z15T-10K	可锻铸铁	铜合金	水	100	1	15～80
Z15W-10	灰铸铁	灰铸铁	煤气、油品	100	1	15～65
Z15W-10K	可锻铸铁	可锻铸铁	煤气、油品	100	1	15～80
暗 杆 楔 式 闸 阀 （JB 309—75）						
Z45W-10	灰铸铁	灰铸铁	煤气、油品	100	1	50～700
Z45T-10	灰铸铁	铜合金	水	100	1	50～700

续表

型　号	阀体材料	密封面材　料	适用介质	适用温度（℃），小于等于	公称压力 *PN*（MPa）	公称通径 *DN*（mm）
楔　式　闸　阀						
Z41W-10	灰铸铁	灰铸铁	煤气、油品	100	1	50～400
Z41T10	灰铸铁	铜合金	水、蒸汽	200	1	50～400
平行式双闸板闸阀（JB 309—75）						
Z44W-10	灰铸铁	灰铸铁	煤气、油品	100	1	40～200
Z44T-10	灰铸铁	铜合金	水、蒸汽	200	1	40～200

注：公称通径系列 *DN*（mm）：15，20，25，32，40，50，65，80，100，125，150，200，250，300，350，400，450，500，600，700。

2. 疏水阀

见图 3-39。

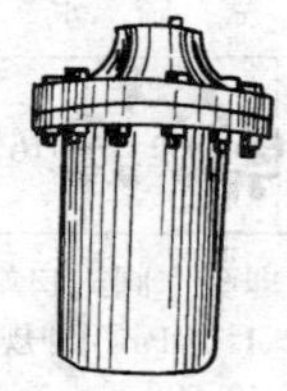

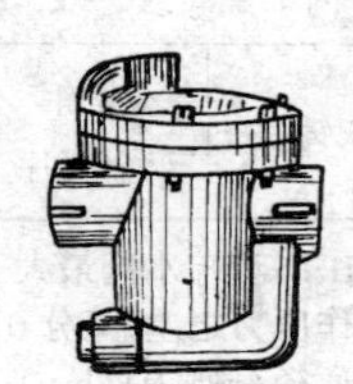

（*a*）内螺纹钟形浮子式

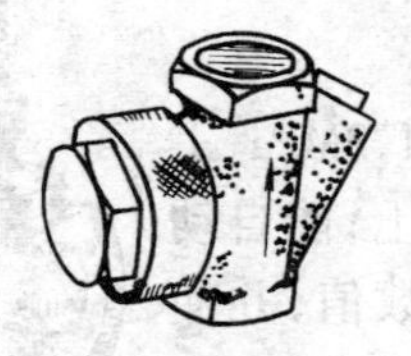

（*b*）内螺纹热动力式

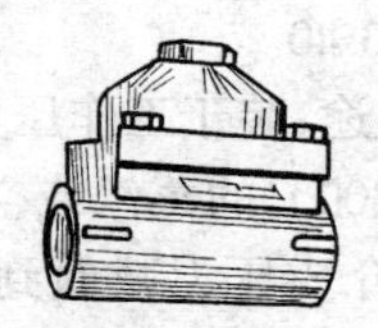

（*c*）内螺纹双金属片式

图 3-39　疏水阀

(1)其他名称：自动蒸汽疏水阀、疏水器、阻汽排水器、冷凝排液器、隔汽具、曲老浦。

(2)用途：装于蒸汽管路或加热器、散热器等蒸汽设备上，能自动排除管路或设备中的冷凝水，并能防止蒸汽泄漏。

(3)规格：见表 3-33。

疏水阀规格　　表 3-33

型号	阀体材料	密封面材料	适用介质	适用温度(℃)，小于等于	公称压力 *PN*(MPa)	公称通径 *DN*(mm)
内螺纹钟形浮子式疏水阀						
CS15H-16	灰铸铁	不锈钢	冷凝水	200	1.6	15～50
内螺纹热动力式疏水阀						
S19H-16	灰铸铁	不锈钢	冷凝水	200	16(1.6)	15～50
内螺纹双金属片式疏水阀						
S17H-16	灰铸铁	不锈钢 双金属片	冷凝片	200	16(1.6)	15～25

注：①CS15H-16 型疏水阀最大工作压力差(即疏水阀进口端与出口端两端介质工作压力之差)又分 0.35、0.85、1.2、1.6MPa 四种规格。
②公称通径系列 *DN*(mm)：15,20,25,32,40,50。

3. 活塞式减压阀(Y43H-16Q 型)

见图 3-40。

(1)用途：装于工作压力 $P_{30} \leqslant 1.3$MPa、工作温度≤300℃的蒸汽或空气管路上，能自动将管路内介质压力减低到规定的数值，并使之保持不变。

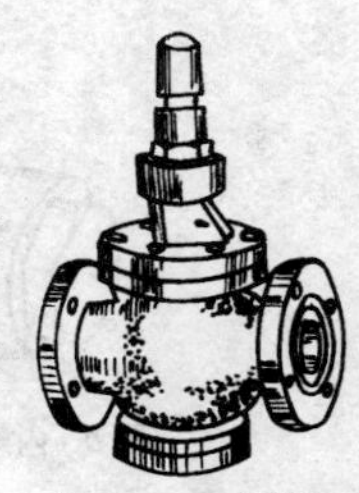

图 3-40　活塞式减压阀

(2)规格：

阀体材料:球墨铸铁。

密封面材料:不锈钢。

公称压力:1.6MPa。

公称通径系列 DN(mm):20,25,32,40,50,65,80,100,125,150。

每种尺寸的活塞式减压阀,备有 1~3、2~8及 7~11、0.1~0.3、0.2~0.8 及0.7~1.1MPa 三种弹簧来调节各种减压压力,可依需要选择,但阀的进口压力与出口压力之差应≥0.15MPa。

4. 暖气直角式截止阀

见图 3-41。

(1)其他名称:汽包汽门、汽带阀、八字门。

(2)用途:装于室内暖气设备(散热器)上,作为开关及调节流量设备。

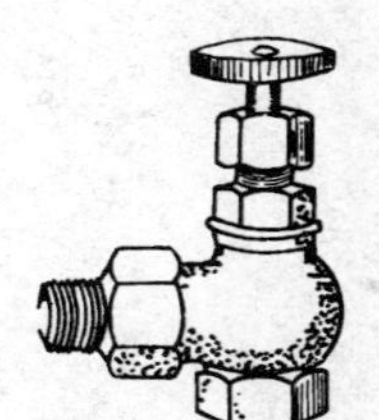

图 3-41 暖气直角式截止阀

(3)规格:

阀代号:JN。

阀体材料:灰铸铁、可锻铸铁、铜合金。

适用温度:≤225℃。

公称压力:1MPa。

公称通径系列 DN(mm):15,20,25。

3.3 卫生工程材料

3.3.1 排水管件

1. 铸铁排水管件

见图 3-42~图 3-50 及表 3-34~表 3-78。

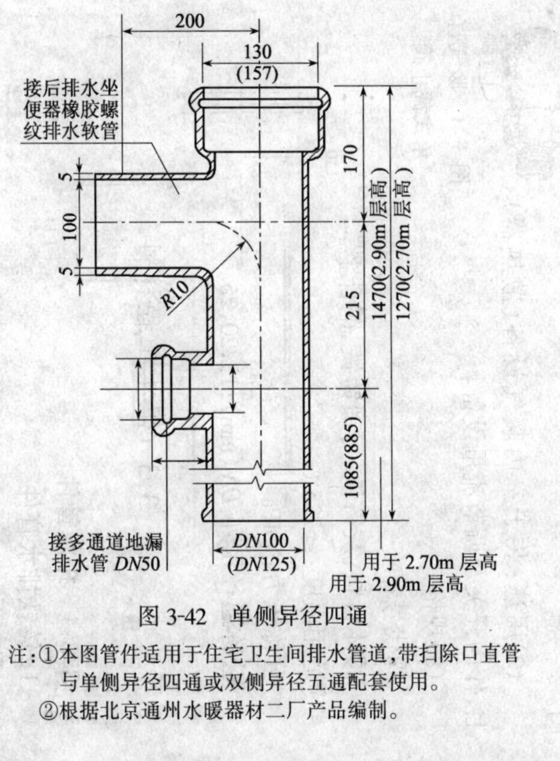

图 3-42　单侧异径四通

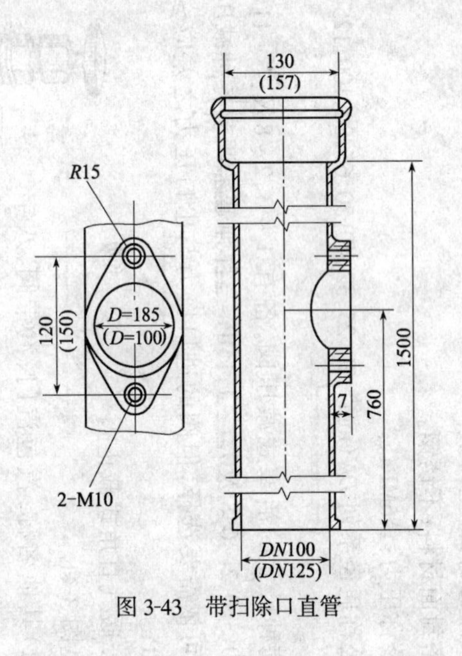

图 3-43　带扫除口直管

注:①本图管件适用于住宅卫生间排水管道,带扫除口直管与单侧异径四通或双侧异径五通配套使用。

②根据北京通州水暖器材二厂产品编制。

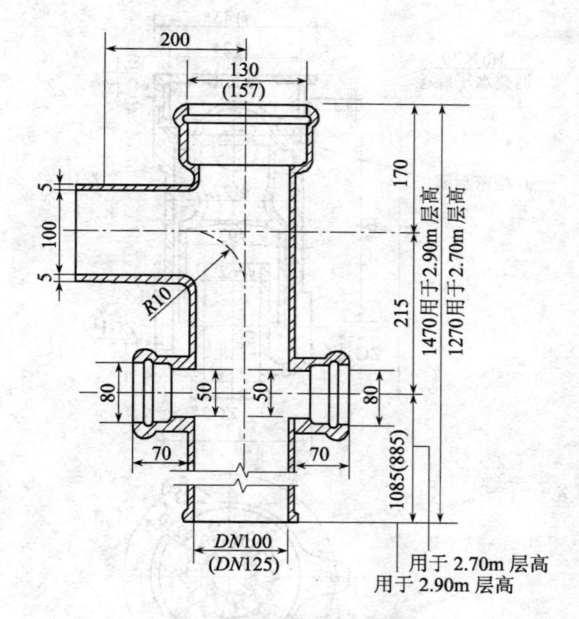

图 3-44　双侧异径五通

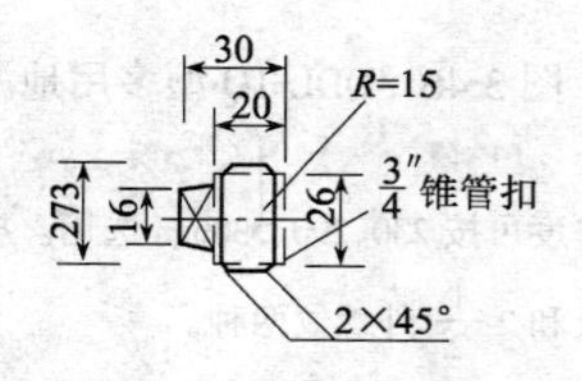

图 3-45　铜制丝堵

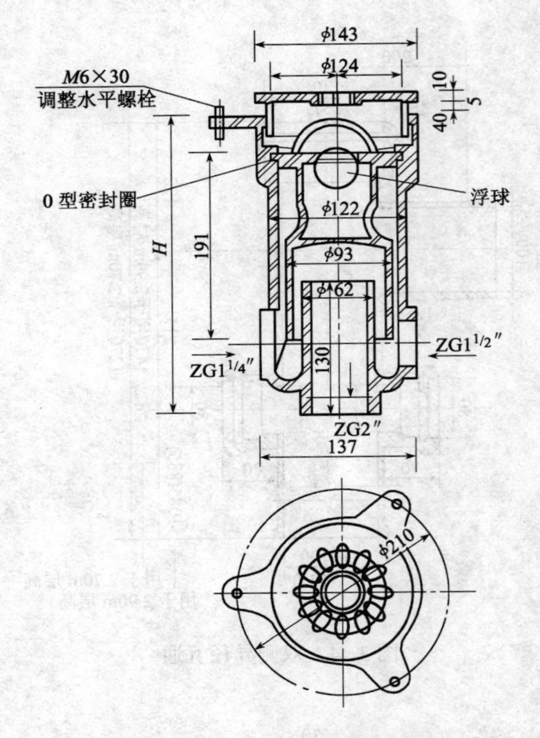

图 3-46　DDL-TQ 型多用地漏

注：*H* 根据楼板厚度可按 230、290、330mm 选用。接管在楼板下。地漏排水口有 2″内螺纹和 2 $\frac{1}{2}$″外螺纹两种。

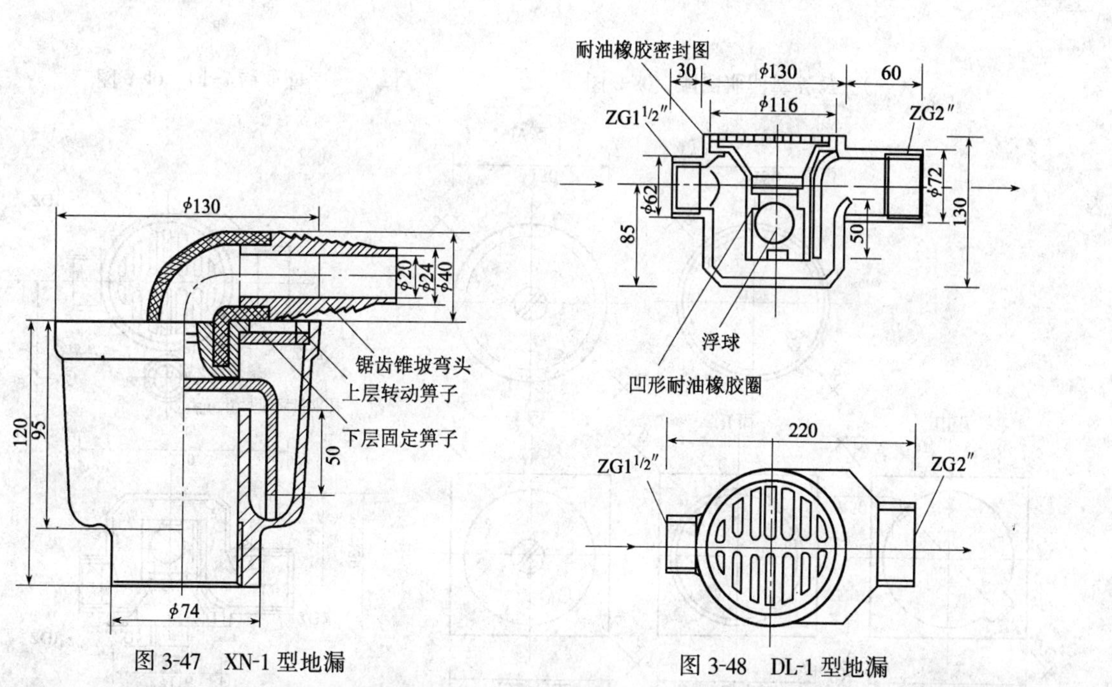

图 3-47　XN-1 型地漏

图 3-48　DL-1 型地漏

注:DL 型系列地漏用于普通住宅卫生间板上接管,排水支管在板上地面垫层内与安装在垫层内的地漏相接。垫层厚 160 ~ 170mm,DL-2 型有左、右出水两种。

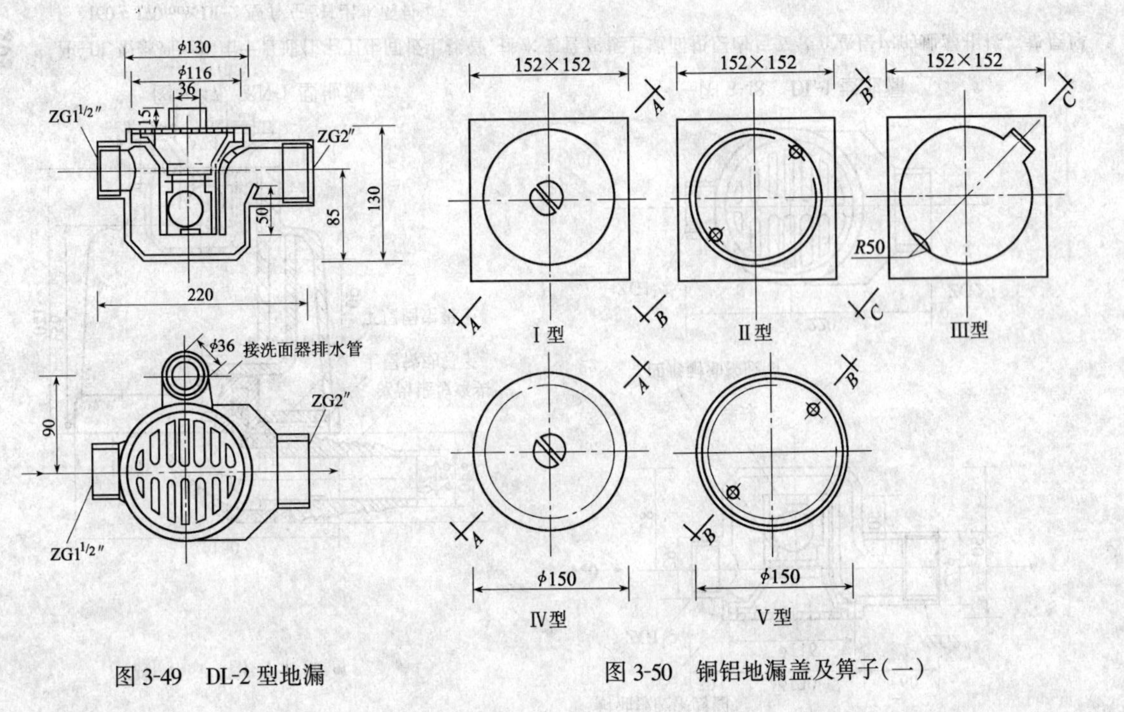

图 3-49　DL-2 型地漏

图 3-50　铜铝地漏盖及箅子(一)

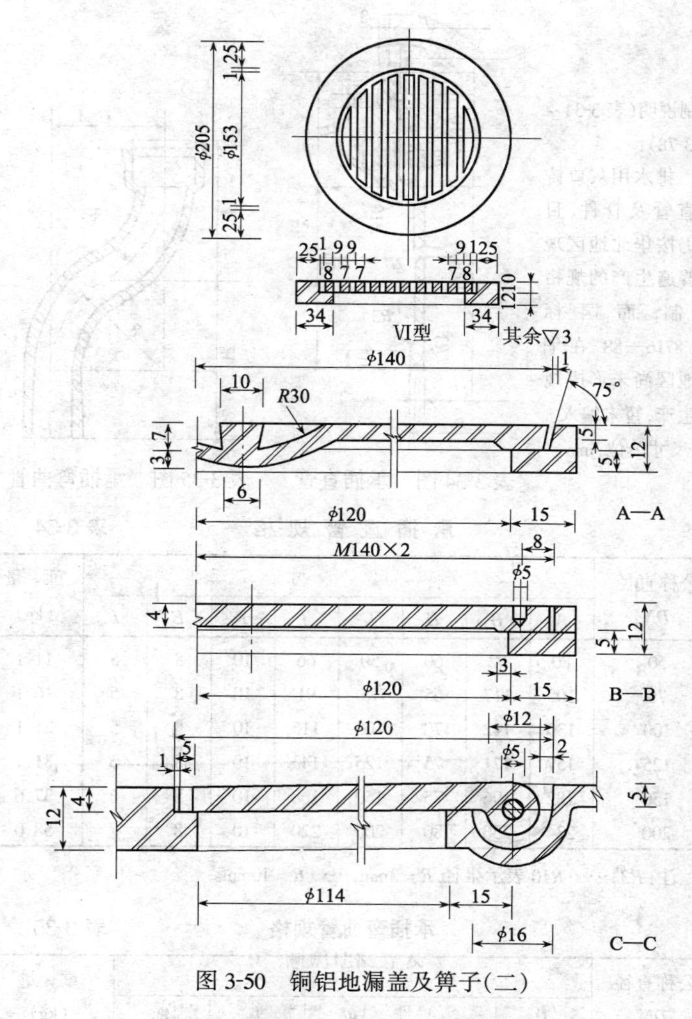

图 3-50　铜铝地漏盖及箅子(二)

说明:①地漏盖、地漏箅子均与 *DN*50 地漏配套。
②材质:铜或铝合金。
③尺寸单位(mm)。

编制说明(表 3-34～表 3-78):

排水用灰口铸铁直管及管件,目前仍按华北地区现在普遍生产的规格编制,而国标 GB 8716—88,在华北地区尚未形成规模生产,暂未编入。

尺寸单位:mm

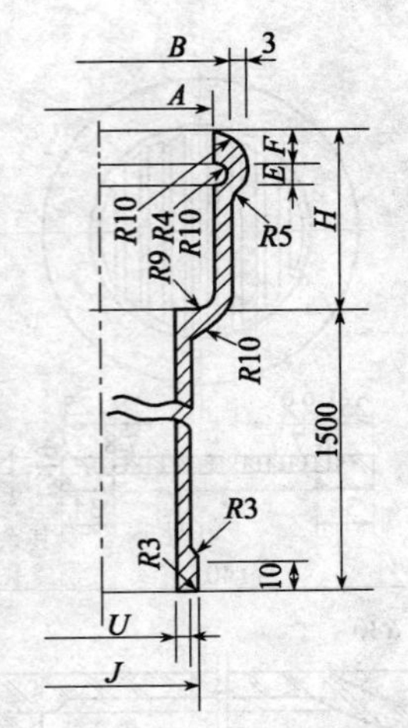

表 3-34 图 承插直管

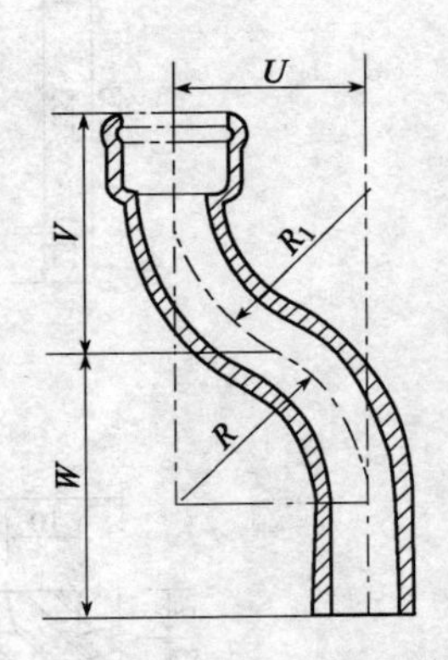

表 3-35 图 承插弯曲管

承插直管规格 表 3-34

公称直径 DN	尺寸								重量 (kg)
	A	B	H	U	J	F	E	L	
50	80	92	60	50	66	10	8	5	11.1
75	105	117	65	75	91	10	8	5	16.1
100	130	142	70	100	116	10	8	5	21.1
125	157	171	75	125	143	10	8	6	31.7
150	182	196	75	150	168	10	8	6	37.6
200	234	250	80	200	220	10	8	7	58.0

注:$R3$,……$R10$ 表示半径 $R = 3$mm,……$R = 10$mm。

承插弯曲管规格 表 3-35

公称直径 DN	尺寸					重量 (kg)
	U	V	W	R	R_1	
75	140	205	205	140	140	5.1

续表

公称直径 DN	尺寸					重量 (kg)
	U	V	W	R	R_1	
100	140	210	210	140	140	6.8
125	150	225	225	150	150	10.8
150	150	225	225	150	150	12.8
200	160	240	240	160	160	19.7

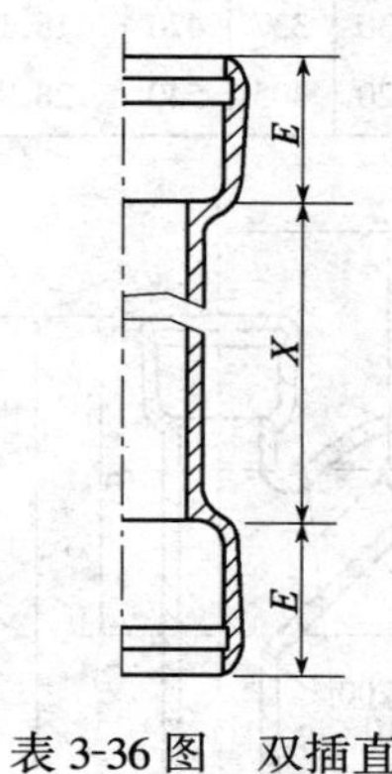

表 3-36 图　双插直管

双插直管规格　　表 3-36

公称直径 DN	尺寸		重量 (kg)
	X	E	
50	1500	60	12.1
75	1500	65	17.8
100	1500	70	22.9
125	1500	75	33.2
150	1500	75	40.6
200	1500	80	62.2

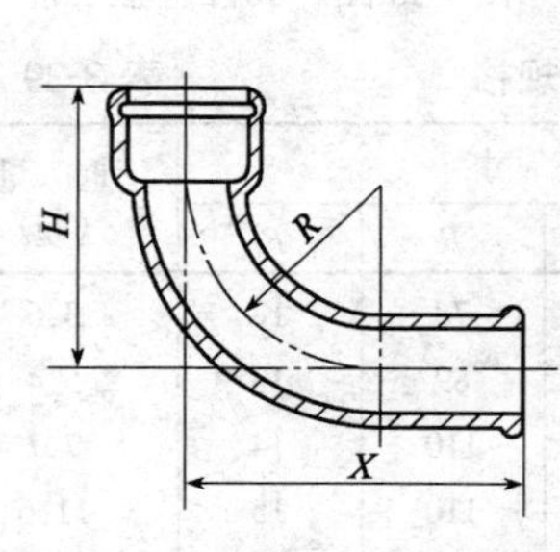

表 3-37 图　90°弯头

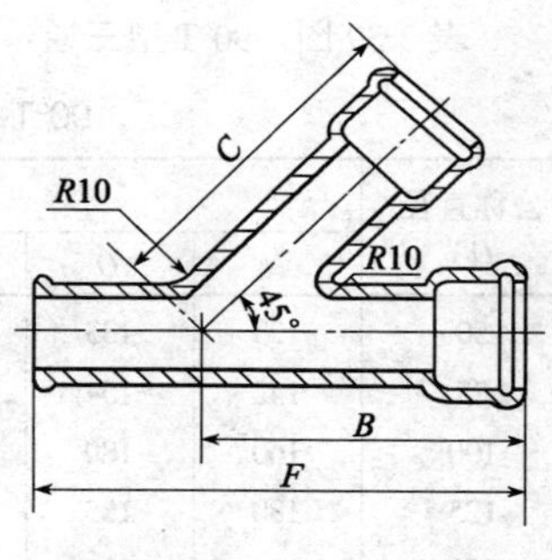

表 3-38 图　45°Y 型三通

90°弯头规格　　表 3-37

公称直径 DN	尺寸			重量 (kg)
	H	*X*	*R*	
50	165	175	105	2.6
75	182	187	117	3.8
100	200	210	130	5.4
125	217	222	142	8.4
150	230	235	155	10.4
200	260	270	180	17.6

45°Y 型三通规格　　表 3-38

公称直径 DN	尺寸			重量 (kg)
	C	*B*	*F*	
50	190	190	290	4.1
75	210	210	338	6.0
100	250	250	388	8.7
125	295	300	420	13.5
150	330	337	470	18.1
200	420	405	540	28.9

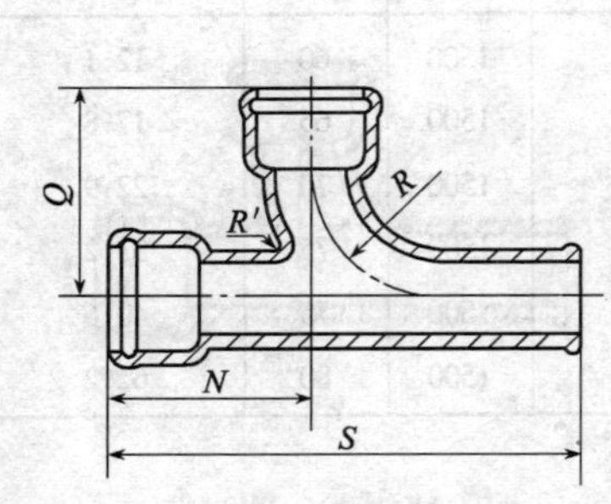

表 3-39 图　90°T 型三通

表 3-40 图　90°TY 型三通

90°T 型三通规格　　表 3-39

公称直径 DN	尺寸					重量 (kg)
	N	*Q*	*S*	*R*	*R′*	
50	123	133	290	78	12	3.6
75	142	154	302	89	13	5.4
100	160	180	355	110	14	7.7
125	180	185	380	110	15	11.6
150	193	200	408	125	15	14.2
200	220	230	500	150	15	24.4

90°TY 型三通规格 表 3-40

公称直径 DN	尺寸						重量 (kg)
	J	*P*	*X*	*B*	*F*	*R*	
50	170	85	85	170	260	60	4.0
75	235	115	115	235	340	85	6.7
100	273	127	147	273	390	100	9.8
125	306	133	173	306	430	127	15.6
150	338	138	200	338	473	127	19.8
200	373	145	215	373	550	140	30.9

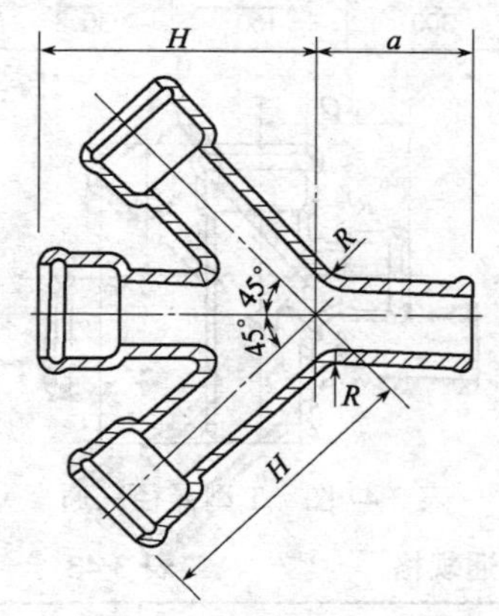

表 3-41 图 斜四通

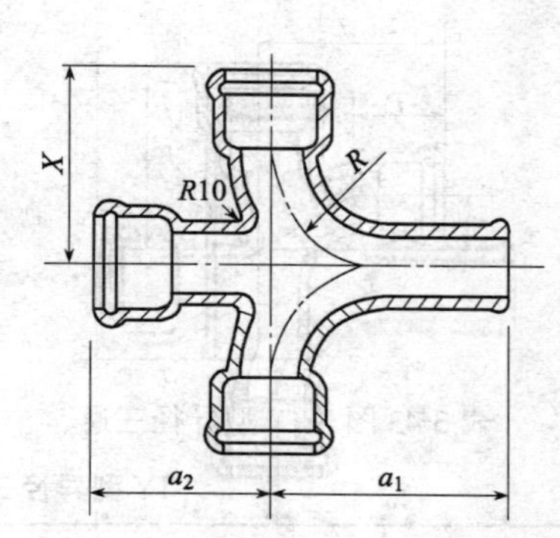

表 3-42 图 正四通

斜 四 通 规 格 表 3-41

公称直径 DN	尺寸				重量 (kg)
	H	*H'*	*a*	*R*	
50	190	185	105	10	5.1
75	210	210	110	10	8.1
100	254	254	125	10	11.6
125	286	286	140	10	18.6
150	315	315	150	10	22.9
200	385	385	160	10	37.8

正 四 通 规 格　　表 3-42

公称直径 DN	尺寸				重量 (kg)
	X	a_2	a_1	R	
50	140	125	150	80	5.0
75	162	138	177	97	7.3
100	175	156	190	105	9.9
125	197	172	222	122	15.3
150	207	182	232	132	18.2
200	240	215	300	160	30.8

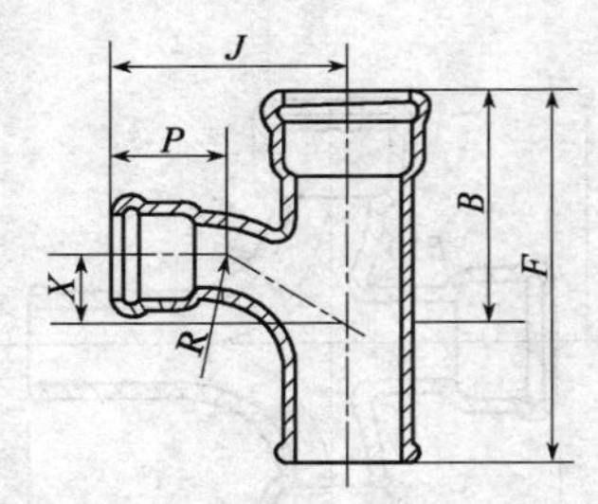

表 3-43 图　TY 型异径三通

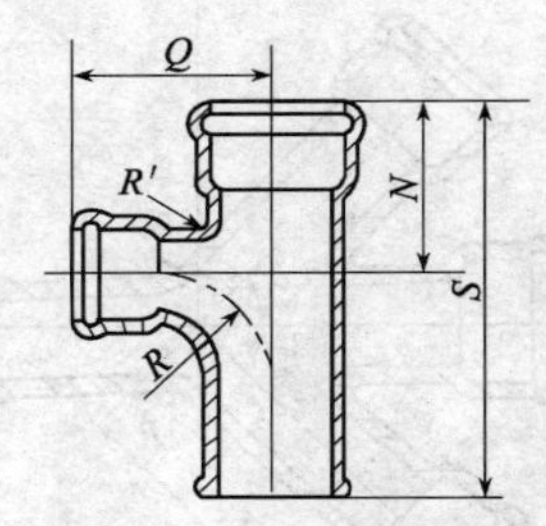

表 3-44 图　T 型异径三通

TY 型异径三通规格　　表 3-43

公称直径 DN	尺寸						重量 (kg)
	J	P	X	B	F	R	
75×50	170	85	55	170	285	60	4.9
100×50	235	85	150	235	340	60	7.2
125×50	273	85	188	273	390	60	10.8
150×50	306	85	221	306	430	60	13.5
100×75	273	115	158	273	375	85	8.3
125×75	274	115	159	274	380	85	10.8
150×70	306	115	191	306	430	85	14.3
125×100	274	127	147	274	390	100	12.3
150×100	306	127	173	306	430	100	15.1
150×125	306	133	173	306	430	121	17.3

T型异径三通规格 表 3-44

公称直径 DN	尺寸 N	Q	S	R	R′	重量 (kg)
75 × 50	123	140	300	80	12	4.8
100 × 50	125	170	325	110	13	6.3
125 × 50	140	175	350	110	14	9.1
150 × 50	140	185	380	125	15	11.2
100 × 75	147	175	325	100	14	6.8
125 × 75	152	175	355	110	14	9.7
150 × 75	152	190	380	125	15	11.7
100 × 100	165	180	380	110	15	10.7
125 × 100	165	195	380	125	15	12.2
150 × 125	177	200	380	125	15	13.1

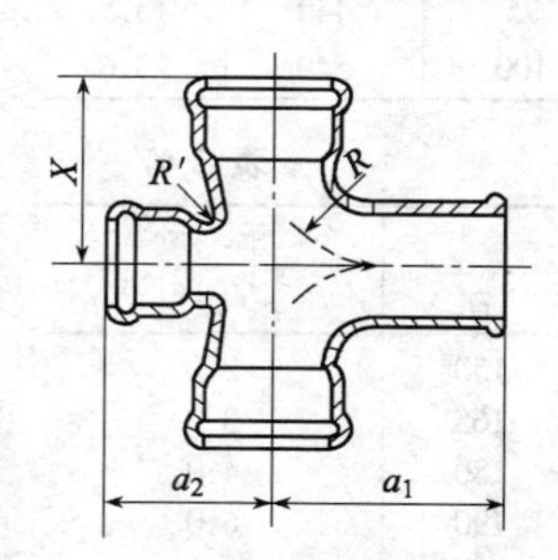

表 3-45 图 异径四通

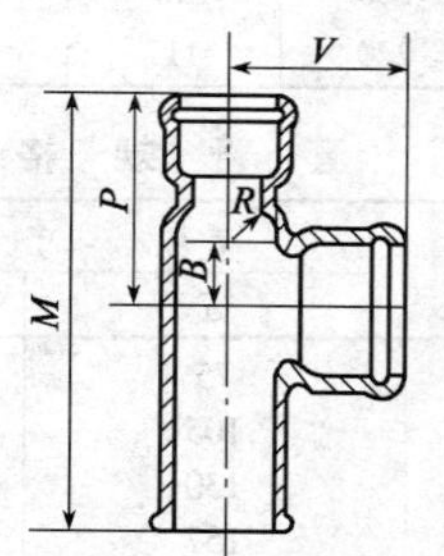

表 3-46 图 T形瓶口三通

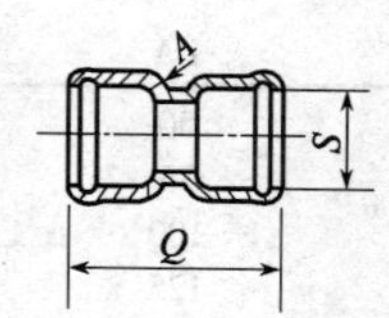

表 3-47 图 套管

异 径 四 通 规 格 表 3-45

公称直径 DN	尺寸 X	a_2	a_1	R′	R	重量 (kg)
75 × 50	140	123	177	12	80	6.0
100 × 50	170	125	200	13	110	7.7
125 × 50	175	140	210	14	110	10.4
150 × 50	185	140	240	15	125	12.4
100 × 75	175	147	178	14	100	8.5
125 × 75	175	152	203	14	110	11.2
150 × 75	190	152	228	15	125	13.2

续表

公称直径 DN	尺寸					重量 (kg)
	X	a_2	a_1	R'	R	
125×100	180	165	215	15	110	13.0
150×100	185	165	215	15	125	14.2
150×125	200	177	203	15	125	16.2
200×50	210	177	225	15	150	18.9

T形瓶口三通规格 **表 3-46**

公称直径 DN	尺寸					重量 (kg)
	P	V	B	R	M	
75×50	160	130	52	37.5	320	5.0
100×50	185	150	60	50	360	6.6
125×75	215	185	77.5	62.5	400	10.7
150×100	238	200	90	75	440	13.5
200×125	294	220	117	100	540	23.6

套管规格 **表 3-47**

公称直径 DN	尺寸		重量 (kg)
	S	Q	
50	75	150	2.2
75	105	165	3.0
100	130	180	4.0
125	157	190	6.0
150	182	190	7.1
200	234	200	10.5
75×50	105×80	155	2.6
100×50	130×80	170	3.4
100×75	130×105	175	3.6
125×50	157×80	185	4.5
125×75	157×105	185	4.8
125×100	157×130	185	5.1
150×100	182×130	185	6.1
150×125	182×157	185	6.6
200×150	234×182	195	9.5

注：A 为拔模斜度 1:125。

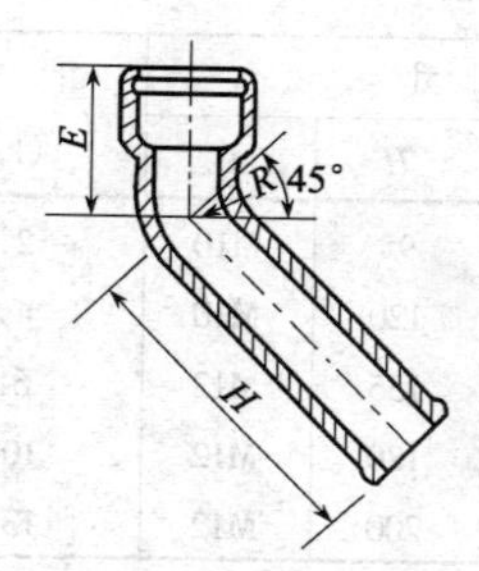

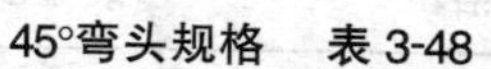
表 3-48 图　45°弯头

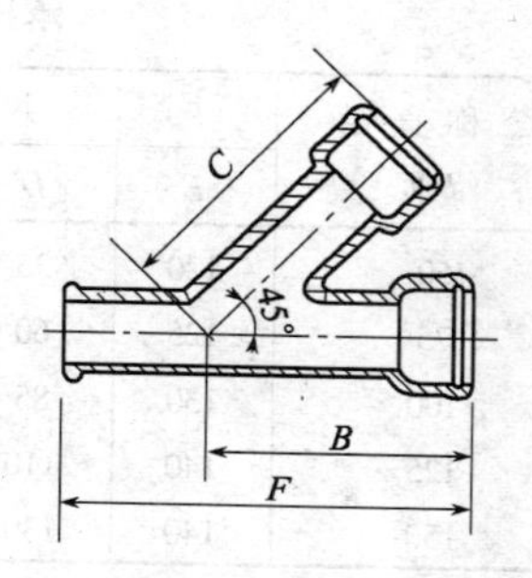

表 3-49 图　Y 型异径三通

45°弯头规格　表 3-48

公称直径 DN	尺寸 E	尺寸 H	尺寸 R	重量 (kg)
50	110	110	80	2.1
75	121	120	90	3.1
100	130	130	100	4.2
125	138	130	110	6.3
150	140	165	125	8.1
200	160	195	140	14.2

Y 型异径三通规格　表 3-49

公称直径 DN	尺寸 C	尺寸 B	尺寸 F	重量 (kg)
75 × 50	200	210	320	5.4
100 × 50	210	240	340	6.6
125 × 50	250	260	380	10.0
150 × 50	280	290	420	12.5
100 × 75	220	240	380	7.7
125 × 75	250	265	390	10.7
150 × 75	280	285	420	13.0
125 × 100	265	285	390	13.3
150 × 100	280	295	430	13.9
150 × 125	295	320	450	15.5

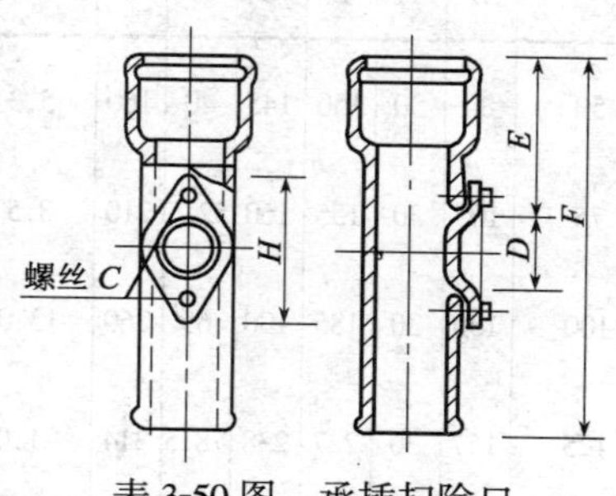

表 3-50 图　承插扫除口

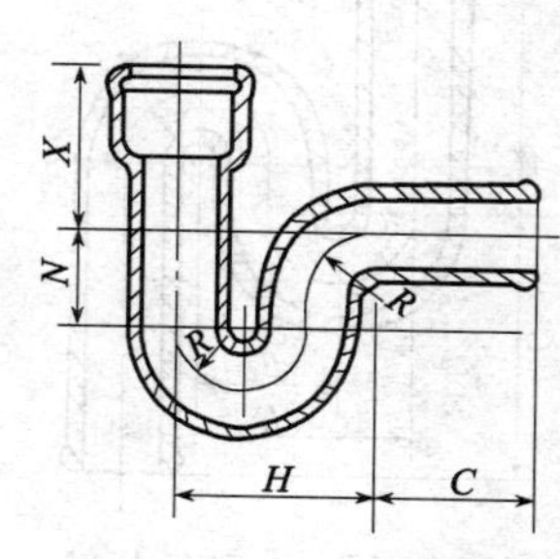

表 3-51 图　P 型存水弯

承插扫除口规格　　表 3-50

公称直径 DN	尺寸 E	D	F	H	C	重量 (kg)
50	120	35	260	95	M10	2.7
75	125	60	340	120	M10	4.6
100	130	85	390	155	M12	6.7
125	140	110	430	180	M12	10.8
150	140	130	470	200	M12	13.7

P 型存水弯规格　　表 3-51

公称直径 DN	尺寸 H	C	N	X	R	重量 (kg)
50	127.5	120	80	120	42.5	4.7
75	165	125	92	137	55	7.6
100	195	195	105	150	65	11.2
125	247.5	135	117	172	82.5	18.9

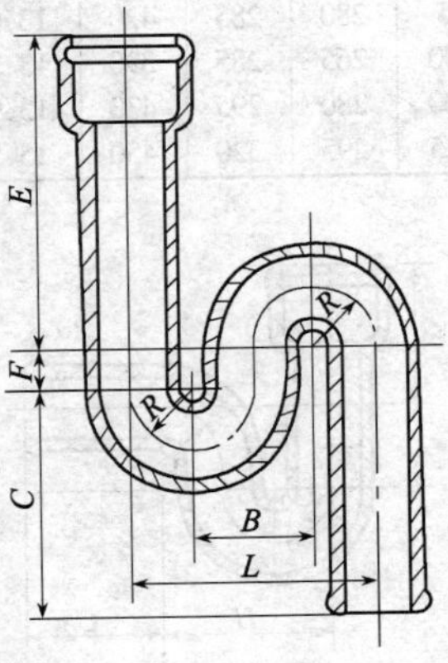

S 型存水弯规格　　表 3-52

公称直径 DN	尺寸 B	F	E	C	R	L	重量 (kg)
50	80	30	150	145	40	160	5.3
75	105	30	155	160	52.5	210	8.5
100	130	30	185	190	65	260	13.0
125	157	30	227	238	78.5	314	21.0

表 3-52 图　S 型存水弯

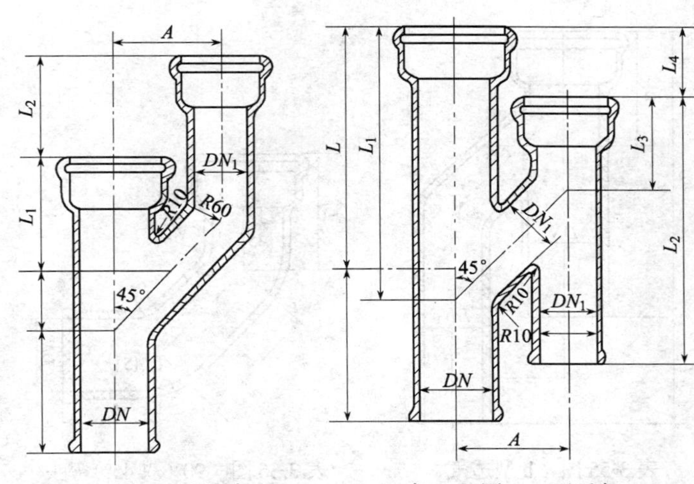

表 3-53 图　Y 型透气　　　　表 3-54 图　H 型透气

Y 型 透 气 规 格　　　　表 3-53

公称直径 DN	DN_1	L	L_1	L_2	A
100	75	420	240	150	150
100	100	440	260	150	190
150	100	480	290	150	240

H 型 透 气 规 格　　　　表 3-54

公称直径 DN	DN_1	L	L_1	L_2	L_3	L_4	A
100	75	550	365	360	120	100	150
100	100	600	365	430	310	100	190
150	100	650	475	430	130	100	240

注:按北京通州水暖器材二厂产品编制。

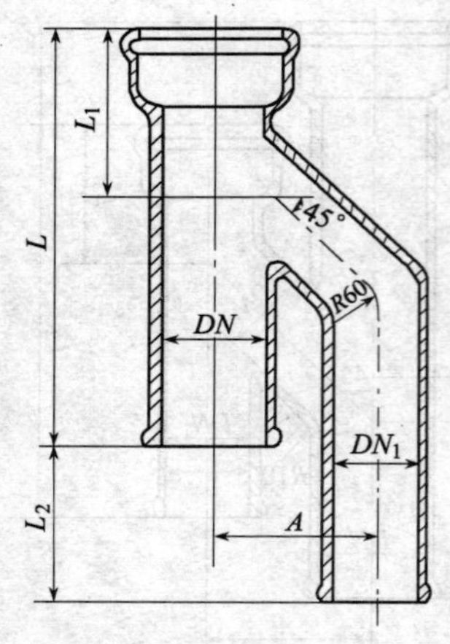

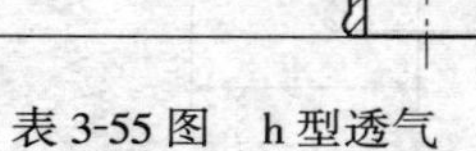

表 3-55 图　h 型透气

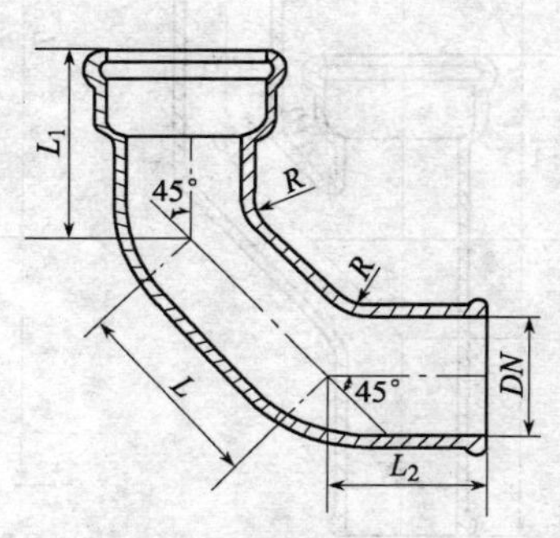

表 3-56 图　90°(双 45°)弯头

h 型透气规格　　表 3-55

公称直径 DN	DN_1	L	L_1	L_2	A
100	75	450	160	150	150
100	100	480	180	150	190
150	100	500	180	150	240

90°(双 45°)弯头规格　　表 3-56

公称直径 DN	L_1	L	L_2	R	重　量 (kg)
50	110	160	110	80	2.43
75	121	176	120	90	3.85
100	130	190	130	100	5.11
125	138	193	130	110	7.57
150	140	230	165	125	10.36
200	160	275	195	140	19.56

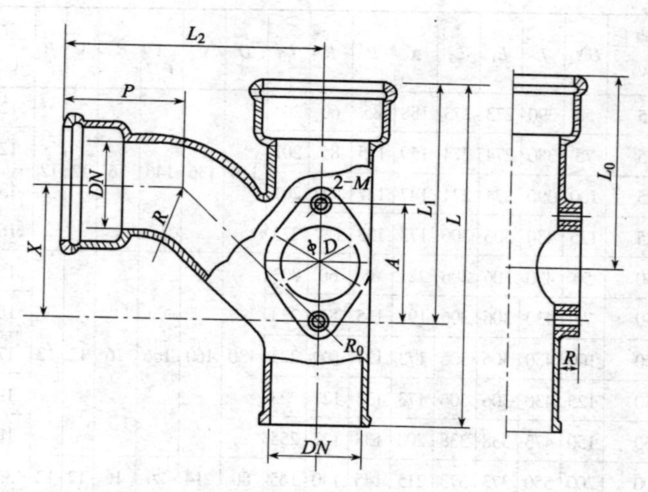

表 3-57 图　TY 型三通检查口

注:每件只做一个检查口,开设在左侧或右侧由用户选定。

TY 型三通检查口规格　　表 3-57

公称直径 DN	DN_1	L	L_1	L_2	X	P	R	L_0	D	ϕ	A	R_0	M	B	重量 (kg)
50	50	260	170	170	85	85	60	133	40	60	74	15	10	10	4.8
75	50	285	170	170	55	85	60	123	60	85	94	15	10	10	5.9
75	75	340	235	235	115	115	85	141							7.1
100	50	340	235	235	150	85	60	175	85	110	120	15	10	12	8.7
100	75	375	273	273	158	115	85	213							10.2
100	100	390	273	273	147	127	100	213							10.6

续表

公称直径 DN	DN_1	L	L_1	L_2	X	P	R	L_0	D	ϕ	A	R_0	M	B	重量 (kg)
125	50	390	273	273	188	85	60	200	110	136	146	16	12	12	12.4
125	75	380	274	274	159	115	85	201							12.9
125	100	390	274	274	147	127	100	201							13.7
125	125	430	306	306	173	133	127	223							16.3
150	50	430	306	306	221	85	60	223	130	160	166	16	12	12	15.4
150	75	430	306	306	191	115	85	223							16.3
150	100	430	306	306	173	127	100	223							17.2
150	125	430	306	306	173	133	121	223							19.4
150	150	473	338	338	200	138	127	255							18.3
200	200	550	373	373	215	145	140	165	80	214	26	16	12	12	33.1

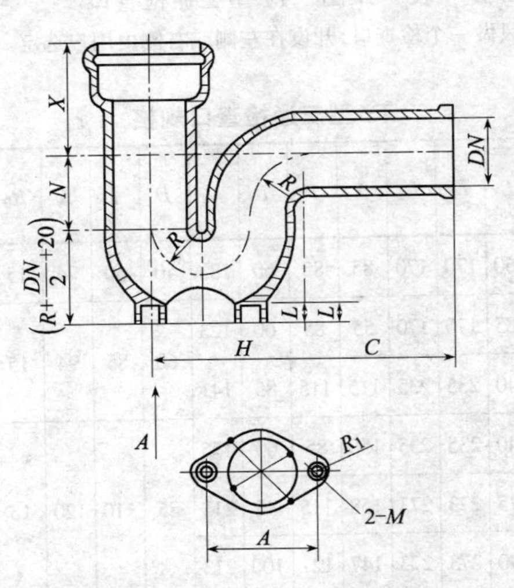

表 3-58 图　P 型存水弯检查口

P型存水弯检查口规格　　表 3-58

公称直径 DN	H	C	N	X	R	D	φ	A	R_1	M	L	L_1
50	127.5	120	80	120	42.5	40	60	74	15	10	15	12
75	165	125	92	137	55	60	85	94	15	10	15	12
100	195	195	105	150	65	85	110	120	15	10	15	12
125	247.5	185	117	172	82.5	110	136	146	16	12	15	12

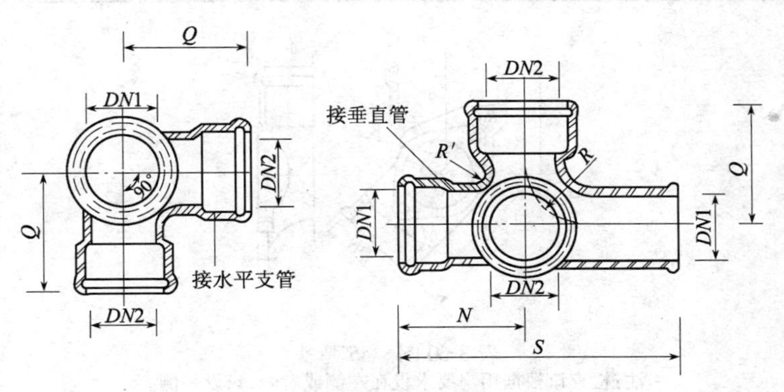

表 3-59 图　90°四通

90° 四 通 规 格　　表 3-59

公称直径 DN	DN_1	DN_2	Q	N	S	R	R′
75×50	75	50	140	123	300	78	12
75×75	75	75	160	142	320	89	13
100×50	100	50	160	142	320	78	12
100×75	100	75	160	142	350	89	13
100×100	100	100	180	160	400	110	14
125×50	125	50	140	123	400	78	12

续表

公称直径 DN	DN_1	DN_2	Q	N	S	R	R′
125×75	125	75	160	142	400	89	13
125×100	125	100	180	160	400	110	14
150×50	150	50	140	140	420	78	12
150×75	150	75	160	160	440	89	13
150×100	150	100	180	193	440	110	14

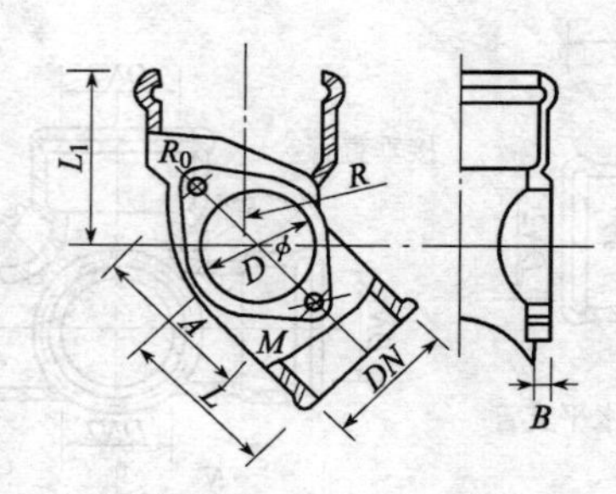

表 3-60 图　45°弯头

注:检查口根据用户要求设在左侧或右侧,只设一侧。

45° 弯 头 规 格 表　　　　表 3-60

公称直径 DN	L_1	L	R	D	ϕ	A	R_0	M	B
50	110	110	80	40	60	74	15	10	10
75	121	120	90	60	85	94	15	10	10
100	130	130	100	85	110	120	15	10	10
125	138	130	110	110	136	146	16	12	10
150	140	165	125	130	160	166	16	12	10
200	160	195	140	180	214	216	16	12	12

注:按北京通州水暖器材厂产品编制。

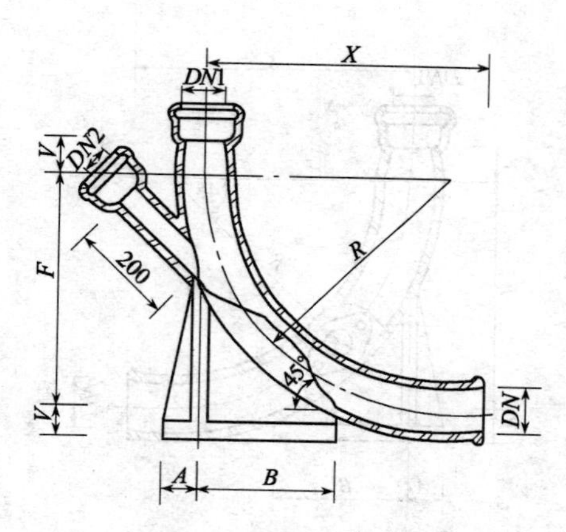

表 3-61 图　90°变径弯头(后检查口)

90°变径弯头(后检查口)规格表　　表 3-61

公称直径	DN	75	100	125	150	200
	DN_1	50	75	100	125	150
X		365	470	575	675	880
R		300	400	500	600	800
V		83	88	93	93	98
F		300	400	500	600	800
Y		41.9	54	67.5	80	100
A		37.5	60	62.5	75	100
B		150	200	250	300	400
DN_2		50	75	75	100	100
重量(kg)		28.9	32.3	44.3	56.2	72.7

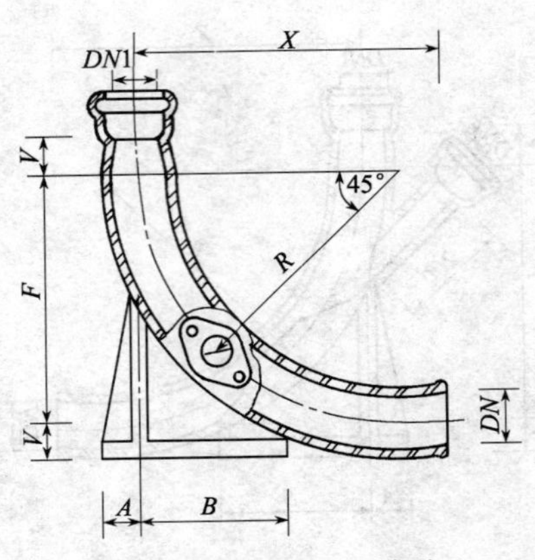

表 3-62 图　90°变径弯头

90°变径弯头规格　　表 3-62

公称直径						
公称直径	DN	75	100	125	150	200
	DN_1	50	75	100	125	150
X		365	470	575	675	880
R		300	400	500	600	800
V		83	88	93	93	98
F		300	400	500	600	800
Y		41.5	54	67.5	80	100
A		37.5	50	62.5	75	100
B		150	200	250	300	400
d_1		50	75	75	75	75
重量(kg)		26.3	29.4	40.3	51.1	66.1

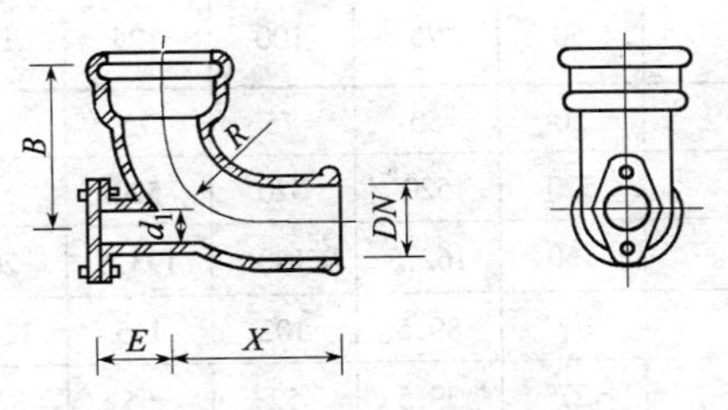

表 3-63 图　90°弯头(后检查口)

90°弯头(后检查口)规格　　表 3-63

公称直径	DN	50	75	100	125	150	200
各部尺寸	B	165	182	200	217	230	260
	X	175	187	210	222	235	270
	R	87	99	112	124	137	162
	d_1	40	50	75	75	75	75
	E	39	51.5	64	77.5	90	116
重量(kg)		3.2	4.4	7.1	9.8	12.3	19.3

注:本图按山西省翼城县封比铸造厂产品编制。

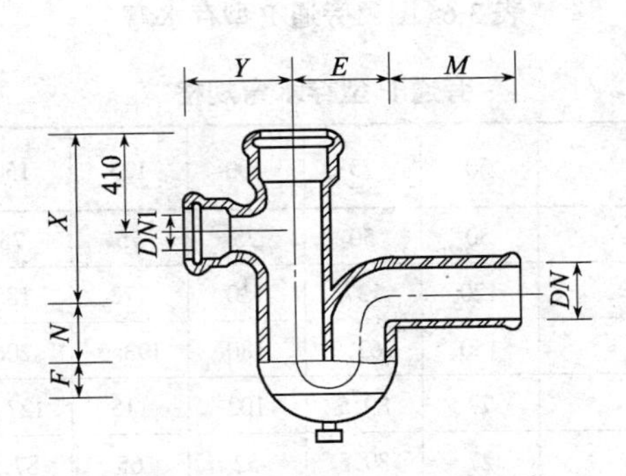

表 3-64 图　加长旁通 P 型存水弯

加长旁通P型存水弯规格　　　　表3-64

公称直径 DN	50	75	100	125	150	200
DN_1	50	50	75	75	75	75
X	520	520	520	520	520	520
Y	150	162.5	180	193.5	206	232
N	77	89.5	102	115	127.5	153
F	27	39.5	52	65	87.5	113
E	81	118.5	156	195	232.5	309
M	166.5	171.5	234	287.5	310.5	339
重量(kg)	7.4	10.6	15.5	23.3	30.6	50.9

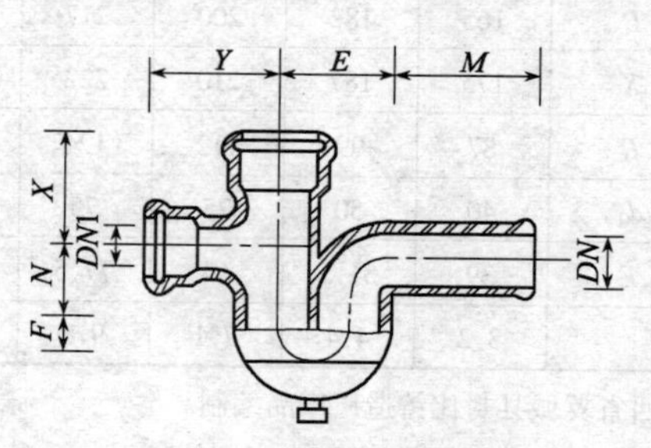

表3-65图　旁通P型存水弯

旁通P型存水弯规格　　　　表3-65

公称直径 DN	50	75	100	125	150	200
DN_1	50	50	75	75	75	75
X	120	137	150	172	185	215
Y	150	162.5	180	193.5	206	232
N	77	89.5	102	115	127.5	153
F	27	39.5	52	65	87.5	113

续表

公称直径 DN	50	75	100	125	150	200
E	81	118.5	156	195	232.5	309
M	166.5	171.5	234	287.5	310.5	339
重量(kg)	4.3	7.8	11.9	17.8	24.4	41.8

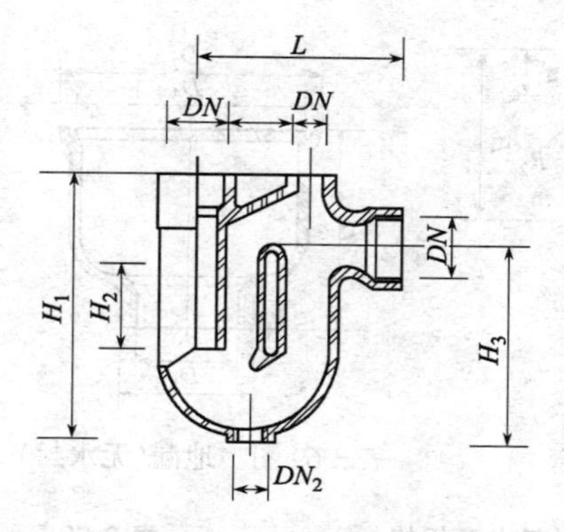

表 3-66 图　ZF-50 自透气存水弯

ZF-50 自透气存水弯规格　表 3-66

公称直径 DN	50
DN_1	20
DN_2	20
L	200
H_1	255
H_2	70
H_3	190
重量(kg)	6.7

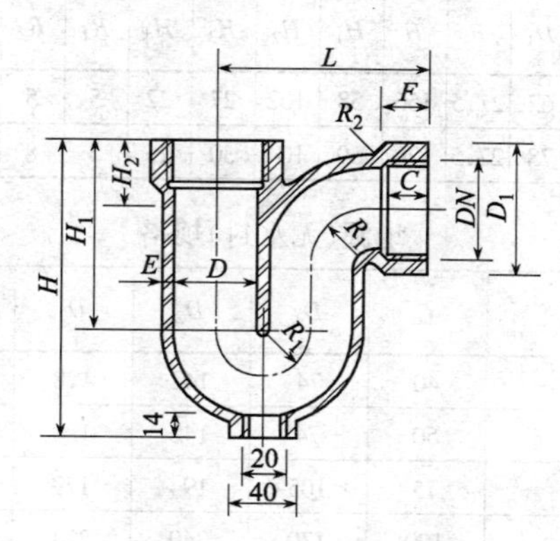

表 3-67 图　P 型存水弯

P型存水弯规格　　表3-67

公称直径 DN	D	D_1	H	H_1	H_2	R	R_1	R_2	L	F	E	C	重量 (kg)
40	38	62	153	98.5	32	21.5	26.5	5	101	27	5	22	2.0
50	50	78	180	115	40	27.5	33	8	126	30	5	25	2.4

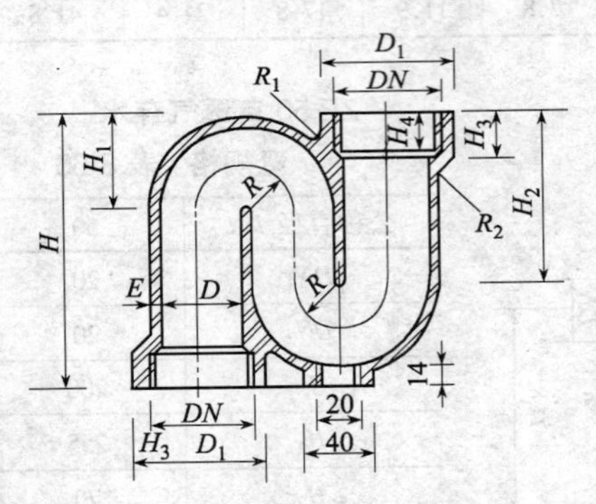

表3-68图　S型存水弯

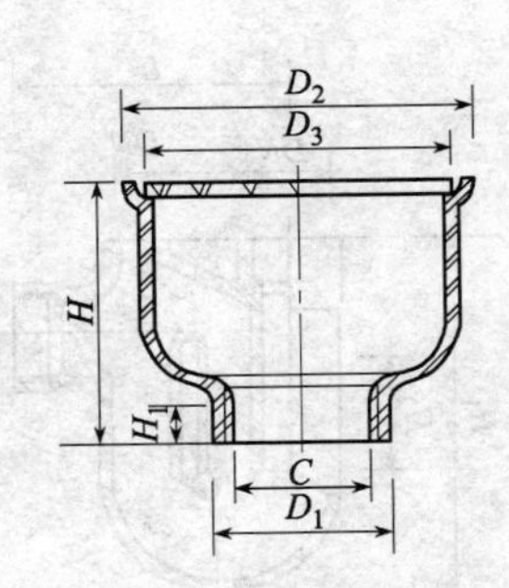

表3-69图　地漏(无水封)

S型存水弯规格　　表3-68

公称直径 DN	D	D_1	R	H	H_1	H_2	H_3	H_4	R_1	R_2	L	E	重量 (kg)
40	38	62	21.5	156	58	102	27	22	5	5	86	5	2.6
50	50	78	27.5	170	59	104	30	25	5	8	110	5	3.2

地漏(无水封)规格　　表3-69

公称直径 DN	C	D_1	D_2	D_3	H	H_1
40	40	74	142	128	110	50
50	50	74	142	128	110	50
75	75	105	194	179	118	55
100	100	130	240	224	140	70

续表

公称直径 DN	C	D_1	D_2	D_3	H	H_1
125	125	158	280	262	150	70
150	150	188	316	296	160	75

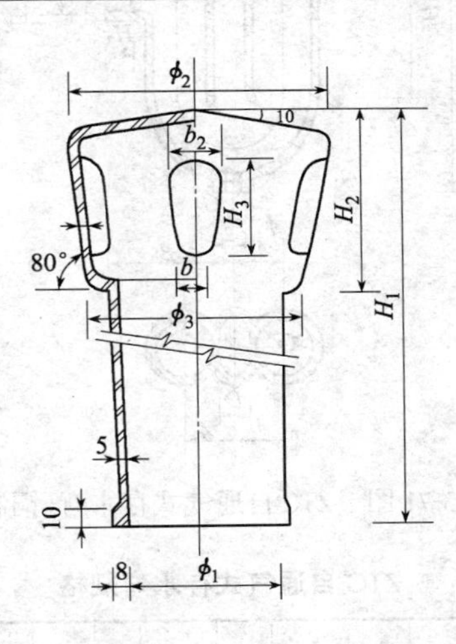

表 3-70 图　通气帽

通 气 帽 规 格　　　　表 3-70

公称直径 DN	ϕ_1	ϕ_2	ϕ_3	H_1	H_2	侧壁开孔				重量 (kg)
						H_3	b_1	b_2	孔数	
50	50	92	70	500	60	40	12	20	4	4
75	75	130	105	500	90	47	15	24	6	5.7
100	100	165	130	500	110	70	20	30	8	8.2
125	125	200	155	500	135	95	20	30	8	10.7
150	150	228	180	500	160	120	20	30	8	16.1

注:铸铁通气帽按北京兴化建材经理部产品编制。

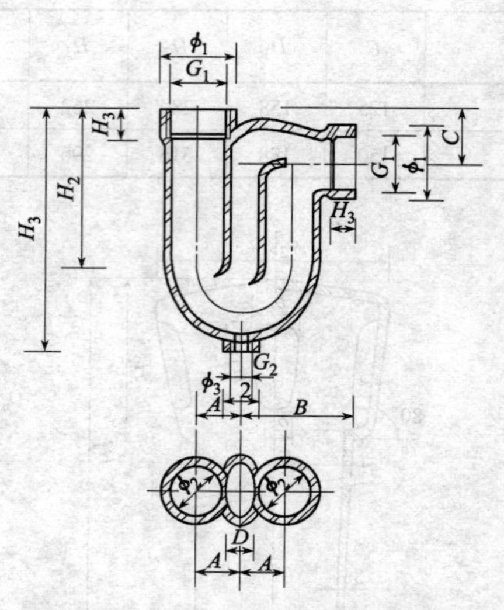

表 3-71 图　ZTC 自通气式存水弯(铜制)

ZTC 自通气式存水弯规格　　　　表 3-71

公称直径 DN	G_1	G_2	ϕ_1	ϕ_2	ϕ_3	H_1	H_2	H_3	A	B	C	D	E	重量 (kg)
32	$1\frac{1}{4}''$	$\frac{1}{2}''$	50	32	30	180	124	16	30	73	35	20	32	1.6
40	$1\frac{1}{2}''$	$\frac{1}{2}''$	56	40	30	185	119	21	35	86	40	22	40	1.9
50	2″	$\frac{1}{2}''$	71	50	30	197	119.5	21	41.5	98.5	40	25	50	2.4

注:浴盆用存水弯,可防水封破坏,防排水噪声。有铸铜、铸铁两种材质。多用地面地漏存水弯,按江苏武进第一建筑五金厂产品编制。

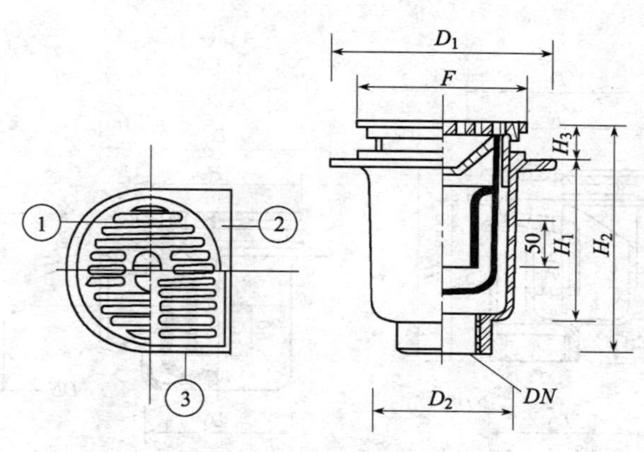

表 3-72 图　DL-T-I 型地漏

DL-T-1 型地漏规格　　　表 3-72

尺寸 \ 型号	① 圆形箅子					②③ 方形箅子
DN	50	75	100	125	150	50
D_1	160	225	270	270	270	160
D_2	110	185	230	230	230	110
H_1	125	135	135	140	140	125
H_2	155 ~ 170	200 ~ 215	215 ~ 225	215 ~ 225	215 ~ 225	155 ~ 170
H_3	10 ~ 25	35 ~ 50	40 ~ 50	30 ~ 40	30 ~ 40	10 ~ 25
F	ϕ130	ϕ200	ϕ240	ϕ240	ϕ240	152 × 152 108 × 108
开口面积(cm^2)	32	83	100	100	100	32
重量(kg)	3.8	8.7	23.2	23.8	24.6	4.1

注：①铸铁外壳，工程塑料水封筒，铜(铝)箅子。
②水封高度 50mm。
③②③型为方形箅口，可与不同地砖配用。
④本图按北京市建筑五金装饰材料科研所产品编制。

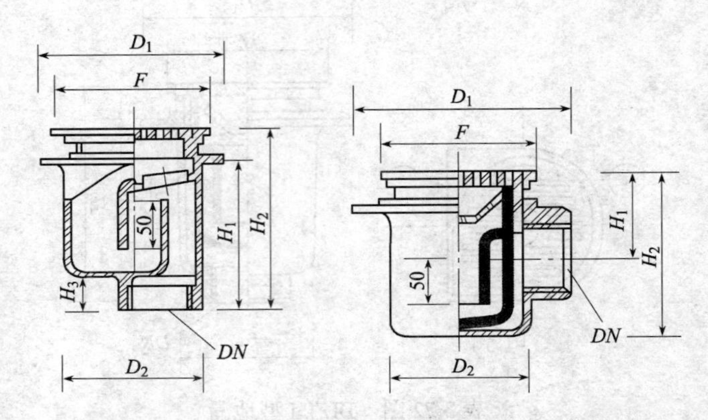

表 3-73 图　DL-T-2 型地漏　　　表 3-74 图　DL-T-3 型地漏

DL-T-2 型地漏规格　　　表 3-73

型号 尺寸	①圆形箅子	②③方形箅子
DN	50	50
D_1	160	160
D_2	120	120
H_1	150	150
H_2	160 ~ 175	160 ~ 175
F	ϕ130	152 × 152
		108 × 108
开口面积(cm^2)	32	35
重量(kg)	4.8	5.0

DL-T-3 型地漏规格 表 3-74

尺寸 \ 型号	①圆形箅子	②③方形箅子
DN	50	50
D_1	160	160
D_2	100	100
H_1	60 ~ 75	60 ~ 75
H_2	130 ~ 140	130 ~ 140
F	ϕ130	152 × 152
		108 × 108
开口面积(cm^2)	32	35
重量(kg)	3.7	3.9

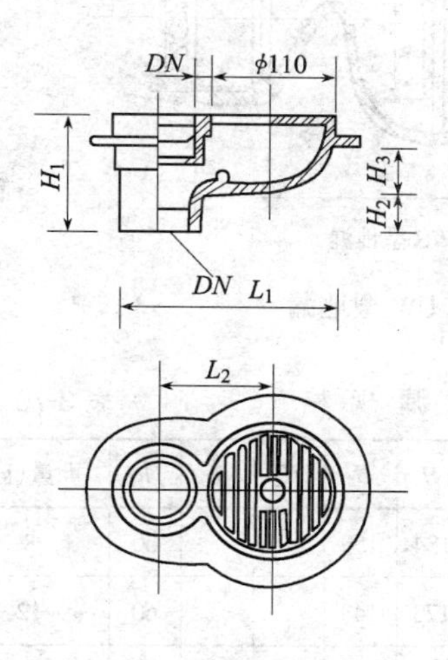

表 3-75 图 DL-Y 型地漏

DL-Y 型地漏规格 表 3-75

DN	50
L_1	190
L_2	95
H_1	90
H_2	35
H_3	18
开口面积(cm^2)	32
重量(kg)	2.9

注:①上口为承插型,橡胶密封。
②可用于阳台排水。上、下用钢管丝接。

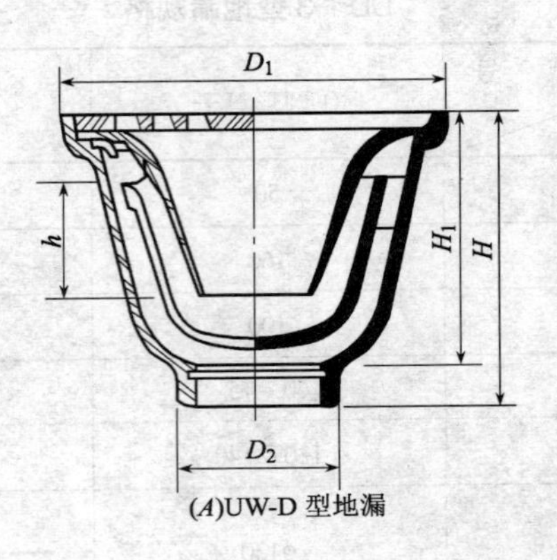

(A)UW-D 型地漏

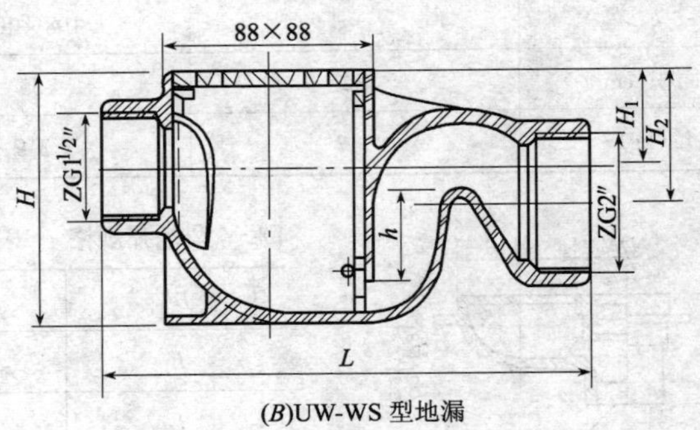

(B)UW-WS 型地漏

表 3-76 图　UW 型地漏

UW 型地漏规格　　表 3-76

UW	DN	ZG	D_1	D_2	H	H_1	H_2	L	h	重量(kg)
D 型	75	3″	208	103	134	159			60	8
	100	4″	255	130	173	148			60	12
WS 型	50		88×88	70	110	40	56	205	50	3.2

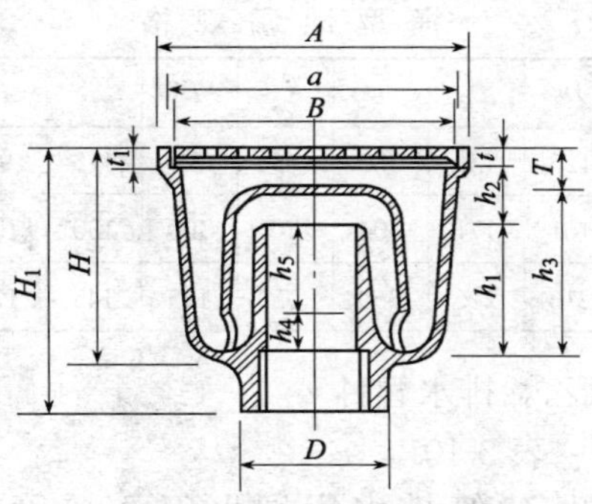

表 3-77 图　普通型地漏

普通型地漏规格　　　　表 3-77

DN	A	a	B	H	H_1	h_1	h_2	h_3	h_4	D	T	t	t_1	h_5
50	158	148	144	119	145	70	36	90	20	75	12	8	9	50
75	208	196	172	134	180	75	44	99	25	103	14	9	10	50
100	252	240	236	148	173	80	52	108	30	130	15	10	11	50

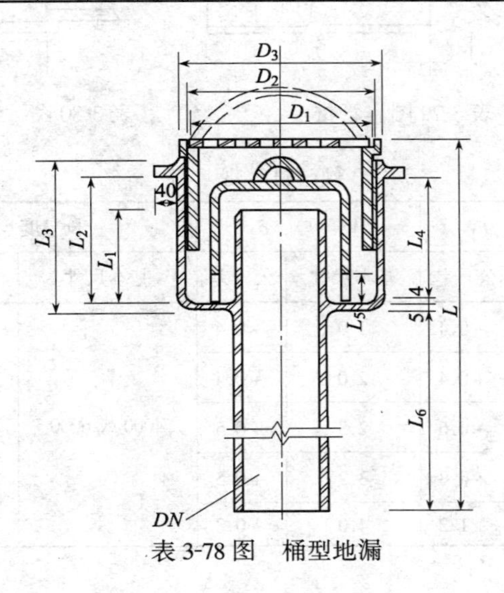

表 3-78 图　桶型地漏

桶型地漏规格 表 3-78

DN	D_1	D_2	D_3	L	L_1	L_2	L_3	L_4	L_5	L_6
50	122	126	136	380	65	85	115	94	15	260
75	157	161	171	304	70	100	130	109	20	160
100	212	216	226	360	75	115	145	124	25	200

2. 硬聚氯乙烯排水管件

见表 3-79～表 3-101。

编制说明：建筑排水用硬聚氯乙烯管材和管件，按 GB 5836—86 编制。尺寸单位：mm。

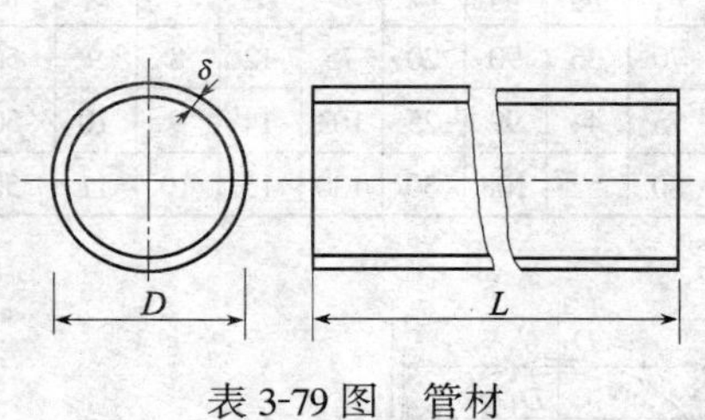

表 3-79 图　管材　　　表 3-80 图　粘接承口

管材规格 表 3-79

公称外径 DN		壁厚 δ		长度 L	
基本尺寸	公差	基本尺寸	公差	基本尺寸	公差
40	+0.4	2.0	+0.4	4000 或 6000	±10.00
50	+0.4	2.0	+0.4		
75	+0.6	2.3	+0.5		
110	+0.8	3.2	+0.5		
160	+1.2	4.0	+0.8		

粘接承口规格 表 3-80

公称外径 DN	d_1		d_2		L	
	基本尺寸	公　差	基本尺寸	公　差	基本尺寸	公　差
40	40.33	+0.5	39.83	+0.5	25	±1
50	50.40	+0.6	49.90	+0.6	25	±1
75	75.53	+0.6	74.73	+0.6	40	±2
110	110.66	+0.7	109.66	+0.7	50	±2
160	160.66	+0.9	159.16	+0.7	60	±2

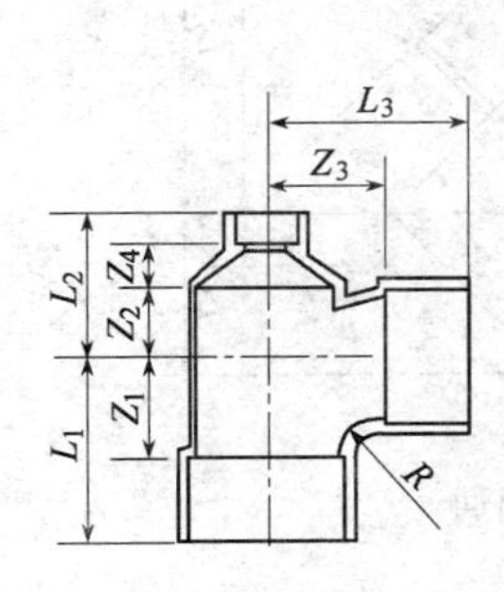

表 3-81 图　瓶型三通

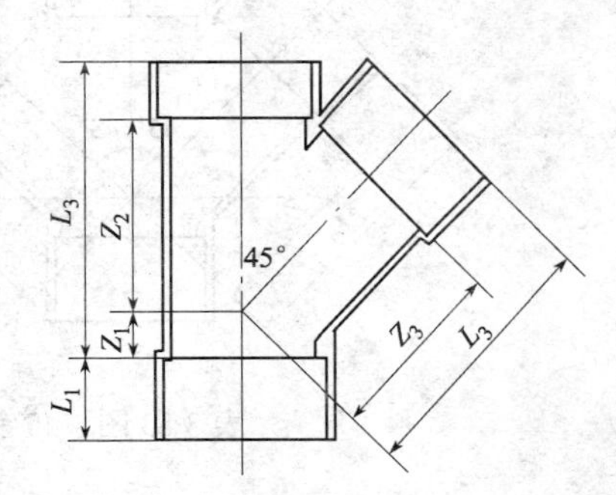

表 3-82 图　斜三通

瓶型三通规格 表 3-81

公称外径 DN	Z_1	Z_2	Z_3	Z_4	L_1	L_2	L_3	R
110×50	71	55	77	21	121	101	127	63

45° 斜三通规格 表 3-82

公称外径 DN	Z_1	Z_2	Z_3	L_1	L_2	L_3
50×50	13	64	64	38	89	89
75×75	18	94	94	58	134	134

续表

公称外径 *DN*	Z_1	Z_2	Z_3	L_1	L_2	L_3
110×50	–16	94	110	34	144	135
110×75	–1	113	121	49	163	161
110×110	25	136	138	75	188	188
160×160	34	199	199	94	259	259

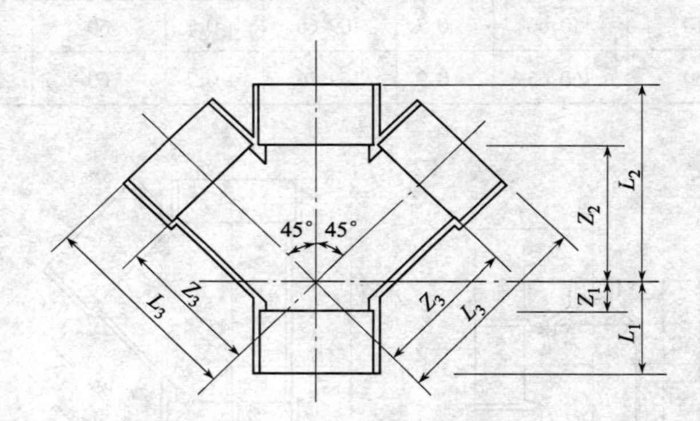

表 3-83 图　45°斜四通

45° 斜 四 通 规 格　　　表 3-83

公称外径 *DN*	Z_1	Z_2	Z_3	L_1	L_2	L_3
50×50	13	64	64	38	89	89
75×75	18	94	94	58	134	134
110×50	–16	94	110	34	144	135
110×75	–1	113	121	49	163	161
110×110	25	138	138	75	188	188
160×160	34	199	199	94	259	259

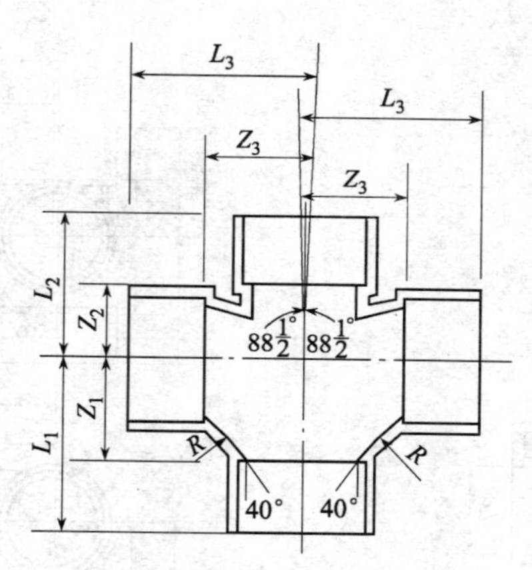

表 3-84 图　正四通

正四通规格　　表 3-84

公称外径 DN	Z_1	Z_2	Z_3	L_1	L_2	L_3	R
50×50	30	26	35	55	51	60	31
75×75	47	39	54	87	79	94	49
110×50	30	29	65	80	79	90	31
110×75	48	41	72	98	91	112	49
110×110	68	55	77	118	105	127	63
160×160	97	83	110	157	143	170	82

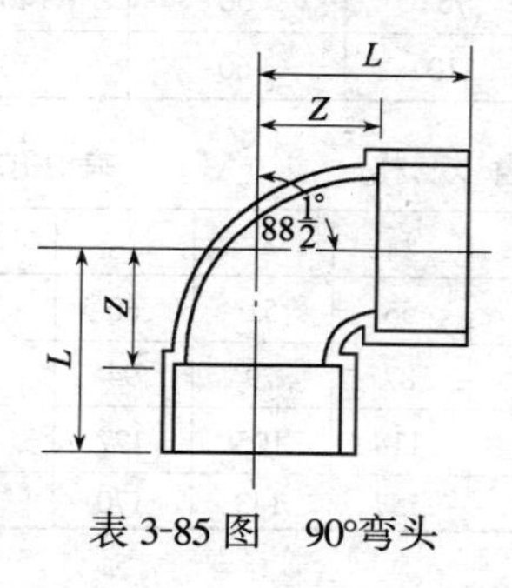

表 3-85 图　90°弯头

90°弯头规格　　表 3-85

公称外径 DN	Z	L
50	40	65
75	50	90
110	70	120
160	90	150

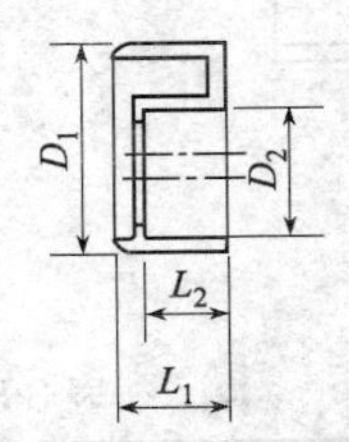

表 3-86 图　异径管

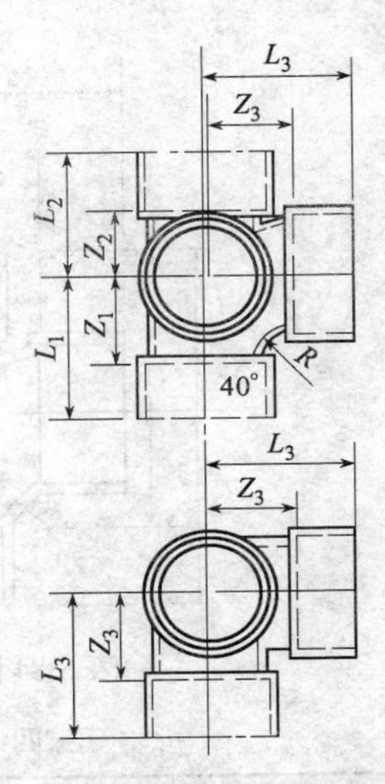

表 3-87 图　直角四通

异径管规格　　　　表 3-86

公称外径 DN	D_1	D_2	L_1	L_2
50×40	50	40	25	20
75×50	75	50	40	25
110×50	110	50	50	25
110×75	110	75	50	40
160×110	160	110	60	50

直角四通规格　　　　表 3-87

公称外径 DN	Z_1	Z_2	Z_3	L_1	L_2	L_3	R
50×50	30	26	35	55	51	60	31
75×75	47	39	54	87	79	94	49
110×110	68	55	77	118	105	127	63
160×160	97	83	110	157	143	170	82

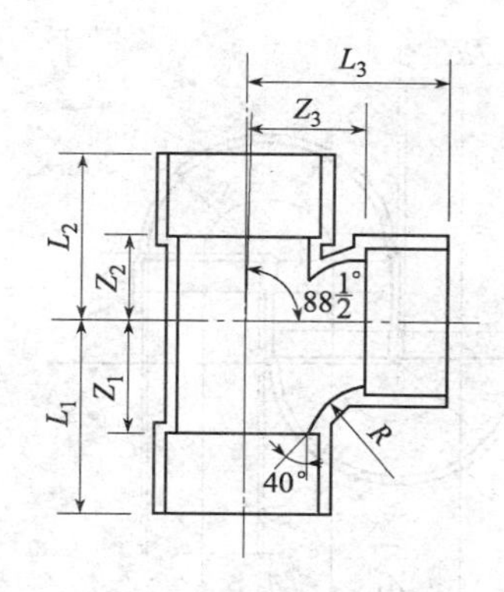

表 3-88 图　90°顺水三通

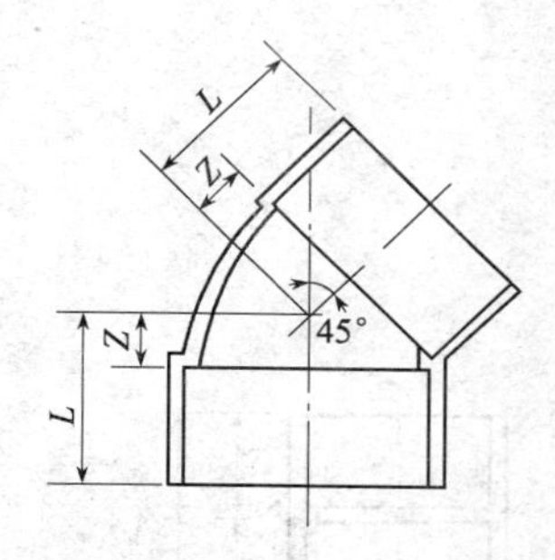

表 3-89 图　45°弯头

90° 顺 水 三 通 规 格　　　　表 3-88

公称外径 DN	Z_1	Z_2	Z_3	L_1	L_2	L3	R
50×50	30	26	35	55	51	60	31
75×75	47	39	54	87	79	94	49
110×50	30	29	65	80	79	90	31
110×75	48	41	72	98	91	112	49
110×110	68	55	77	118	105	127	63
160×160	97	83	110	157	143	170	82

45° 弯 头 规 格　　　　表 3-89

公称外径 DN	Z	L
50	12	37
75	17	57
110	25	75
160	36	96

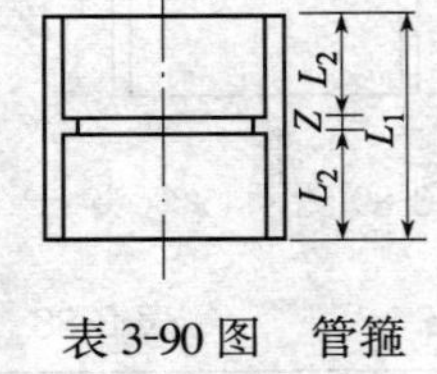

表 3-90 图　管箍

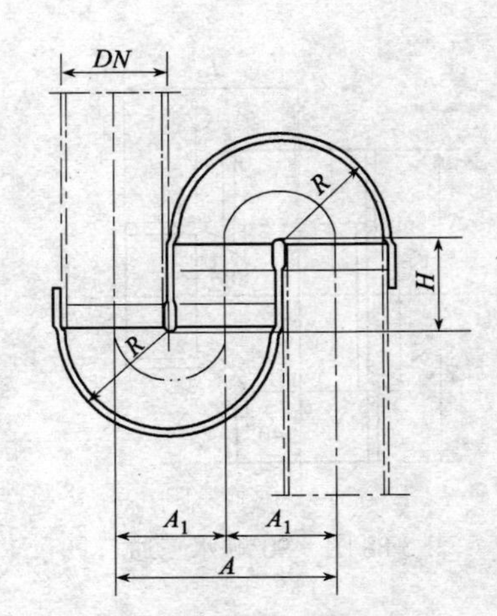

表 3-91 图　存水弯(S 型)

管　箍　规　格　　表 3-90

公称外径 DN	Z	L_1	L_2
50	2	52	25
75	2	82	40
110	3	103	50
160	4	124	60

存水弯(S 型)规格　　表 3-91

公称外径 DN	H	A	A_1	R
40	50	88	44	32
50	50	108	54	52
110	76	232	116	113

注:在 $DN \leqslant 50$ 存水弯的集水槽底部应加设清理孔。

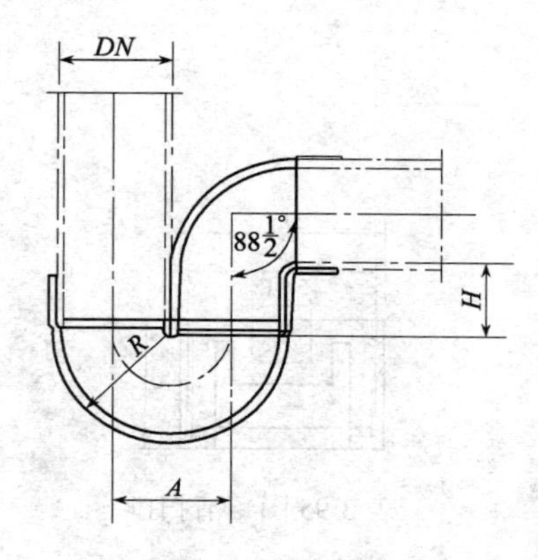

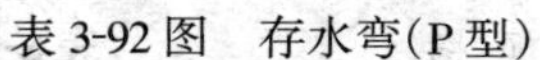
表 3-92 图　存水弯(P 型)

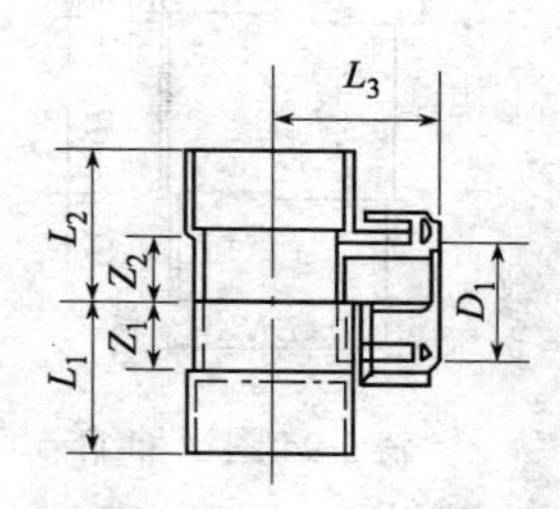

表 3-93 图　立管检查口

存水弯(P 型)规格　　　　表 3-92

公称外径 *DN*	*A*	*H*	*R*
40	44	50	32
50	54	50	52
110	116	76	113

注:在 $DN \leqslant 50$ 存水弯的集水槽底部应加设清理孔。

立管检查口规格　　　　表 3-93

公称外径 *DN*	Z_1	Z_2	L_1	L_2	L_3	D_1
50	30	30	55	55	47	36
75	40	40	80	80	60	62
110	65	65	115	115	80	100
160	80	80	140	140	125	100

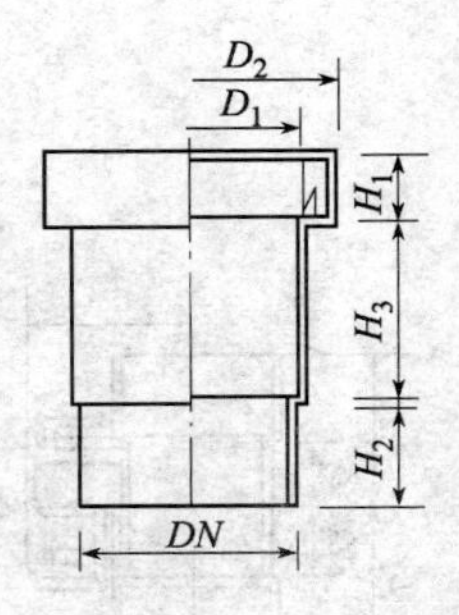

表 3-94 图　伸缩节

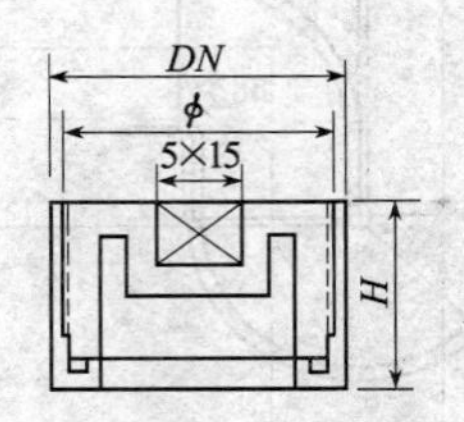

表 3-95 图　清扫口

伸缩节规格　　表 3-94

公称外径 DN	D_1	D_2	H_1	H_2	H_3
50	51	65	15	25	35
75	76	92	20	40	40
110	111.2	131.2	25	50	50
160	161.3	187.3	30	60	60

注:放置橡胶圈的沟槽也可用二件组合成型。

清扫口规格　　表 3-95

公称外径 DN 及公差	ϕ	H
50 + 0.14	46	25
75 + 0.6	69	40
110 + 0.8	102	50

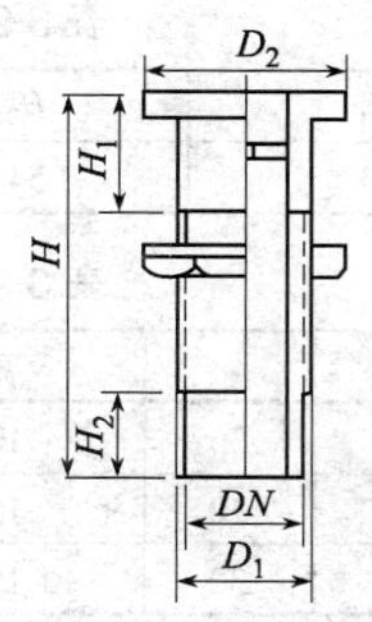

表 3-96 图　排水栓

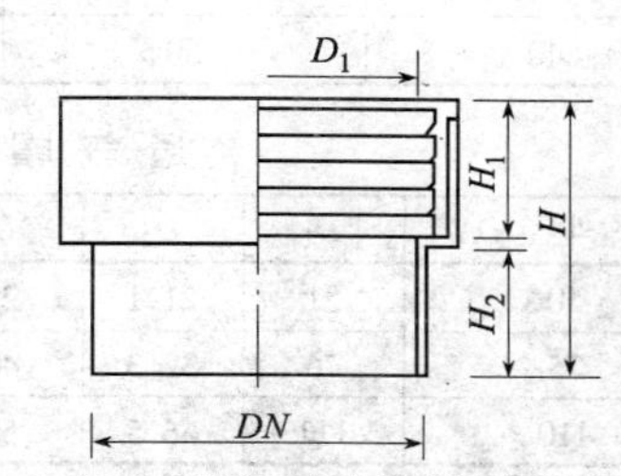

表 3-97 图　大便器连接件

排 水 栓 规 格　　　　表 3-96

公称外径 DN	D_1	D_2	H_1	H_2	H_3
40	M45	68	40	25	135
50	M56	98	40	25	135

大便器连接件规格　　　　表 3-97

公称外径 DN	D_1	H_1	H_2	H
110	110	50	50	105
110	120	50	50	105

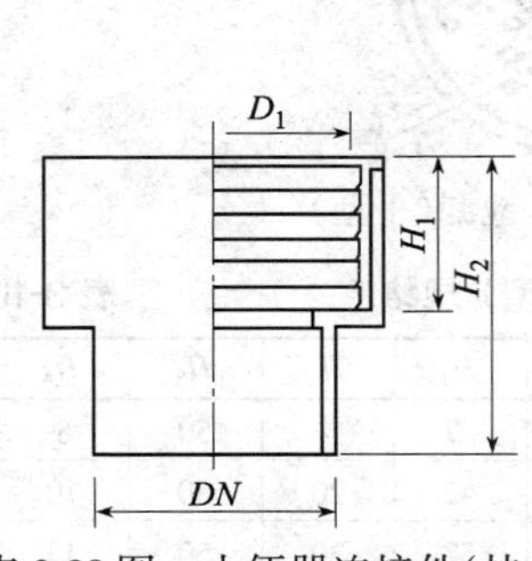

表 3-98 图　小便器连接件(挂式)

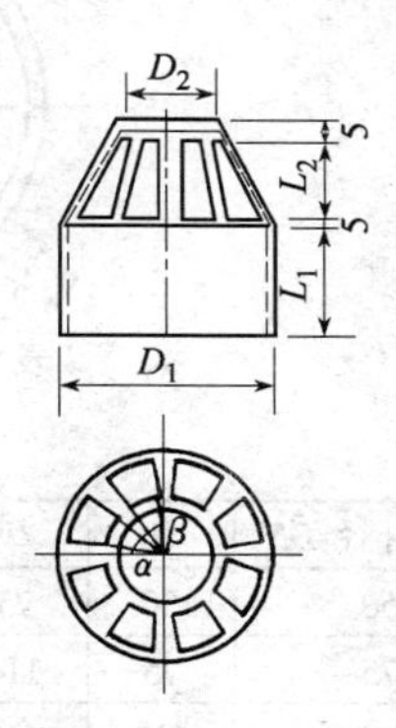

表 3-99 图　通气帽

小便器连接件(挂式)　　表 3-98

公称外径 DN	D_1	H_1	H_2
40	50	25	54

通 气 帽 规 格　　表 3-99

公称外径 DN	D_1	D_2	L_1	L_2	α	β
50	51	21.1	25	15	36	10
75	76	32.3	40	27	30	15
110	111	46.5	50	45	30	15

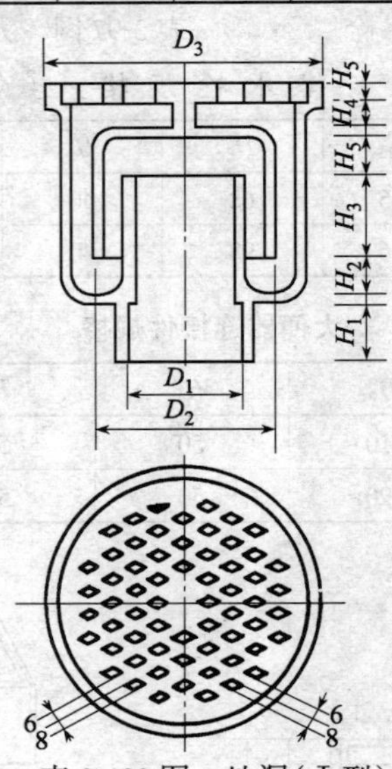

表 3-100 图　地漏(Ⅰ型)

地漏(Ⅰ型) 规格　　表 3-100

公称外径 DN	D_1	D_2	D_3	H_1	H_2	H_3	H_4	H_5
50	50	75	90	27	14	50	8	12
75	75	114	140	42	20	50	10	12
110	110	163	200	52	30	50	13	12

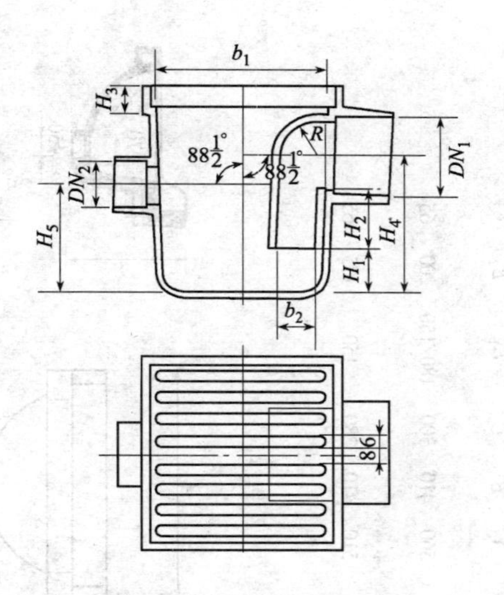

表 3-101 图　地漏(Ⅱ型)

地漏(Ⅱ型)规格　　　　**表 3-101**

公称外径 DN	b_1	b_2	H_1	H_2	H_3	H_4	H_5	R	DN_1	DN_2
50	80×80	40	15	50	15	88	70	40	50	40
75	120×120	50	20	50	15	105	70	50	75	50

3.3.2　卫生洁具及附件

1. 卫生洁具

(1)洗面器:见表 3-102。

(2)坐便器:见表 3-103。

(3)低水箱:见表 3-104。

(4)蹲便器:见表 3-105。

(5)高水箱:见表 3-106。

常用洗面器的型号、规格及示意图

表 3-102

型号	出口号	规格（mm）及示意图
3 号	305	A　B　C　E_1　E_2　E_3 #3, #3A, #18:　560　410　300　180/150　200　65 #4, #4A, #19:　510　410　280　150　175　65
3A 号	309	
4 号		
4A 号		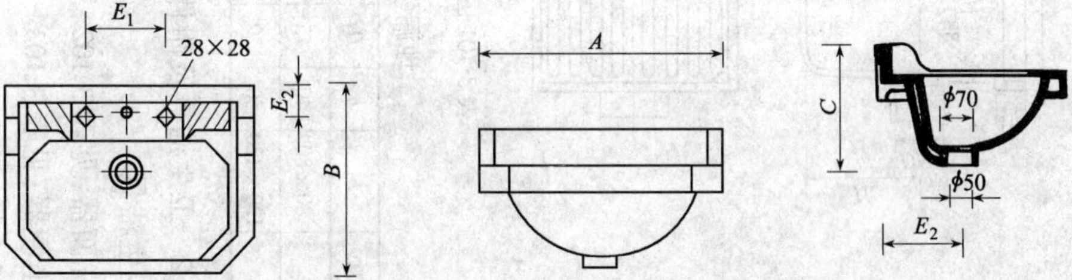
18 号		
19 号		

续表

<table>
<tr><th>型号</th><th>出口号</th><th colspan="7">规格（mm）及示意图</th></tr>
<tr><td></td><td></td><td></td><td>A</td><td>B</td><td>C</td><td>E_1</td><td>E_2</td><td>E_3</td></tr>
<tr><td>5号</td><td>306</td><td>#5:</td><td>560</td><td>410</td><td>270</td><td>420</td><td>175</td><td>140</td></tr>
<tr><td>6号</td><td>310</td><td>#6:</td><td>510</td><td>410</td><td>250</td><td>380</td><td>175</td><td>130</td></tr>
</table>

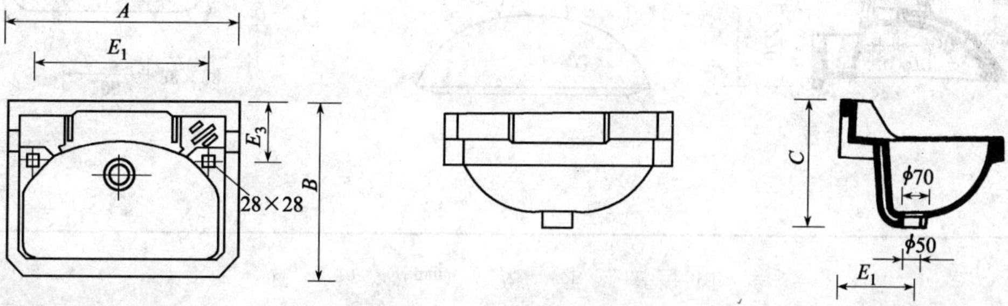

续表

型号	出口号	规格（mm）及示意图
7号（支柱式）	—	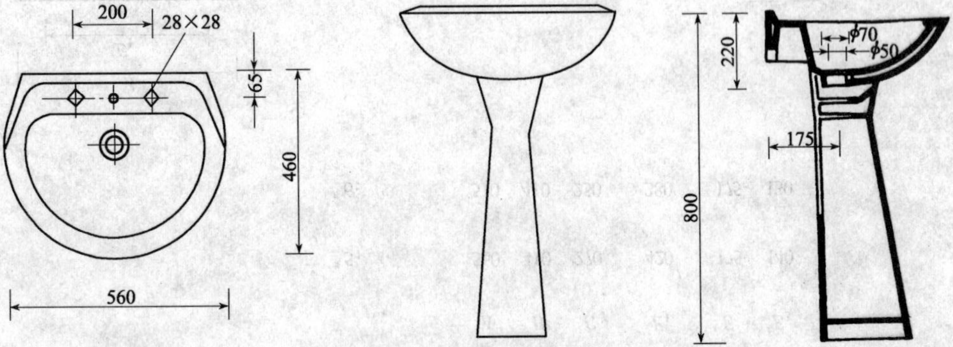 200；28×28；65；460；560；220；800；175；φ70；φ50

续表

型号	出口号	规格（mm）及示意图
39 号	—	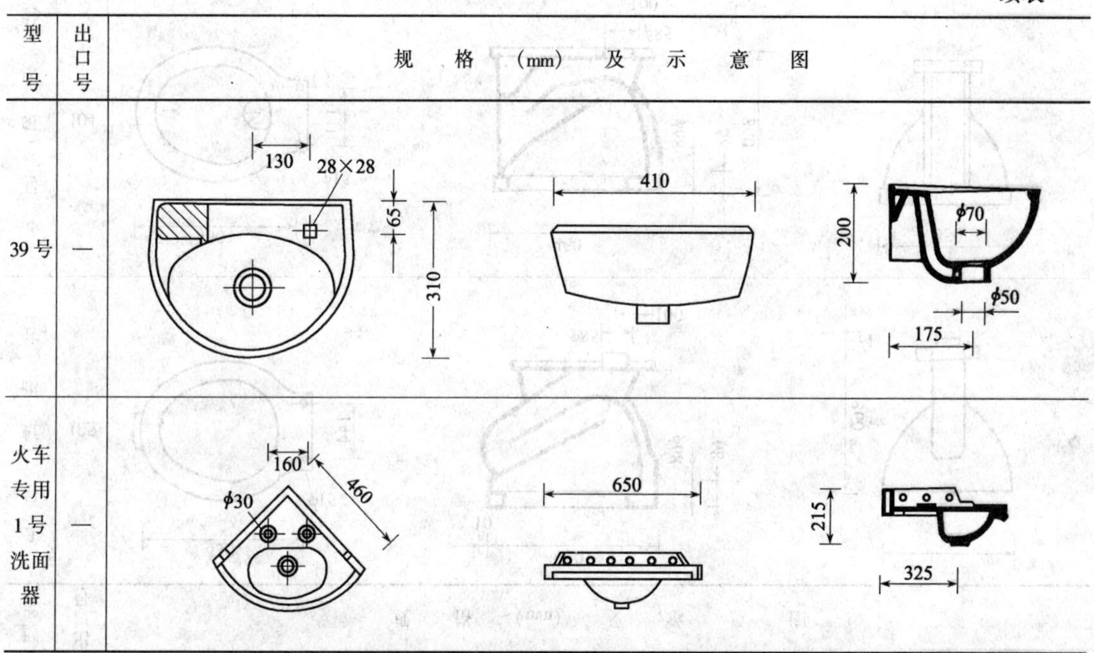
火车专用1号洗面器	—	

注:3 号、4 号为二明进水眼洗面器;3A、4A 为三暗进水眼洗面器;18 号、19 号为中心单眼洗面器。

常用坐便器的型号、规格及示意图 表 3-103

型号	出口号	规格（mm）及示意图
3号（虹吸式）	105	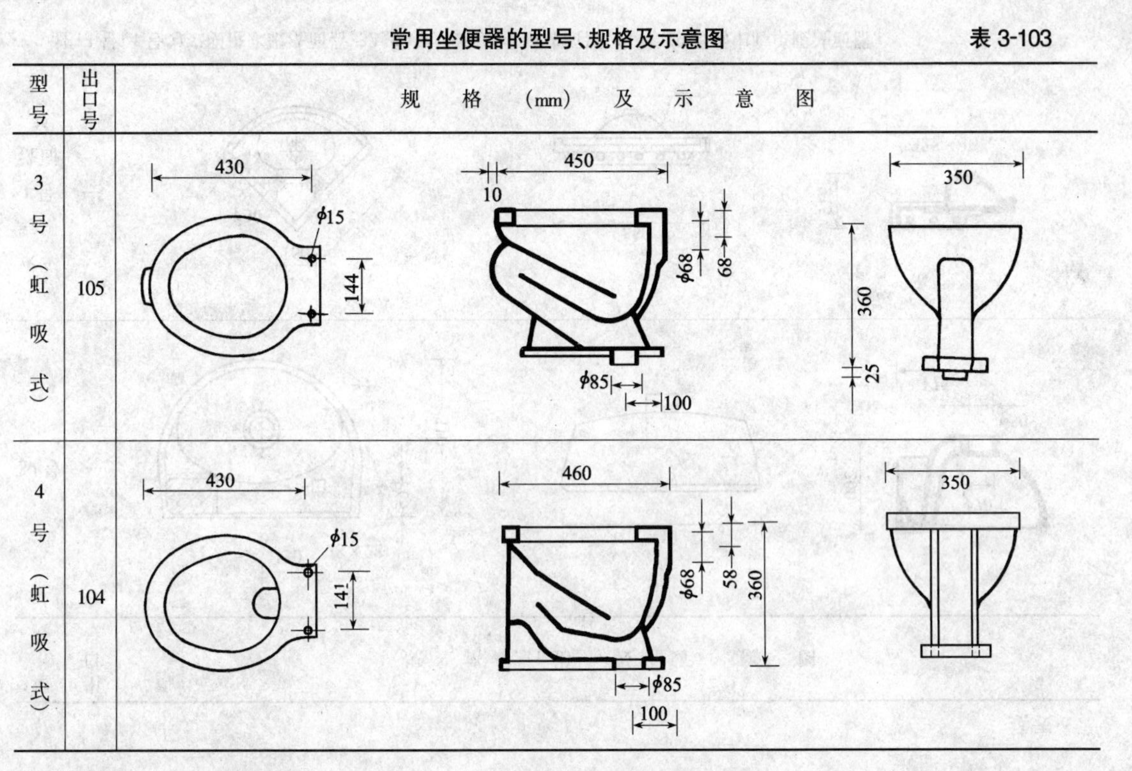
4号（虹吸式）	104	

续表

型号	出口号	规格（mm）及示意图
7号	101	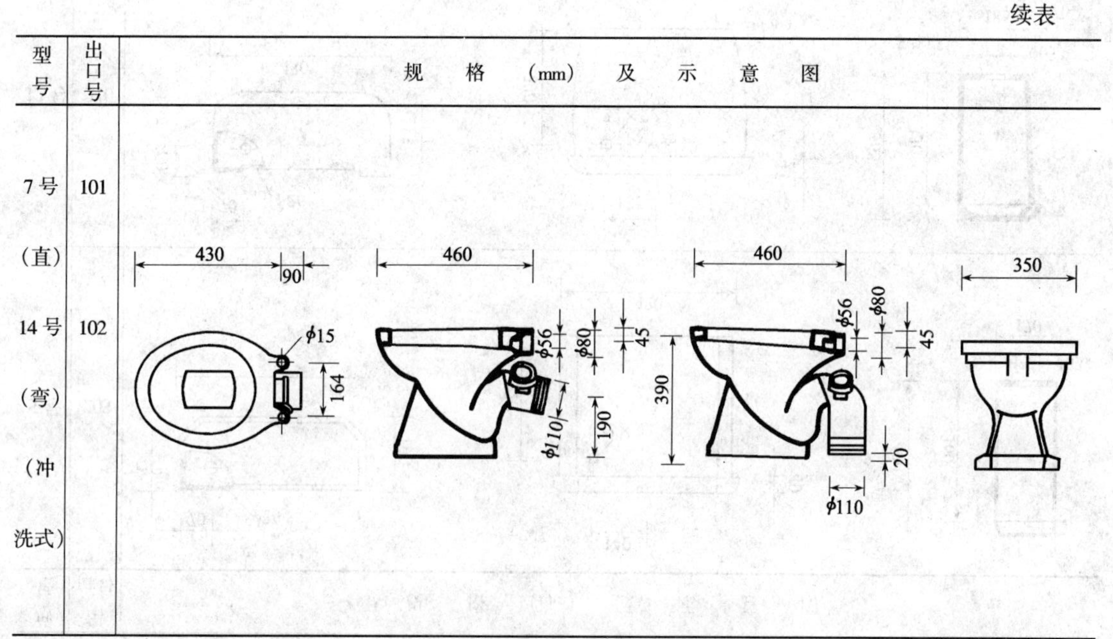
（直）		
14号	102	
（弯）		
（冲洗式）		

表 3-104

常用低水箱的型号、规格及示意图

型号	出口号	规格（mm）及示意图
5号	203	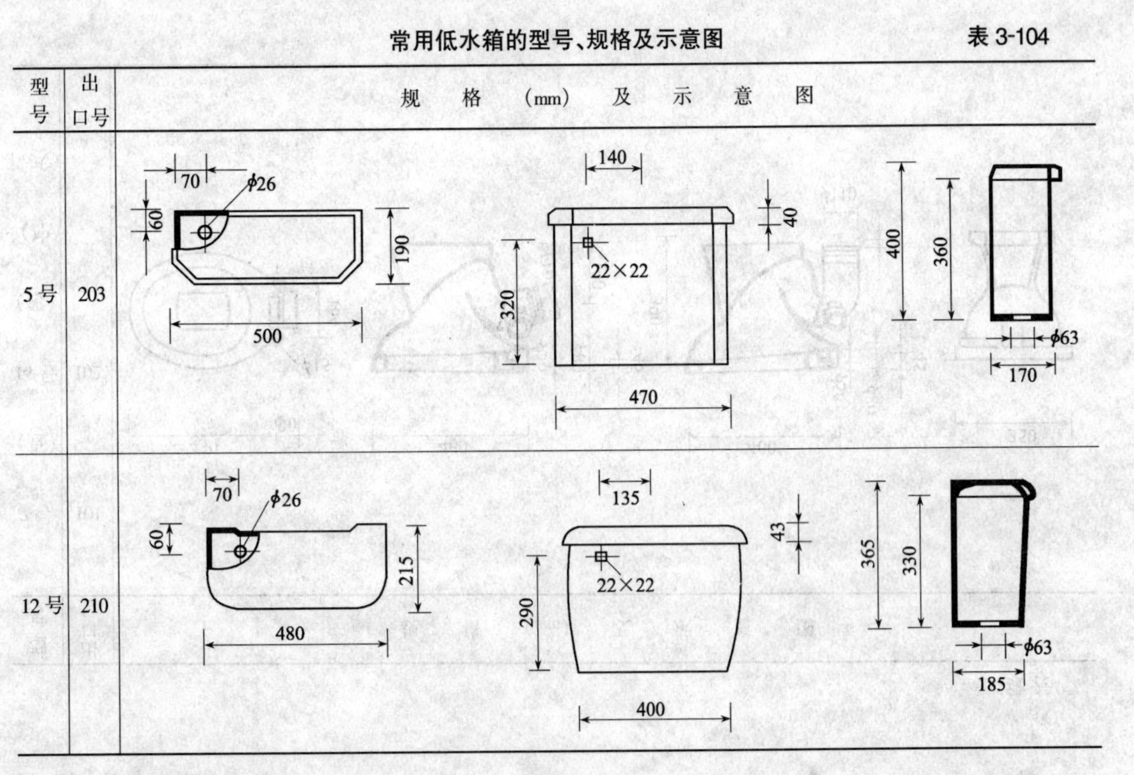
12号	210	

常用蹲便器的型号、规格及示意图　　表 3-105

型号	规格（mm）及示意图
1号	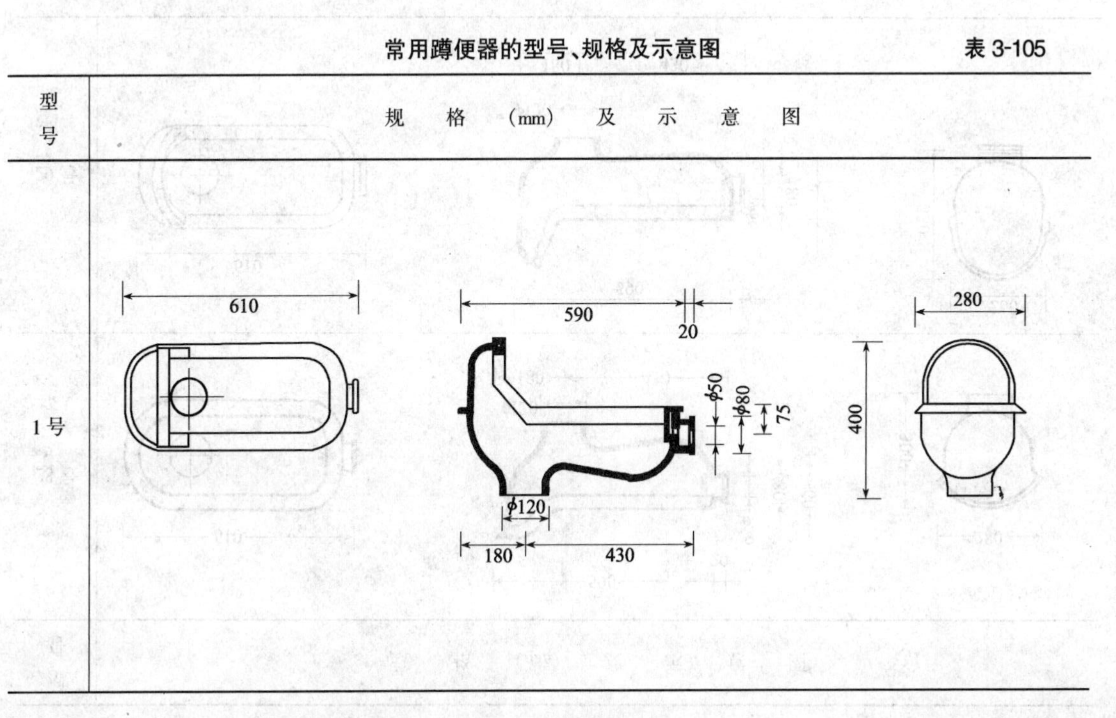

续表

型号	规格（mm）及示意图
28 号	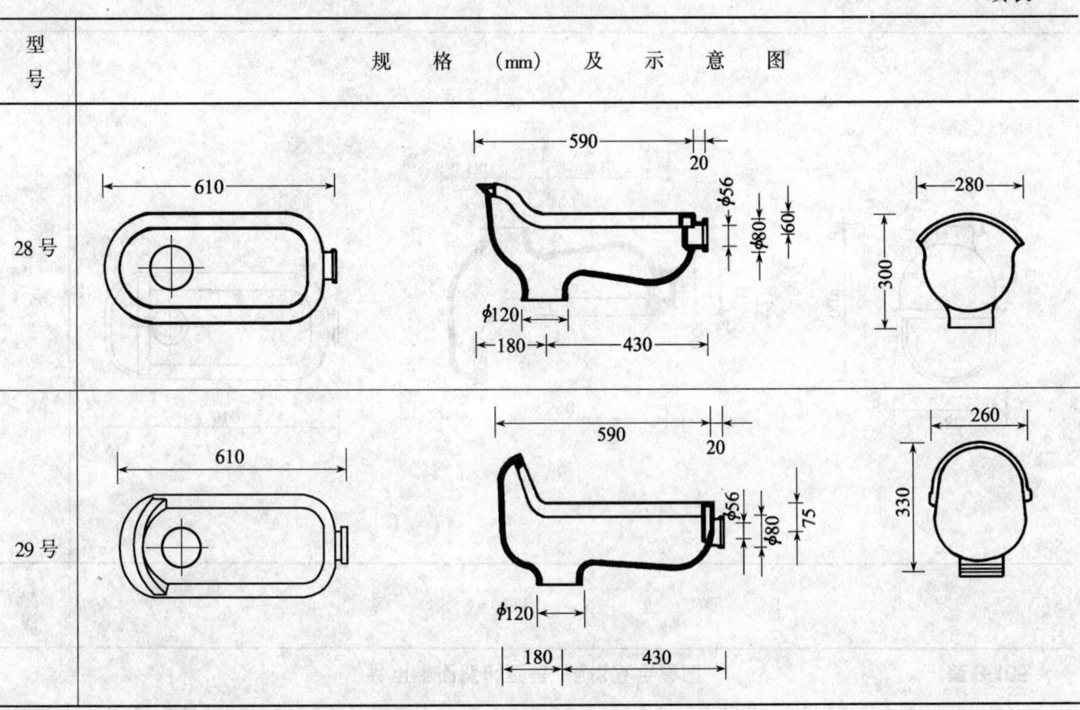
29 号	

常用高水箱的型号、规格及示意图 表 3-106

型号	出口号	规格（mm）及示意图	A	B	C
1号 2号	206	#1：	440	260	280
		#2：	420	240	280

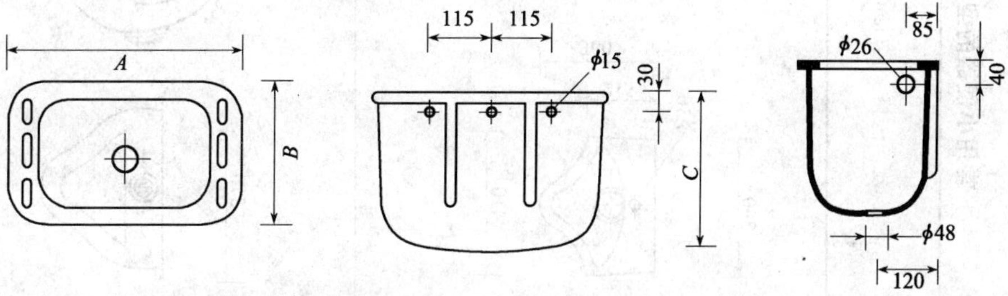

(6)小便器:见表 3-107。

常用小便器的型号、规格及示意图　　表 3-107

型号	出口号	规格(mm)及示意图
1号(立式)	402	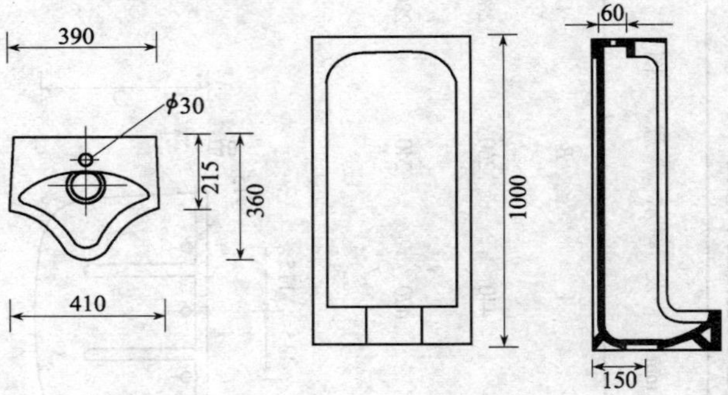 390　φ30　215　360　410　1000　60　150
3号(挂式)	401	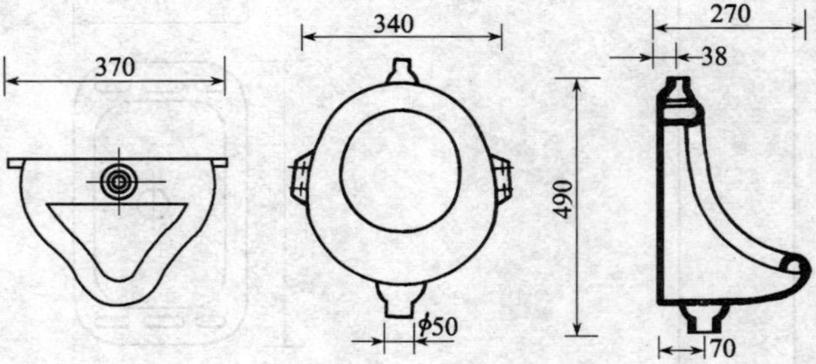 370　340　φ50　490　270　38　70

(7)配套卫生洁具:见表 3-108。

配套卫生洁具的型号、名称及规格　　表3-108

型　号	出口号	名　　称	规　格（mm）	备　注
PT-4 （有黄、青、绿、蓝、红等多种）	2001	支柱式洗面器	710×560×800（高）	
		坐便器	670×360×375（高）	低水箱为480（长）×340（高）
		妇洗器	590×370×360（高）	
		大肥皂盒	305×152	分有把无把两种
		小肥皂盒	152×152	分有把无把两种
		手纸盒	152×152	
		毛巾杆架	65×56	
		化妆板	600×125	
		衣　　钩	152×76	
PT-6 （有黄、青、绿、蓝、红等多种）	3002	支柱式洗面器	680×530×800（高）	
		坐便器	670×350×390（高）	低水箱为480×220×370（高）
		妇洗器	590×370×360（高）	
		肥皂盒	152×152	
		手纸盒	152×152	
		毛巾杆架	152×76	
		化妆板	595×135	
		衣　　钩	152×76	

注：配套卫生洁具有多种型号，各生产厂均有各自的专品型号。

2．卫生设备附件

（1）卫生设备附件分类

1）洗脸设备附件（洗脸器零件）：面盆水嘴或弹簧水嘴、面盆落水、三角阀、无缝铜皮管、面盆托架等。

2）洗澡设备附件（洗澡器零件、淋浴器零件）：浴缸水嘴、浴缸长落水、莲蓬头、莲蓬头铜管、莲蓬头阀、地板落水等。

3)大便设备附件(坐便器配件、蹲便器配件):低水箱配件、高水箱配件、大便阀等。

4)小便设备附件(小便器零件):自落水进水阀、自落水芯子、立式小便斗铜器、小便斗鸭嘴、落水、尿坑头子等。

5)洗涤设备附件(洗涤器零件):水盘水嘴、短落水、塞头等。

卫生设备附件,过去一般都采用铜合金制造(表面镀铬或抛光),目前已有部分零件采用塑料制造,今后塑料零件将会增多。

(2)洗面器水嘴(图 3-51)

1)其他名称:立式水嘴、面盆水嘴、面盆龙头。

2)用途:装于洗脸盆上,用以开关冷、热水。在水嘴手柄上标有“冷”、“热”字样,或嵌有蓝、红标志塑料件。通常以“冷”、“热”水嘴各一只为一组。

3)规格:公称通径 *DN*(mm):15;公称压力 *PN*(MPa):0.6;使用温度(℃):≤100。

(3)面器单把水嘴(图 3-52)

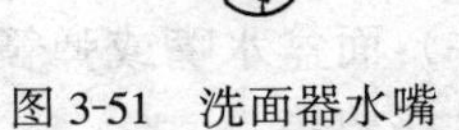

图 3-51　洗面器水嘴　　图 3-52　面器单把水嘴

1)其他名称:单手柄水嘴、洗面盆混合水嘴、立式混合水嘴。

2)用途:装在陶瓷面盆上,用以开关冷、热水和排放盆内存水。其特点是冷、热水均用一个手柄控制和从一个水嘴中流出,并可调节水温。手柄向上提起再向左旋可出热水,向右旋即出冷水;手柄向下揿,则停止出水;拉起提拉手柄可排放盆内存水,揿下即停止排水。

3)规格:型号:MG12;公称通径 *DN*(mm):15。

(4)立式面盆铜器(图 3-53)

1)其他名称:立柱式面盆铜活、立脚面盆铜配件、带腿面盆铜器。

2)用途:专供装在立柱式面盆上,用以开关冷、热水和排放盆内存水。其特点是冷、热水均从一个水嘴中流出,并可调节水温。揿下金属拉杆即可排放盆内存水,拉起则停止排水。附有存水弯,可防止排水管内臭气回升。

3)规格:型号:801-1 型(上海产品);公称通径 *DN*(mm):15。

(5)台式面盆铜器(图 3-54)

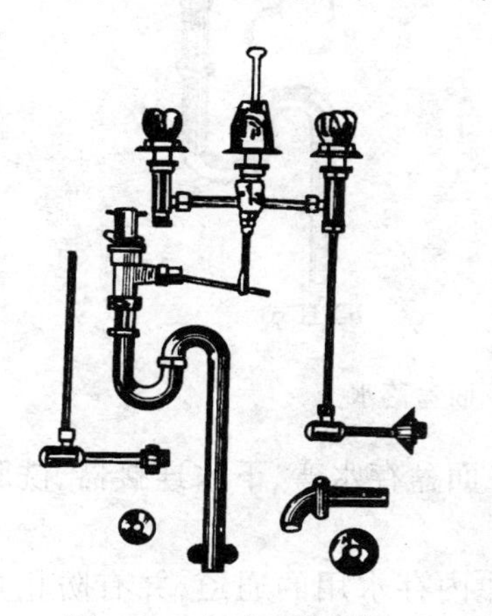

图 3-53 立式面盆铜器

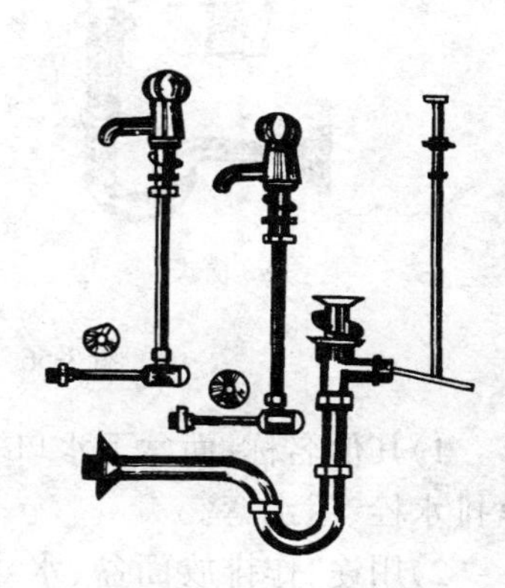

图 3-54 普通式台式面盆铜器

1)其他名称：台式面盆铜活、镜台式面盆铜器。

2)用途：专供装在台式面盆上，用以开关冷、热水和排放盆内存水。分普通式和混合式两种。混合式特点是冷、热水均从一个水嘴中流出，并可调节水温。

3)规格：型号：15M7(普通式)；公称通径DN(mm)：15。

(6)弹簧水嘴(图3-55)

1)其他名称：立式弹簧水嘴、手揿龙头、自闭水嘴。

2)用途：装于公共场所的面盆、水斗上，作开关自来水用。揿下水嘴手柄，即打开通路放水，手松即关闭通路停水。

3)规格：公称通径DN(mm)为15。

图3-55 弹簧水嘴

(7)面盆落水(图3-56)

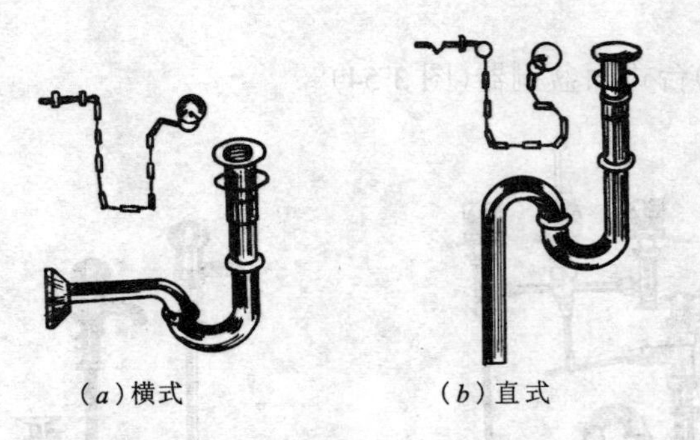

(a)横式　　(b)直式

图3-56 面盆落水

1)其他名称：面盆下水口、面盆存水弯、下水连接器、洗脸盆排水栓、返水弯。

2)用途：作排放面盆、水斗内存水用的通道，并有防止臭气回升作用。由落水头子、锁紧螺母、存水弯、法兰罩、连接螺母、橡皮塞和瓜子链等零件组成。

3)规格:有横式、直式两种;制造材料有铜合金、尼龙6、尼1010等;公称通径 *DN* 为32mm,橡皮塞直径为29mm。

(8)卫生洁具直角式截止阀(图3-57)

1)其他名称:直角阀、三角阀、三角凡而、角尺凡而、八字水门。

2)用途:装在通向面盆水嘴的管路上,用以控制水嘴的给水,以利设备维修。

3)规格:公称通径 *DN*(mm):15;公称压力 *PN*(MPa):0.6。

(9)无缝铜皮管(图3-58)

图3-57 卫生洁具直角式截止阀

图3-58 无缝铜皮管

1)其他名称:铜管、黄铜管。

2)用途:用作面盆水嘴与三角阀之间的连接管。

3)规格:外径(mm):12.7。

(10)浴缸水嘴(图3-59)

1)其他名称:浴缸龙头、澡盆水嘴。

2)用途:装于浴缸上用以开关冷、热水。在水嘴手柄上标有冷、热字样,或嵌有蓝、红色塑料件。使用温度:≤100℃。

3)规格:见表3-109。

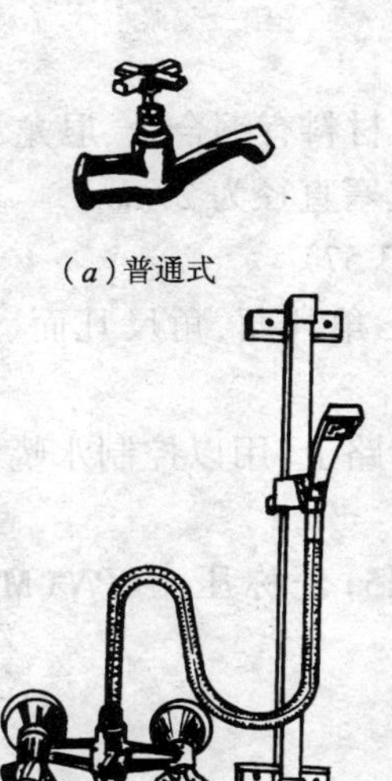

(*a*)普通式

(*b*)明双联式

(*c*)明三联式（移动式）

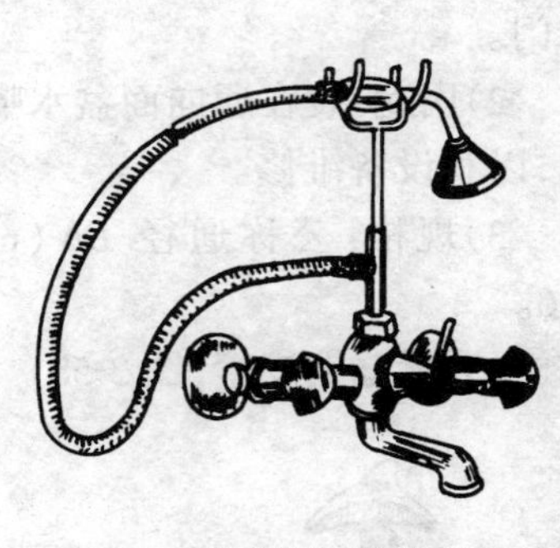

(*d*)明三联式（搁架式）

图 3-59　浴缸水嘴

浴缸水嘴规格　　　　表 3-109

种　类	结　构　特　点	公称通径 *DN*(mm)	公称压力 *PN*(MPa)
普通式	由冷、热水嘴各一只组成一组	15、20	
明双联式	由两个开关合用一个出水嘴组成	15	0.6
明三联式	比双联式多一个淋浴器装置	15	

(11)浴缸长落水(图 3-60)

1)其他名称：浴缸长出水、浴盆出水、澡盆下水口、澡盆排水栓。

2)用途：装于浴缸下面，用以排去浴缸内存水。由落水、溢水、三通、连接管等零件组成。

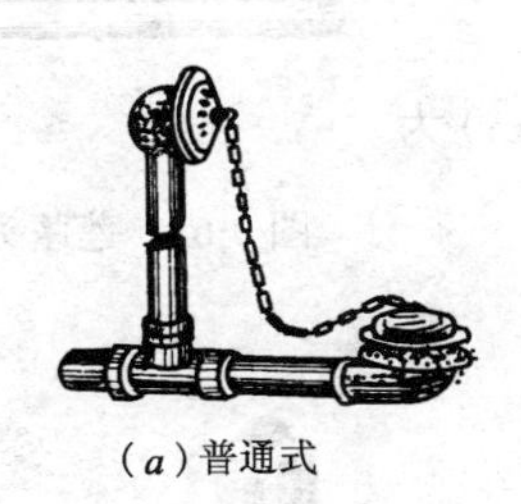
(a)普通式

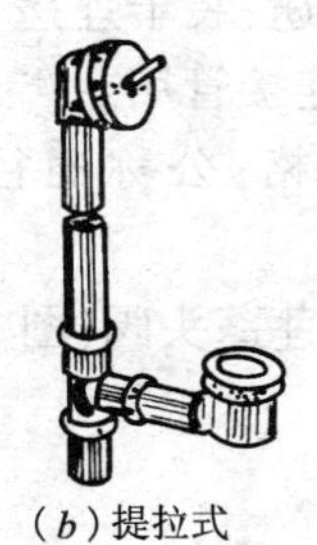
(b)提拉式

图 3-60 浴缸长落水

3)规格:公称通径 DN(mm):普通式为 32、40;提拉式为 40。

(12)莲蓬头(图 3-61)

(a)活络式

(b)固定式

图 3-61 莲蓬头

1)其他名称:莲花嘴、淋浴喷头、喷头。

2)用途:用于淋浴时喷水,也可作防暑降温的喷水设备。有固定式和活络式两种。活络式在使用时喷头可以自由转动,变换喷水方向。

3)规格:公称通径 DN × 莲蓬直径(mm):15 × 40,15 × 60,15 × 75,15 × 80,15 × 100。

(13)莲蓬头铜管(图 3-62)

1)其他名称:莲蓬头铜梗、淋浴铜梗。

2)用途:装于莲蓬头与进水管路之间,作连接管用。

3)规格:公称通径 *DN*(mm)为 15。

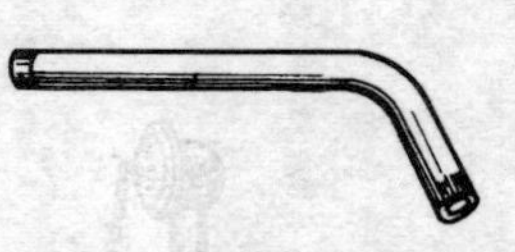

图 3-62　莲蓬头铜管

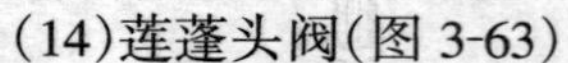

(14)莲蓬头阀(图 3-63)

(*a*)明阀

(*b*)暗阀

图 3-63　莲蓬头阀

1)其他名称:莲蓬头凡而、淋浴器阀、冷热水阀。

2)用途:装于通向莲蓬头的管路上,用来开关莲蓬头(或其他管路)的冷、热水。明阀(明凡而)适用于明式管路上,暗阀(暗凡而)适用于暗式管路上(另附一个钟形法兰罩)。

3)规格:公称通径 *DN*(mm)为 15。

(15)双管淋浴器(图 3-64)

1)其他名称:双联淋浴器、混合淋浴器、直管式淋浴器。

2)用途:装于公共浴室中,用作淋浴设备。

3)规格:公称通径 *DN*(mm)为 15。

(16)地板落水(图 3-65)

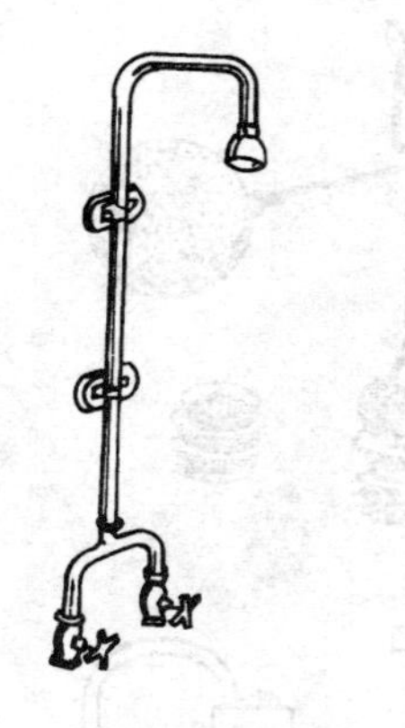

图 3-64　双管淋浴器

（a）普通式

（b）两用式

图 3-65　地板落水

1)其他名称:地漏、地坪落水、扫除口。

2)用途:装于浴室、盥洗室等室内地面上,用于排放地面积水。两用式中间有一活络孔盖,如取出活络孔盖,可供插入洗衣机的排水管,以便排放洗衣机内存水。

3)规格:公称通径 *DN*(mm):普通式为 50,80,100;两用式为 50。

(17)坐便器低水箱配件(图 3-66)

1)其他名称:低水箱铜器、背水箱铜器、背水箱铜活、背水箱洁具、低水箱零件。

2)用途:装于坐便器(抽水马桶)后面的低水箱中,用于水箱的自动进水、停止进水和手动放水(冲洗坐便器)。由扳手、进水阀、浮球、排水阀、角尺弯、马桶卡等零件组成。按排水阀结构分,有直通式(旧式,现已停产)、翻板式、翻球式、虹吸式等。

3)规格:公称压力 *PN*(MPa)为 0.6。(习惯称呼)排水阀公称通径 *DN*(mm)为 50。

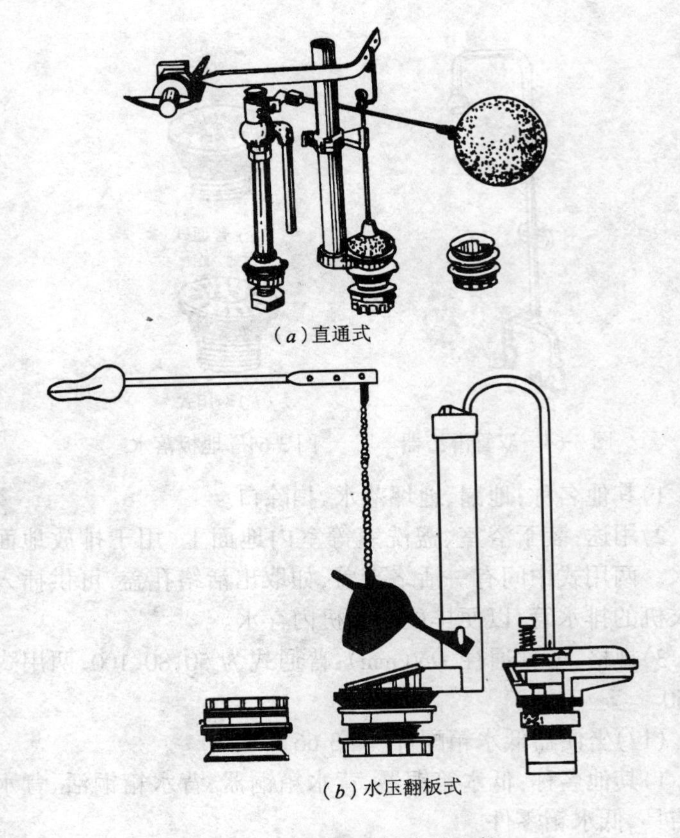

（a）直通式

（b）水压翻板式

图 3-66　坐便器低水箱配件

(18)低水箱扳手(图 3-67)

1)其他名称:水箱扳手、水箱开关、操动杆。

2)用途:用于操纵低水箱中的排水阀的升降,以便打开或关闭通向坐便器的放水通路。

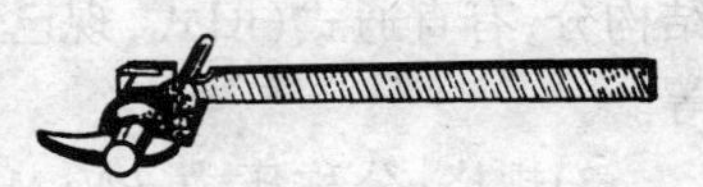

图 3-67　低水箱扳手

3)规格:杠杆长度(mm)为230。

(19)低水箱进水阀(图3-68)

1)其他名称:立式浮球阀、立式浮筒凡而、立式进水阀。

2)用途:低水箱中的自动进水机构。当水箱中的水位低于规定位置时,即自动打开,让水进入水箱;当水位到达规定位置时,即自动关闭,停止进水。

3)规格:公称通径 *DN*(mm)为15。

(20)低水箱排水阀(图3-69)

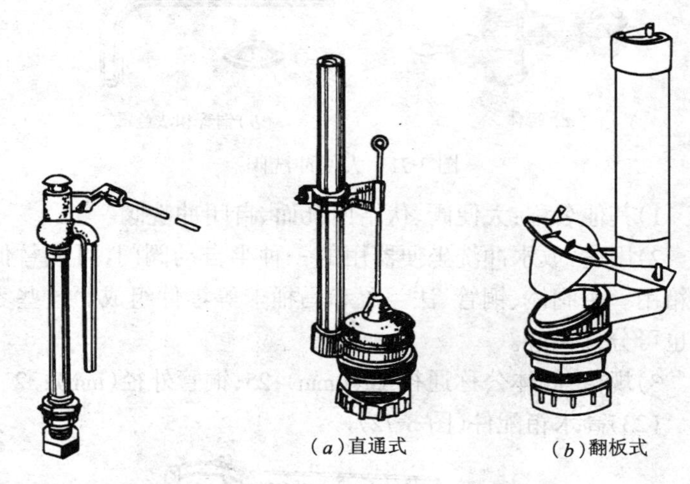
(*a*)直通式　(*b*)翻板式

图3-68　低水箱进水阀　　图3-69　低水箱排水阀

1)其他名称:低水箱出水、皮球落水、低水箱下水口、塞风。

2)用途:控制低水箱中放水通路。提起水阀便放水冲洗坐便器;放水后自动落下,关闭放水通路。按结构分直通式、翻板式和翻球式等。

3)规格:公称通径 *DN*(mm)为50。

(21)角尺弯(图3-70)

1)其他名称：牛角弯、直角弯。

2)用途：用作低水箱与坐便器之间的连接管路。放水时，水箱中的贮水通过角尺弯进入坐便器。

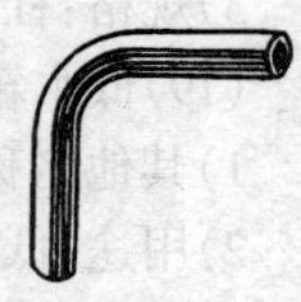

图 3-70 角尺弯

3)规格：公称通径 DN(mm)：50；总长(mm)：380；制造材料：镀铬铜合金管、塑料管。

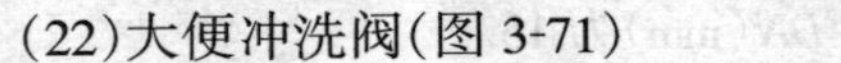

(22)大便冲洗阀(图 3-71)

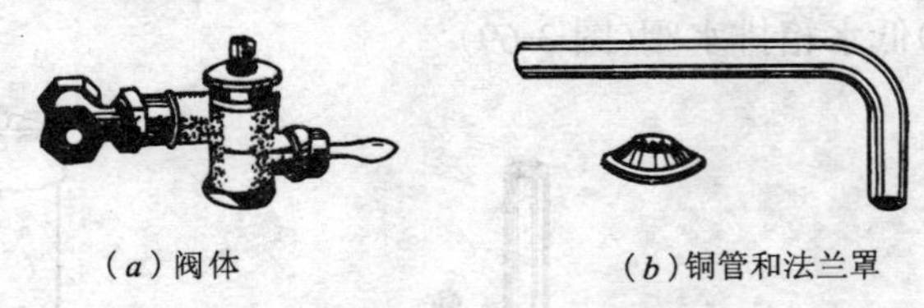

(a)阀体　　(b)铜管和法兰罩

图 3-71 大便冲洗阀

1)其他名称：大便阀、伏络西凡而、自闭冲洗阀。

2)用途：放水冲洗坐便器用的一种半自动阀门，可代替低水箱用。由阀体、铜管、法兰罩和马桶卡等零件组成。这些零件也可分开供应。

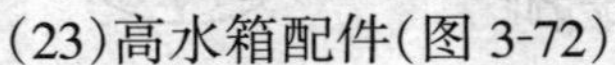

3)规格：阀体公称通径 DN(mm)：25；铜管外径(mm)：32。

(23)高水箱配件(图 3-72)

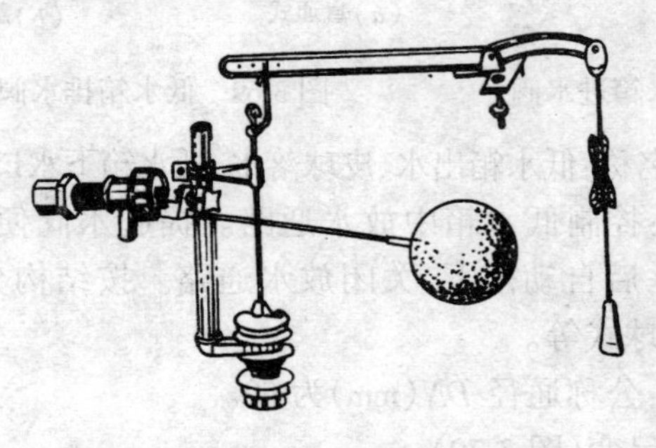

图 3-72 直通式(排水阀)

1)其他名称:蹲便器配件、高水箱铜器、高水箱洁具。

2)用途:装于蹲便器的高水箱中,用于自动进水和手动放水,由拉手、浮球阀、浮球、排水阀、冲洗管、墨套等零件组成。

3)规格:公称通径 *DN*(mm):32,分直通式和翻板式等。

(24)高水箱拉手(图 3-73)

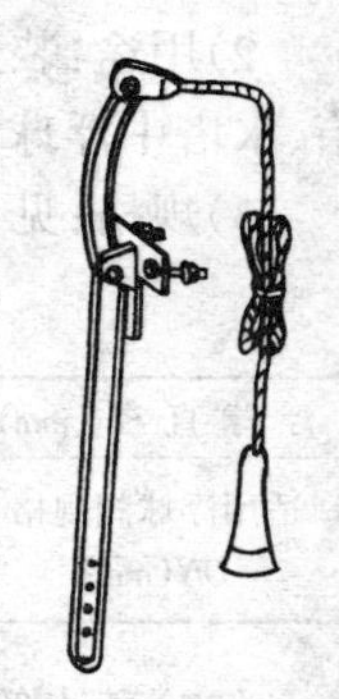

图 3-73 高水箱拉手

1)其他名称:拉手、拉杆、高水箱操纵杆。

2)用途:用于操纵高水箱中的排水阀的升降,以打开或关闭通向蹲便器的放水通路。

3)规格:杠杆长度(mm):280;链条长度(mm):530。

(25)浮球阀(图 3-74)

1)其他名称:浮筒凡而、浮筒阀、漂子门、浮球截门、进水阀。

2)用途:用作高水箱、水塔等贮水器中进水部分的自动开关设备。当水箱中的水位低于规定位置时,即自动打开,让水进入水箱;当水位达到规定位置时,即自动关闭,停止进水。

3)规格:公称直径 *DN*(mm):15,20,25,32,40,50,65,80,100(高水箱中一般使用 *DN*15,供应时不连浮球)。

(26)浮球(图 3-75)

图 3-74 *DN*≥15 的浮球阀

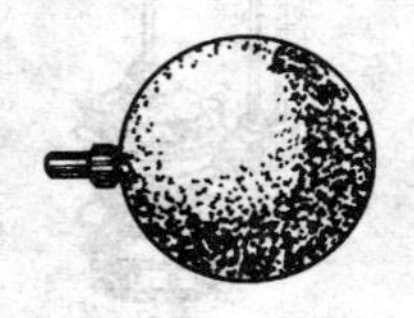

图 3-75 浮球

1)其他名称:漂子球、水漂子。

2)用途:装于浮球阀(进水阀)上,借浮球的浮力来控制水箱、水塔中浮球阀的启闭。

3)规格:见表 3-110。

浮 球 规 格 **表 3-110**

浮球直径(mm)	100	150	200	225	250	300	375	450	600
适用浮球阀规格 *DN*(mm)	15	20	25	32	40	50	65	80	100

(27)高水箱排水阀(图 3-76)

1)其他名称:高水箱出水、皮球落水、皮球下水口、塞风。

2)用途:用于控制高水箱中放水通路的启闭。当向上提起时,即可打开通路,放水冲洗蹲便器;水放完后,可自动落下,关闭通路。

3)规格:公称通径 *DN*(mm)为 32。

(28)高水箱冲洗管(图 3-77)

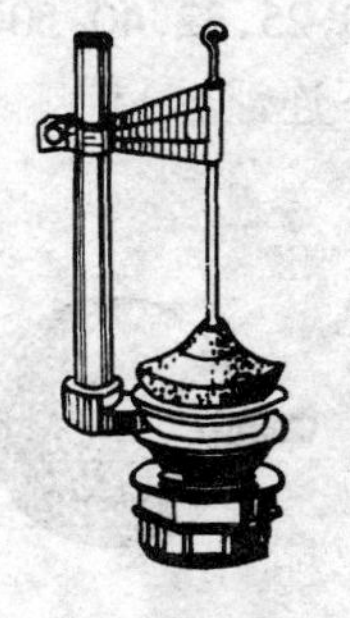

图 3-76 高水箱排水阀

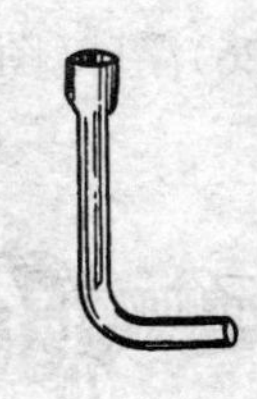

图 3-77 高水箱冲洗管

1)其他名称：高水箱冲水管。

2)用途：用作高水箱与蹲便器之间的连接管路。放水时高水箱内的贮水通过该管流入蹲便器。

3)规格：公称通径 DN(mm)：32；管长(mm)：2220。

(29)橡胶黑套(图 3-78)

1)其他名称：皮碗、异径胶碗、橡胶大头小。

2)用途：用作冲水管和蹲(坐)便器之间的连接管。

3)规格：内径(套冲水管端)×内径(套瓷管端)(mm)：32×65,32×70,32×80,45×70。

(30)自落水进水阀(图 3-79)

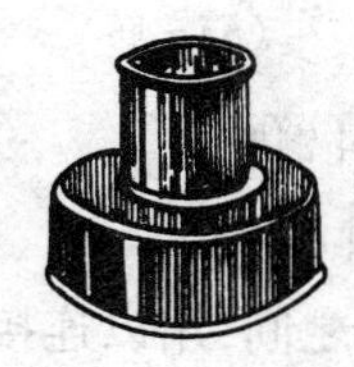

图 3-78　橡胶墨套

图 3-79　自落水进水阀

1)其他名称：自落水进水器。

2)用途：作小便槽上自落高水箱的进水开关，装在水箱内部，用于控制进水量的大小和自动落水间隔时间。

3)规格：公称通径 DN(mm)为 15。

(31)自落水芯子(图 3-80)

1)其他名称：自动落水、自落水胆。

2)用途：装于自落高水箱中，用以自动定时放水冲洗便槽。它是利用虹吸原理来实现自动放水或关闭通路的，由羊皮膜(橡皮膜)、虹吸管、透气管、固紧螺母、落水头子和落水罩等零件组成。

图 3-80　自落水芯子

3)规格:公称通径 DN(mm):20,25,32,40,50,65。

(32)立式小便斗铜器(图 3-81)

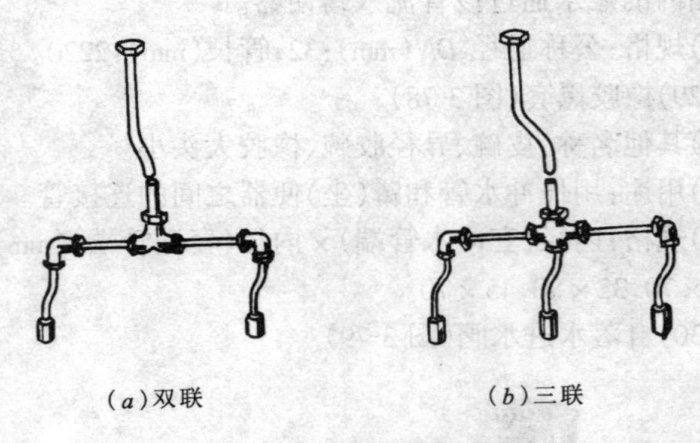

(*a*)双联　　(*b*)三联

图 3-81　立式小便斗铜器

1)其他名称:小便斗铜器、小便斗铜活。

2)用途:装于水箱与立式小便斗之间,用以连接管路和放水冲洗便斗。

3)规格:按连接小便斗的数目分为单连、双连、三连三种。

(33)小便斗鸭嘴(图 3-82)

1)其他名称:鸭嘴巴。

2)用途:装于立式小便斗铜器下部,用于喷水冲洗立式小便斗。

3)规格:公称通径 DN(mm)为 20。

图 3-82　小便斗鸭嘴

(34)小便斗落水(图 3-83)

1)其他名称:小便斗下水口、小便落水。

2)用途:装于小便斗下部,用以排泄斗内污水和防止臭气回升。有直式(S 型落水)和横式(P 型落水)两种,以直式应用较广。

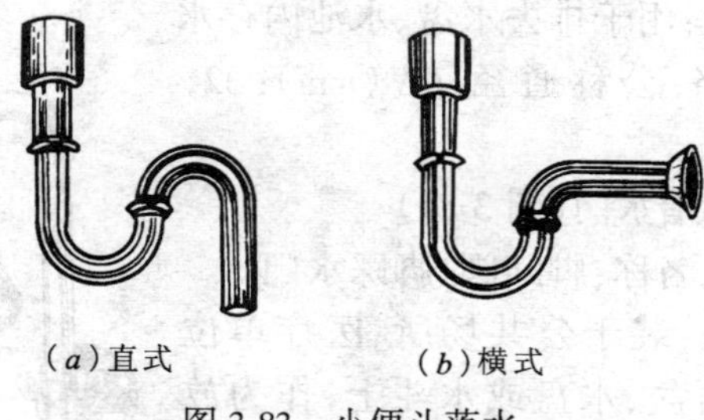

(*a*)直式　　(*b*)横式

图 3-83　小便斗落水

3)规格:公称通径 *DN*(mm):40;制造材料:铅合金、塑料。

(35)尿坑落水(图 3-84)

1)其他名称:尿坑头子、花篮罩落水、胖顶落水、尿槽落水。

2)用途:装于小便槽内的落水口,用以排泄槽内污水和阻止杂物流入排水管路内。

图 3-84　尿坑落水

3)规格:公称通径 *DN*(mm)为 50。

(36)水盘水嘴(图 3-85)

1)其他名称:长脖水嘴、水盘龙头。

2)用途:用于开关水盆、水斗的自来水。

3)规格:公称通径 *DN*(mm)为 15。

(37)短落水(图 3-86)

图 3-85　水盘水嘴

图 3-86　短落水

1)其他名称:下水口、排水栓。

2)用途:用于排去水盘、水池内存水。

3)规格:公称通径 DN(mm):32,40,50。

(38)脚踏水门(图 3-87)

1)其他名称:脚踏阀、脚踩水门。

2)用途:装于公共场所、医疗单位等场合的面盆、水盘或水斗上,作为放水开关设备。其特点是:用脚踩踏板即可放水,脚离开踏板停止放水,开关均不须用手操纵,比较卫生,并可以节约用水。

3)规格:公称通径 DN(mm)为 15。

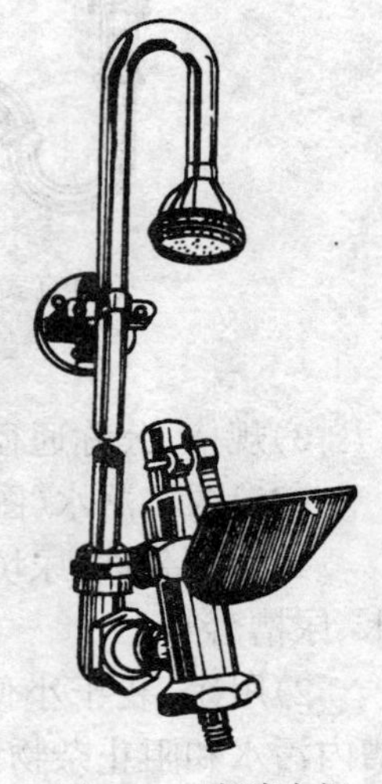

图 3-87 脚踏水门

(39)化验水嘴(图 3-88)

1)其他名称:尖嘴龙头、实验龙头、化验龙头。

2)用途:常用于化验水盆上,套上胶管放水冲洗试管药瓶、量杯等。

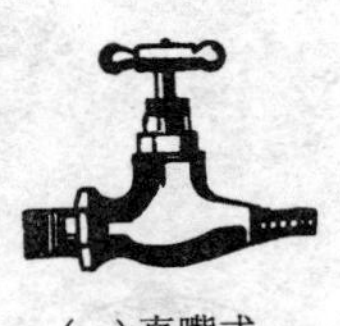

(a)直嘴式

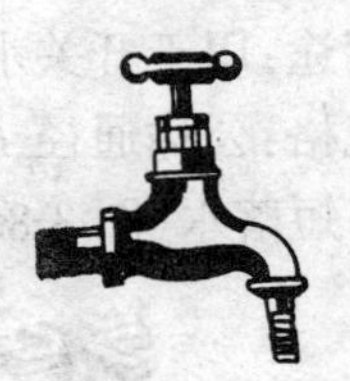

(b)弯嘴式

图 3-88 化验水嘴

3)规格:公称通径 DN(mm):15;公称压力 0.6MPa;材料:铜合金、表面镀铬。

(40)单联、双联、三联化验水嘴(图 3-89)

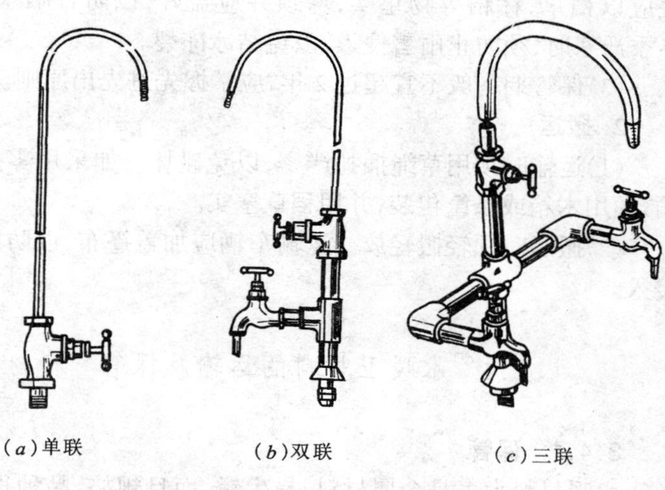

图 3-89　化验水嘴

1)其他名称:鹅颈水嘴、鹅头水嘴、长管弯头水嘴、长颈水嘴。

2)用途:装于实验室的化验盆上,作为放水开关设备。

3)规格:公称通径 *DN*(mm):15。

公称压力 *PN*(MPa):0.6。

单联——一个鹅颈水嘴;双联——一个鹅颈水嘴,一个弯嘴化验水嘴;三联——一个鹅颈水嘴,二个弯嘴化验水嘴。

总高度(mm):单联——>450;双联、三联——650。

3.3.3　卫生洁具保管及搬运

1. 保管

(1)应按不同品种、规格、等级、厂别分别存放,不得混杂。堆垛高度不得超过 5 件。

(2)如在露天存放,应放在地基平坦、坚实、不积水处。垛底应以稻草、秫秸等物垫实,垛顶并应盖好,以防日晒水淋。冬季严寒时,须防止雨雪侵入,以免结冰冻裂。

(3)保管期一般不宜超过2年,应掌握先进先出原则。

2. 搬运

(1)运输时须用草绳捆扎严密,以免碰坏。如采用零担运输,须用木箱或条筐包装,并用稻草塞实。

(2)搬运时须轻搬轻放。运输车辆应加盖篷布,以防雨雪侵入。

3.4 水暖卫材料的运输及保管

3.4.1 保管

水暖材料大多是金属材料,易生锈,而且规格、品种很多,因此,要根据材料种类、品种、规格、厂家的不同而分类保管,有防潮、防锈要求的材料应堆放在货架上。防潮纸、包装袋不要任意启封,以免生锈。

管材管件在堆放时要注意防雨防潮,堆垛底子离地面至少20cm。

3.4.2 运输

水暖材料运输时,要防止损坏,要文明装卸,不使防锈外层和包装破损。并注意防雨、防雪、防潮。

3.5 新型暖卫材料介绍

3.5.1 新型铜铝散热器

目前我国已出现的铜铝散热器,大致有以下四种:

(1)罩式铜铝对流散热器:特点是有钢制外罩,罩宽有90、100、120、140mm几种规格,罩高有多种规格。外罩有单体式和连续式两种;罩内散热元件为较大尺寸的铜管 ϕ27)串铝片,其金属热强度约为2.0~2.3W/(kg·℃)。

(2)闭式铜管铝串片对流散热器:特点是省去了钢外罩,利用铝翅片折边后造成闭孔气流通道(与闭式钢串片近似),因而极大地减轻了散热器自身的重量。其金属热强度一般在2.8W/(kg·℃)以上。

(3)铜铝复合柱翼型散热器:特点是外铝内铜,通水部件为薄壁铜管,采用胀管及铜焊技术生产,形式为立管柱翼型。热工性能取决于铝制翼片的构造形式及厚度,一般可达2.0~2.5W/(kg·℃)。

(4)压铸复合铜铝柱翼型散热器:特点是先以铜管焊成骨架,通过压铸工艺做成散热器,然后用丝对连接组合成整组散热器(与铸铁散热器的组合方式相同)。其金属热强度约为1.4W/(kg·℃)。

1. 罩式铜铝对流散热器

目前的产品多为两根铜管分别串铝片成为散热元件,外用薄钢板做成对流罩,罩宽多在90~140mm范围内。由于目前尚未制定国家行业标准,所以产品尺寸尚无统一规定,一般是钢制翅片管散热器的尺寸选定。并根据住宅用散热器要求的减少厚度的需要,增加薄型产品。根据目前的产品情况及研究成果,对于罩厚为1200mm的产品,铝片的片距约为6.5~7.1mm;铝板厚度0.4~0.5mm。胀管工艺可用液胀或机械胀。

这种散热器,其散热元件由于是铜、铝结合构件,可以满足耐蚀及散热的不同要求。但外罩为薄钢板制作,这是散热器的外表,对加工质量及造型就有较高的要求。罩厚120mm的产品，罩高为600mm，罩长为1000mm（联箱包在罩内），标准散热量（$\Delta t = 64.5$℃）可达1715W，金属热强度可达2.3W/(kg·℃)。对照国家建工行业标准JG/T 3012.12—1998，罩高500mm、罩宽120mm的钢制翅片管对流散热器，标准散热量要求为1650W，为4根散热管。本产品只用两根铜铝散热元件，可达到四条钢制散热元件的标准散热量，而其使用寿命却可提高几倍。

2. 闭式铜管铝串片对流散热器

此种散热器的构造有如下特点：

(1)散热器厚度（宽度）为60mm，高度为300、400mm。器内为多根ϕ16铜和串整片的铝制翼片。散热器内的水道为多管并联单回程环路，器外设同侧进水、出水口。

(2)散热器两头加设装饰性封头，把水管连接件包装起来。

(3)散热器上加装横向条式出风口。

(4)由翼片折边270°，连续组合后形成闭式气流通道（不需另外加罩）。同时由于两翼片在折边后为凹凸槽对装，可保证组合后的板面平整及严密。

(5)铜管与翼片为胀管连接（液胀或机械胀）。

本产品的突出特点：一是利用铝片折边形成气流通道，减去了钢制对流罩，简化工艺，节省材料；二是散热器厚度仅为60mm，属超薄型，这就使对流型散热器的厚度达到了目前铝制散热器及其他薄型散热器的厚度，减少占地面积；三是通过两端加装饰罩使联箱（管）内藏，上顶加装横条出风口，铝片间采用凹凸拼装以提高表面平整度，使散热器的外观质量大大提高。

3. 铜铝复合柱翼型散热器

铝制散热器在无内防腐处理的情况下，只能在热媒水pH=5~8.5的供暖系统中使用，否则会产生极强的碱性腐蚀。解决的办法只有两个，一是研究和搞好内防腐，二是开发铜铝或钢铝复合型散热器。由于其外貌及外部散热部件与铝制柱翼型散热器雷同,所以其尺寸及散热量也大致相同。金属热强度会略低于对应铝制产品(因铜的密度为8.9g/cm^3)。但不会有很大的影响。铜铝复合柱翼型散热器的行业标准尚未制定,尺寸及散热量要求,可参照我国建工行业标准《铝制柱翼型散热器》的相关条文。

铜铝复合柱翼型散热器的优点,除前述的铜铝散热器共有的优点外,还有以下几点:一是内铜外铝,铝貌铜骨,可以达到"安全可靠、轻薄美新"的综合要求,基本属于辐射散热器,外表面温度较高,易于被用户接受(相对于对流型散热器而言);二是充分发挥了铜管耐蚀及铝材质轻并易成开拓的特点,外形变化较多,不仅为热工性能的提高留有余地,并且千姿百态的产品也可满足不同用户的需求。

4. 压铸复合铜铝柱翼型散热器

该产品的主要优点是原料可以使用废铝(加收废),成本可降低。并且铸铝产品的整体刚性好。但由于生产工艺的限制,在多片组装时接口较多(铸铁散热器亦有此缺点),增加了可能漏水的因素。但这一问题,只要组对及运输(或现场组对)时多加注意,是能够保证不漏水的。

3.5.2 新型供水管件

过去,用于供水的管道主要是铸铁管。室外主要用砂模铸铁管,室内用的是镀锌铸铁管,又可分为冷(电)镀锌和热镀锌两种。我国已规定在2000年6月1日起淘汰砂模铸造管件和冷镀锌铸铁管,逐步限制热镀铸铁管在的使用,推广使用铝塑复合管、塑料管等。因此,目前使用的管道主要有三大类:第一类是金属管,如内搪塑料的热镀铸铁管、钢管、不锈钢管等;第二类是塑复金属管,如塑复钢管、铝塑复合管等;第三类是塑料管，如 PP-R(交联聚丙烯高密度网状工程塑料)。

国家还规定，各种涉及饮用水管道的管子和配件，必须有卫生部门的批件，方可销售。

1. 供水管道中常用塑料代号及含义

PP-R 交联聚丙烯高密度网状工程塑料；

PE 高密度聚乙烯；

PP 聚丙烯；

PB 聚丁烯；

PEX 交连聚乙烯。

2. 供水管道的综合性能

作为供水管道，要求卫生、安全、节能、方便。因此检验一种管道，应从四个方面查起，即：①卫生：管道及配件须对人体无任何损害。②安全：有足够的强度和优异的力学性能以及抗老化、耐热等性能。③节能：内壁光滑，耐腐蚀，对流体阻力小，保温性能好。④方便：联接、施工方便，可靠，具有推广使用的可能。

(1)铝塑复合管

铝塑复合管是最早替代铸铁管的供水管，其基本构成应为五层，即由内而外依次为塑料、热熔胶、铝合金、热熔胶、塑料。

铝塑复合管有较好的保温性能，内外壁不易腐蚀，因内壁光滑，对流体阻力很小；又因为可随意弯曲，所以安装施工方便。作为供水管道，铝塑复合管有足够的强度，但横向受力太大时，也会影响强度，所以宜作明管施工或埋于墙体内，但不宜埋入地下。

铝塑复合管的连接是卡套式的，因此施工中应注意如下几点：一是要通过严格的试压，检验连接是否牢固；二是防止经常振动，避免使卡套松脱；三是长度方向应留足安装量，以免拉脱。

(2)塑复铜管

塑复铜管以纯铜(紫铜)作管件，外覆 PE 塑料，从综合性能上看，塑复铜管略优于铝塑复合管。例如强度更好些，寿命更长，耐热性能也更好些。但保温性能略差。

纯铜有极高的耐腐蚀能力，使用一段时间后，内表面会出现一层绿色氧化物。但对管子的寿命、流量以及对流体的阻力，基本上没有影响。铜绿对人体健康无损，且对细菌有一定的杀灭能力。

塑复铜管的安装方法有卡套式和焊接式两种，焊接式的更可靠些。

(3)铜管和不锈钢管

这类管子除了保温性能差外，其他的指标如强度、寿命及减小对流体的阻力性能等都很好，适宜作冷水管道。如用于热水输送，应加保温护套。连接方式以卡套式为主，铜管也可以焊接。

(4)内搪塑镀锌铸铁管

内搪塑镀锌铸铁管是在普通的镀锌管内壁搪一层塑料，使其具备耐腐蚀、阻力小、保温好的性能，同时具有镀锌管本身强度高的特性。这种管道大多采用螺纹连接。

(5)塑料管

塑料管只要材料选用符合标准要求，即可满足强度、寿命、安全、卫生等方面的要求。它是所有管道中保温性能最好的。塑料管采用热熔焊接，可靠程度高，只要施工正确，经试压正常的管道焊接处不会出现渗漏脱落。

附录1　材料员的岗位职责

施工现场材料员，是指采购员及保管员。

采购员要服从工地负责人的安排，根据工程进度计划和材料采购单采购到既合格又经济的材料。采购员在采购时要掌握生产厂家、材料质量及材料价格方面的信息，采购的材料要有出厂合格证，销售材料的单位要经过认证，有些材料要有“三证一标志”，运输时要根据材料的特点作好安排，以免受潮、损坏。

材料保管员在组织材料进库时，要先验收合格后才允许入库，入库的材料要分门别类堆放、保管，要防雨雪、防潮、防锈、防火、防碰撞，并建立完善的材料出入库手续和材料管理制度。

附录2 常用法定计量单位符号

量 的 名 称	单 位 名 称	符 号
长 度	米,厘米	m,cm
质量(重量)	公斤,吨	kg,t
时 间	秒	s
	分	min
	小 时	h
	天(日)	d
体 积	升,毫升	L,mL
力,重力	牛 顿	N
强度,应力	帕斯卡,兆帕	Pa,MPa
弹性模量	兆 帕	MPa
热量,能量	焦 耳	J
功 率	瓦 特	W
导热系数	瓦特每米开尔文	W/(m·K),W/(m·℃)
频 率	赫 兹	Hz

附录3　常用法定与非法定计量单位换算关系

量的名称	习用计算单位		法定计量单位		换 算 关 系
	中文名称	符　号	中文名称	符　号	
力	千克力	kgf	牛顿	N	1kgf = 10N
强度，应力	千克力每平方厘米	kgf/cm^2	兆帕斯卡	MPa	$1kgf/cm^2 \approx 0.1MPa$
弹性模量	千克力每平方厘米	kgf/cm^2	兆帕斯卡	MPa	$1kgf/cm^2 \approx 0.1MPa$
热、热量	卡	Cal	焦耳	J	1cal = 4.187J
导热系数	千卡每米小时度	kcal/(m·h·℃)	瓦特每米开尔文	W/(m·K)	1kcal/(m·h·℃) = 1.163W/(m·K)